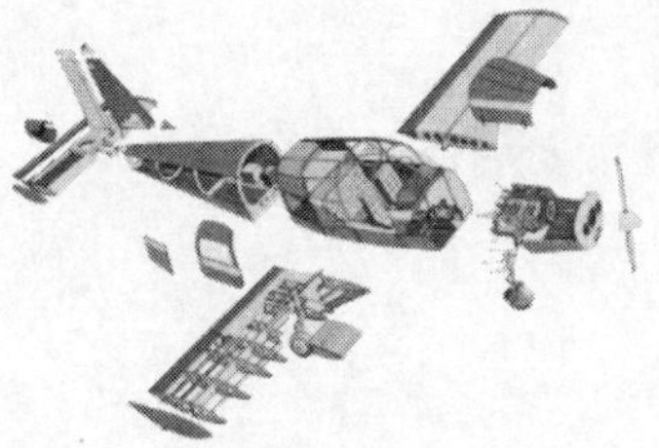

항공기 구조설계

권진회 김인걸 박정선 박훈철 우경식 조맹효 엮음

KM 경문사

■ 권진회
경상대학교 기계항공공학부

■ 김인걸
충남대학교 항공우주공학과 부교수

■ 박정선
한국항공대학교 항공우주공학과 부교수

■ 박훈철
건국대학교 신기술융합학과

■ 우경식
충북대학교 구조시스템공학과 부교수

■ 조맹효
서울대학교 기계항공공학부 부교수

항공기 구조설계

지은이 권진회 · 김인걸 · 박정선 · 박훈철 · 우경식 · 조맹효
펴낸이 조경희
펴낸곳 경문사
펴낸날 2025년 9월 1일 1판 8쇄
등 록 1979년 11월 9일 제1979-000023호
주 소 04057, 서울특별시 마포구 와우산로 174
전 화 (02)332-2004 팩스 (02)336-5193
이메일 kyungmoon@kyungmoon.com

값 23,000원

ISBN 89-7282-517-3

머리말

이 책은 고체역학과 구조역학적 기본지식을 지닌 학부 4학년, 대학원생 혹은 일반 기계계열 출신으로서 항공기 설계업무에 종사하는 엔지니어들에게 항공기 구조설계의 기본원리를 교육하기 위한 목적으로 썼습니다. 어느덧 국내에서도 항공관련 학과를 가진 대학의 수가 열 개를 넘어섰지만, 여전히 항공기 구조설계에 관한 실용적이고 체계적인 교재가 없었습니다. 수학적 관점에서 접근하는 구조역학에 관한 교육에 비해 구조설계 교육의 중요성이 간과되었던 것도 사실입니다. 이에 1998년부터 학교, 연구소, 기업체 등의 관련 인력들이 모여 구조설계 교재 집필의 필요성에 의견을 모으고 그 작업에 착수하였습니다. 그러나 자료와 경험의 부족 등으로 인하여 큰 곤란을 겪고, 초기 참여인력의 상당수가 교재 편찬작업에 참여할 수 없게 되면서, 교재의 저작에서 편집으로 방향을 선회하여 작업착수 3년여 만에 겨우 책으로 출간하게 되었습니다. 이 책의 기술적인 내용은 주로 일본항공기술협회에서 발간된 「비행기의 구조설계」를 참고하였고 국내에서 입수 가능한 많은 자료들을 첨가하였습니다.

이 책에서는 자칫 복잡하고 어렵게만 느껴질 수 있는 항공기 설계의 원리를 실제 사례를 바탕으로 가능한 한 쉽게 설명하려고 노력하였습니다. 또한 수학식의 사용은 억제하고 설계현장에서 사용하는 쉽고 실용적인 방법들에 대한 설명을 위해 노력하였습니다. 항공기 구조역학 등의 교육에서 가볍게 취급되는 하중에 대한 설명에 지면을 많이 할애한 것도 이 책의 특징이라고 할 수 있겠습니다. 그러나 집필진 또한 항공기 개발에 관한 경험이나 지식이 일천한 상태이므로 곳곳에서 부족한 부분이 많이 발견될 것입니다. 오랜 경험을 가진 원로 선배님들의 충분한 검토와 자문을 받지 못한 상태에서 이 책을 출판하게 된 것을 대단히 죄송하게 생각합니다. 이후 많은 분들의 의견을 바탕으로 보다 알찬 내용을 갖추어 더욱 나은 교재가 될 수 있도록 하겠습니다.

작업의 초기부터 최종 교정에 이르기까지 한국항공우주산업주식회사의 김승호 박사님께서 전반적인 검토를 해주셨고, 한국항공우주연구원의 김응태 박사님께서도 원고 교정과 그림 작성에 기여해주셨습니다. 세종대학교 황호연 교수님께서도 많은 분량을 집필하셨음을 밝힙니다. 또한 이 책의 편집과 최종교정을 도와준 경상대학교 대학원의 신소영 양에게도 감사를 표합니다.

2001년 10월

엮은이 일동

차 례

제 5 장 꼬리날개

제 6 장 엔진 장착

제 7 장 착륙장치

제 8 장 조종장치

제 9 장 복합재료 구조

항공기 구조설계

제 1 장 항공기에 가해지는 하중

1.1 하중의 중요성

항공기의 구조는 하중으로 결정된다. 비행 중이나 지상에서 기체에 가해지는 하중(load)을 엄밀하게 설정하고, 설계자는 하중에 맞추어 정확한 구조를 설계하며, 운용자는 항공기가 설정된 하중을 초과하지 않도록 비행한다는 전제하에서 경량화된 항공기의 구조가 가능하다. 물론 전투기처럼 격심한 기동을 하는 항공기와 여객기처럼 승객에게 쾌적한 여행을 제공하기 위해 최대한 부드러운 비행을 목적으로 하는 항공기에서 설정해야 하는 하중은 당연히 다르다.

하중 분야 엔지니어들의 통계적, 이론적 노력에 의해 비행 중 선회나, 곡선비행에 의해 발생하는 원심력, 돌풍의 효과, 이·착륙 시에 발생한 충격하중, 지상주행(taxing) 중에 발생하는 여러 가지 힘에 대한 체계적 연구가 진행되어 왔으며, 민항기에서는 FAR(Federal Aviation Regulations)에, 군용기에서는 군사규격서(미군의 MIL Spec.)에 따르게 된다. 미연방항공규격 즉 FAR에 의해 항공기의 종류별 제한하중의 크기를 간단히 정리하면 표 1.1과 같다.

항공기의 안전계수(safety factor)는 세계적으로 1.5라고 하는 의외로 작은 숫자가 사용되고 있지만 무게가 치명적인 항공기의 특성을 고려할 때 이는 작지 않은 값이다. 예를 들면 전투기에서는 보통 기체중량의 8배의 운동하중을 설정하는데 이에 대해 1.5배의 안전계수를 고려할 경우 기체중량의 12배까지 파괴되지 않는 강도를 갖도록 설계하는 것이다.

빌딩의 엘리베이터 등에도 센서를 설치하여 초과하중을 방지하고 있지만 일반적으로 지상 구조물이나 자동차 등에서는 무게의 중요성이 항공기에 비해 떨어지기 때문에 큰 안전계수를 사용하고 있는 경우가 많다. 정원과 적재량을 명시하고 있어도 실제로 지켜지고 있지 않는 것이 당연한 풍조로 되어있기 때문에 하중이나 안전계수에 대한 생각은 항공기와 큰 차이가 있는 것이다. 항공기에서 경량화는 상승능력, 항속능력, 가속능력, 이·착륙거리에 직접 영향을 주며, 성능면에서의 안전성 확보에 필요하기 때문에 구조 설계자는 강도시험을 큰 여유없이 통과하도록 설계한다. 따라서, 완성된 항공기를 운용하는 사람도 설계되어 있는 하중에 대하여 충분한 이해를 갖지 않으면 항공기가 안전하게 비행할 수 없다.

표 1.1A 항공기 종류별 제한운동하중배수–민항기(FAR 23, 25.)

항공기 구분	제한기동하중배수	
	(양)	(음)
곡예기(A종) acrobatic category	6.0	−3.0 (양의 값×(−0.5))
활용(U종) utility category	4.4	−1.76 (양의 값×(−0.4))
보통(N종) normal category	3.8…중량 1.87t 이하 ≀ 3.17…중량 5.7t 의 경우	−1.52 ~ −1.26 (양의 값×(−0.4))
커뮤터기(C종) commuter category	3.8…중량 1.87t 이하 ≀ 2.93…중량 8.65t 의 경우	−1.52 ~ −1.17 (양의 값×(−0.4))
수송(T종) transport category	2.5…중량 22.7t 이상 ≀ 3.8…중량 1.87t 의 경우	−1.0

1.2 비행 중의 하중

1.2.1 수평직선비행시의 하중

항공기를 운항할 때, 가해지는 하중을 공부하기 위해 먼저 가장 기본적인 운용상태와 수평순항비행을 생각해보자. 항공기가 일정속도에서 수평비행하고 있을 때, 항공기에는 그림 1.1에 보인 바와 같이 그 무게와 같은 크기의 양력이 작용하고, 엔진은 항공기의 공기저항(항력)과 같은 크기의 추력을 내어 평형을 이룰 수 있다. 보통 순항상태에 있는 항공기에서, 항력(=추력)은 중력(=양력)에 비하여 몇 분의 일에서 몇 십분의 일 정도로 매우 작기 때문에 우선, 중력

표 1.1B 항공기 종류별 제한운동하중배수-군용기
(미공군 MIL-A-008861A, 미해군 MIL-A-8861B)

임무기호 (V 해군기)	제한기동하중배수					
	기본비행설계중량		최대설계중량		최대무장중량	
	+	−	+	−	+	−
F, A, TF (아음속)	8.00	−3.00	4.00	−2.00	5.50	−2.00
F, A, TF (초음속)	6.50	−3.00	4.00	−2.00	5.50	−2.00
VF, VA	7.50	−3.00	5.50	−2.00		
VT	7.50	−3.00	4.00	−2.00		
T, O, VO	6.00	−3.00	3.00	−1.00		
U, VU	4.00	−2.00	2.50	−1.00		
B (전술폭격기)	4.00	−2.00	2.50	−1.00		
B (전략폭격기)	3.00	−1.00	2.00	−1.00		
VS	3.50	−1.00	2.50	0		
VP, VR, VW	3.00	−1.00	2.50	0		
C (침공수송기)	3.00	−1.00	2.00	0		
C (수송기)	2.50	−1.00	2.00	0		
임무기호: F:전투기, A:공격기, TF:전투연습기, T:연습기, O:관측기, U:활용기, B:폭격기, S:대잠기, P:초계기, R:정찰기, W:기상관측기, C:수송기						

과 양력이 기체의 어디에 작용하는가를 살펴보자. 후퇴익기의 경우 이해하기가 어려우므로 먼저 평범한 직선익기(straight wing)를 생각하기로 하자. 중력은 날개, 동체, 꼬리날개 등 항공기의 모든 부분에 작용하고 있다. 여기에 대해 양력이 발생하는 것은 보통의 경우 거의 날개뿐이다. 따라서, 날개는 전체적으로 윗 방향의 양력을 받고, 또 날개 자체와 날개 내의 연료, 날개에 장착되어 있는 엔진 등에 작용하는 아랫 방향의 중력을 받는다. 그러나 날개에 가해지는 양력이 자체 중량보다 크기 때문에 날개는 그림 1.2의 점선과 같이 위로 휘어지게 된다.

날개에서와는 달리 동체에 작용하는 힘은 중력뿐이다. 동체에 달려있는 수평꼬리날개는 아래 방향의 양력을 내는 것이 보통이기 때문에, 동체는 그림 1.2의 점선처럼 아래로 휘어지게 된다. 기체에 이러한 힘이 걸리는 것은 중력이 기체 전체에 작용하는데 비하여 양력은 날개에만 작용하는 것이 첫째 원인이다. 이것을 균등하게 하는 만큼, 즉 항공기의 중량 가운데 동체에 있는 부분을 줄여 날개에 옮기는 만큼 구조는 작은 힘을 받게 된다. 날개에 걸리는 힘은 양력

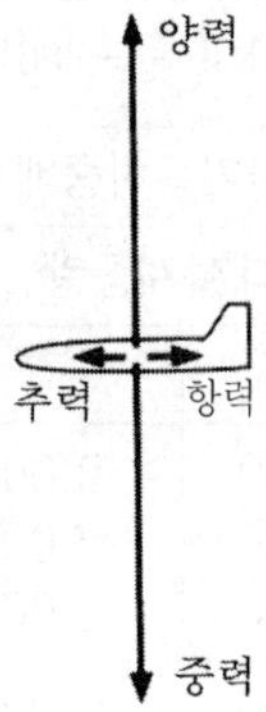

그림 1.1 수평비행 상태에서 힘의 평형

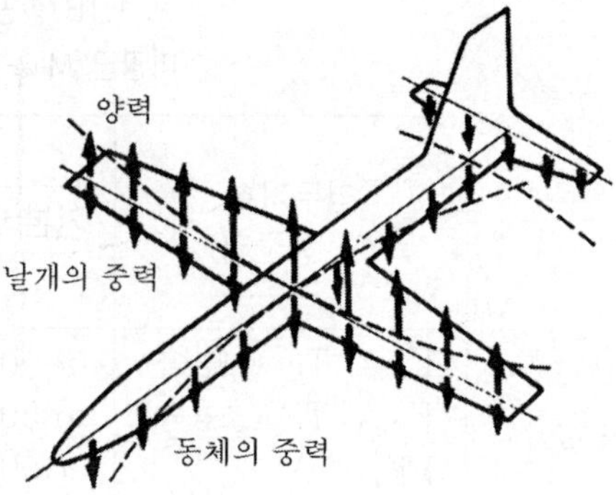

그림 1.2 날개와 동체의 변형

에서 날개의 무게를 뺀 것이기 때문에 항공기의 중량이 같으면 가능한 한 많은 중량을 날개에 분포시키면 비행 중에 날개에 걸리는 힘은 작아지게 되는 것이다.

예를 들면, 대형 여객기가 장거리를 비행할 경우 자중과 같은 만큼의 다량의 연료를 날개에 넣지만, 이때 오히려 날개에 걸리는 응력은 줄어들게 된다. 역으로 가장 하중이 많이 걸리는 경우는 동체에 유상하중이 가득 실려 있고 날개 내의 연료탱크는 텅 비어 있을 때이다. 이 경우에 안전을 위해 비행중량을 제한하게 되는데 모든 여객기와 수송기는 최대무연료중량(maximum zero fuel weight)이 정해져 있다. 이것에서 운항자중(operating empty weight)을 빼면 최대적재중량(maximum payload)이 되는 것이다.

1.2.2 기동에 의한 하중배수

수평직선비행을 하고 있을 때 항공기의 각 부분은 지구의 중력 때문에 아래로 끌어 당겨지는 1g(9.8 m/s^2) 상태에 있다. 그러나, 그림 1.3에서와 같이 노우즈업 기동(nose-up maneuver)을 하면 기체의 각 부분에는 중력 외에 원운동에 의한 원심력이 작용하여 각 부분의 무게가 몇 배나 증가한 것과 같은 상태가 된다.

무게가 크게 증가한 상태에서 그대로 기동을 계속하기 위해서는 양력의 방향도 이것에 균형을 맞추도록 증가하게 된다. 그림 1.4에 보인 바와 같이 날개에 작용하는 굽힘하중은 2g의 운동을 하면 수평직선비행의 2배, 4g이면 4배로 증

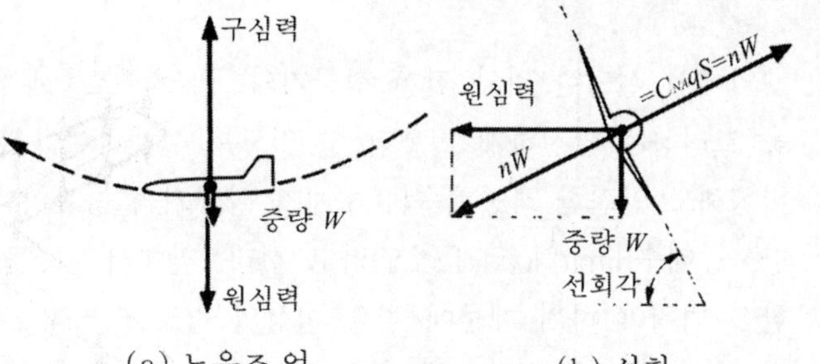

그림 1.3 기동에 의해 추가적으로 가해지는 하중

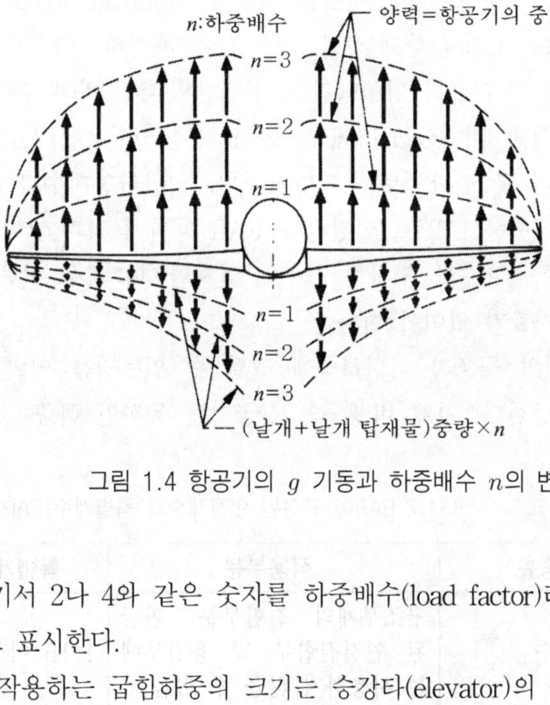

그림 1.4 항공기의 g 기동과 하중배수 n의 변화

가한다. 여기서 2나 4와 같은 숫자를 하중배수(load factor)라 하고, 일반적으로 기호 n으로 표시한다.

동체에 작용하는 굽힘하중의 크기는 승강타(elevator)의 움직임에 의한 수평꼬리날개의 양력의 변화와, 피칭(pitching)에 의한 관성력의 영향 등이 더해지기 때문에 날개와 같이 하중배수에 정비례하지는 않지만, 거기에 가까운 비율로 증가한다. 미연방항공규격에서 하중배수는 항공기에 작용하는 하중과 항공기의 중량과의 비로 정의한다. 지금 고려하고 있는 하중배수는 비행중의 운동에 의한 것이기 때문에 비행하중배수(flight load factor) 중 기동하중배수(maneuvering load factor)라고 한다.

1.2.3 제한하중과 극한하중

앞에서 설명한 바와 같이 항공기의 구조는 조종에 의해 하중이 증가되는 것을 고려하여 안전하게 비행할 수 있도록 설계하여야 한다. FAR 등에 항공기가 비행해도 안전한 하중배수의 수치가 항공기의 종류마다 정해져 있고 이것을 제한하중배수(limit load factor)라고 한다. 앞에서 기술하였듯이 항공기는 가능한 한 가벼워야 하기 때문에 필요 이상의 강도를 가지도록 만드는 것은 바람직하지 않지만 그렇다고 해서 가까스로 제한 중량에 맞게 설계할 경우 사용 중 제한하중이 가해지면 곧바로 파손이 발생할 것이기 때문에 너무 위험하다.

따라서 FAR에서는 제한하중의 1.5배 하중까지는 기체에 파손이 발생하지 못하도록 요구하고 있다. 이것을 극한하중(ultimate load)이라고 하고 1.5를 안전계수(safety factor)라고 한다. 예를 들어 제한하중배수가 8인 전투기는 12g까지는 파괴되지 않도록 만들어진다. 표 1.2에 보인 바와 같이 주요 피팅(fitting) 등에서는 특별계수(special factor)를 곱하여 안전율을 1.5보다 크게 하기도 한다. 예를 들어 구조 결합부분 피팅의 경우 일반안전계수 1.5에 피팅계수 1.15를 곱해 안전계수를 1.725로 설정한다. FAR 등의 규정과 달리 항공기 제작사가 독자적으로 특별계수를 정하는 경우도 있지만. 이 경우 인증을 위해 실험 등에 의한 증빙자료가 있어야 한다.

항공기의 구조가 극한하중에 견딜 수 있는지는 일반적으로 정적강도시험을 통해 검증한다. 실제 비행중의 항공기는 동적인 하중을 받지만 시험은 하중을

표 1.2 FAR에 규정된 안전계수와 특별계수(FAR 23, 25)

종류	적용부분	특별계수	안전계수
피팅계수	구조부재의 결합부분. 판금된 연결결합부 및 용접부에는 사용하지 않을 수 있음.	1.15 이상	1.725 이상
주물계수	구조에 사용하는 주물	1.0~2.0 이상	1.5~3.0 이상
간격계수	틈이 있거나 진동을 받아 상대적인 움직임이 발생하는 부분	충분히 큰 값	
조종면 힌지부	조종면의 힌지	6.67 이상	10 이상
조종계통 연결부	조종계통의 연결부분	2.0 이상	3.0 이상

조금씩 높여가기 때문에 그 차이를 고려해서 시험에서는 극한하중을 가한 채 최소한 3초간은 파손이 발생하지 않아야 한다. 또한 구조는 제한하중 하에서 비행의 안전에 지장을 주는 심한 변형을 일으켜서는 안되며 제한하중을 제거하면 잔류변형이 없어야 한다. 극한하중에서는 잔류변형이 허용된다. 최근에는 전산구조해석기술의 발달로 인해 정확한 강도계산을 할 수 있게 되어 잘 알려져 있는 구조에 대해서는 강도의 검증을 계산으로 하고, 시험의 일부를 생략하기도 한다.

1.2.4 안전여유(MS)

규격에 의해 기체는 극한하중에 견디지 않으면 안되지만 그 이상 강할 필요는 없다. 따라서 기체의 전 부재의 강도를 극한하중에 일치하도록 만들면 이상적이지만 실제로는 어느 정도 강도의 여유가 생기는 경우가 많다. 극한하중인 경우에 이 여분이 가해지는 하중의 몇 배에 해당하는가를 안전여유(margin of safety)라고 하고 줄여서 MS라 부르고 있다. MS=0.2일 때 그 부재는 극한하중보다 20% 더 큰 하중까지 부서지지 않고 여유 강도가 20% 남아 있다는 것을 의미한다. 이러한 개념은 그림 1.5에서 상세히 설명하였다. 일반적으로 부재의 내부에 생기는 응력은 부재에 가해지는 하중에 비례한다. 여기서 부재의 허용응력(allowable stress)을 F, 극한하중일 때 구조물에 발생한 응력을 f 라 하면 안전여유 MS는 다음 식으로 표기된다.

$$\mathrm{MS} = \frac{F}{f} - 1 \tag{1.1}$$

안전여유는 0이 되면 이상적이지만 절대로 음의 값을 가져서는 안된다. 기종에 따라서는 탑재량 증가를 목적으로 확장여유(growth potential)를 갖게 하는 등 설계자가 의도적으로 강도에 여유가 있도록 설계하는 경우도 있다. 또한 허용응력은 재료의 정적강도에 의해서만 결정되는 것은 아니며 피로 특성, 손상허용 특성 등의 조건에 의해 정적강도보다 낮은 값으로 결정되는 경우가 많다.

식 (1.1)의 F/f 를 강도비(strength ratio)라 부르고 안전여유를 대신하여 사용하는 경우도 있으며 일반적으로 기호 γ로 표시한다. $\gamma = 1.08$이라면 허용응력의 1.08배의 강도가 있기 때문에 안전여유는 0.08이 된다.

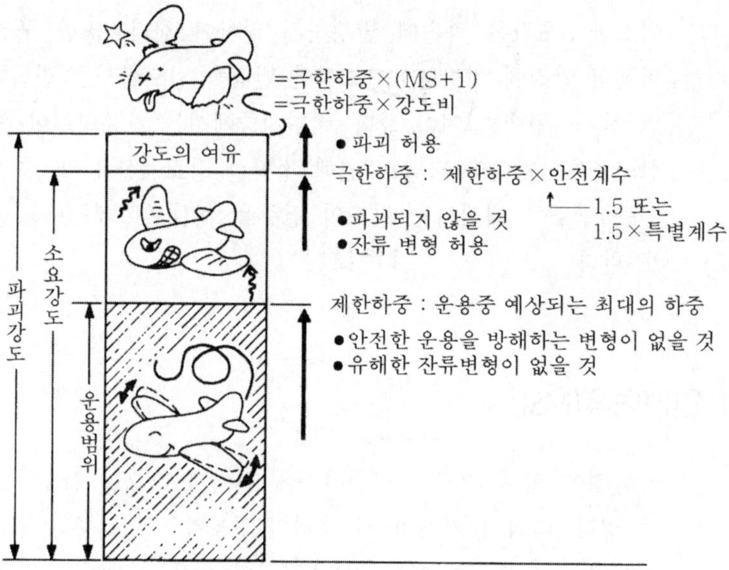

그림 1.5 제한하중, 극한하중 및 안전여유a(MS)의 개념

1.2.5 돌풍에 의한 하중배수

항공기는 수평직선비행을 하고 있어도 돌풍에 의해 g(수직방향의 가속도)가 가해질 수 있다. 그림 1.6에서와 같이 속도 V로 고요한 대기 중을 비행중인 항공기가 갑자기 돌풍 U의 상승기류가 있는 곳으로 진입했다고 하자. 그러면 날개에 부딪히는 기류의 방향이 바뀌게 되어, 받음각이 갑자기 증가하기 때문에 날개의 양력도 빠르게 증가한다. 양력이 증가하면 기체가 가속도를 가지고 상승하므로 각 부분에는 기체의 위치를 그대로 유지하려는 관성력이 아래로 발생한다.

이와 같이 돌풍의 효과를 고려한 하중배수를 돌풍하중배수(gust load factor)라고 하고 다음 식 (1.2)와 같이 표현된다.

$$n = 1 + \frac{KUVa}{31.1\,(W/S)} \tag{1.2}$$

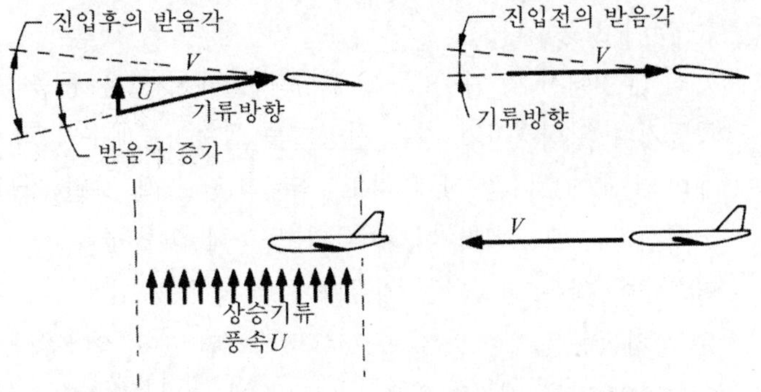

그림 1.6 상승기류에 의한 양력증가 개념도

여기서

n : 돌풍하중배수

U : 수직방향의 돌풍속도(m/s EAS, 상향돌풍은 +, 하향돌풍은 −로 한다.)

V : 비행속도 (kt EAS) (EAS는 equivalent air speed)

W/S : 익면하중 (kgf/m^2)

a : 양력경사, 즉 받음각이 1라디안(57.3°) 증가할 때마다 양력계수가 증가하는 비율(C_{L_α})

K : 돌풍경감계수(load alleviation factor)

식 (1.2)에서 돌풍경감계수 K는 대체로 0.8 정도이다. 익면하중이 낮은 항공기가 저공을 날 때는 약간 감소하고, 반대의 경우 증가한다. 실제 돌풍은 고요한 대기 부근에서 갑자기 발생하는 것이 아니라 대체로 미리 그 징조를 느낄 수 있다. 따라서 항공기가 어느 정도 상승하기 시작하고 나서 풍속 U의 가운데로 들어가게 되므로 하중배수(n)가 조금 줄기 때문에 K는 이것을 보정하기 위한 계수이다.

수직돌풍속도 U를 어느 정도 고려해야 안전한지는 오랜 기간동안 세계의 운항실적에 근거하여 FAR 등의 규정에 정해져 있다. 가령 민항기(T 종류)가 고도 20,000 ft (6,000m)이하에서 설계순항속도 V_C로 비행한다면 50 ft/s (15 m/s), 돌풍에서 받음각이 증가해도 실속하지 않을 정도까지 속도를 줄여서 비행한다면(V_B) U=66 ft/s(20 m/s)를 사용한다. 이 돌풍을 수직 방향으로 받는다고 가정하고 돌풍에 의한 제한하중배수로 설계하면 보통의 민항기에서는 기동제한하중배수가 2.5~3.5 정도가 되어 표 1.1에 규정된 값 2.5보다 크게 되는 경우가 많다. 따라서 여객기나 수송기에서는 돌풍이 날개의 임계하중조건이 되는 것이 보통이다.

식 (1.2)에서 알 수 있듯이 같은 속도에서 같은 돌풍을 받아도 익면하중이 큰 항공기나 양력경사가 작은 항공기는 돌풍하중배수가 작게 된다. 양력경사는 날개의 가로세로비를 작게 하고, 후퇴각을 크게 하면 작아지므로 일반적으로 제트여객기는 프로펠러 여객기보다 돌풍에 의한 g가 작아 탑승감이 좋다. 또 익면하중이 작은 항공기는 기류가 나쁜 날에는 쉽게 흔들린다. 또한 항공기가 같은 상하돌풍을 받아도 저속으로 비행하면 n이 작아진다. 여기서 모든 여객기나 수송기의 비행 매뉴얼(flight manual)에는 난류가 심한 경우에는 실속하거나 조종이 곤란하게 되지 않는 범위에서 속도를 줄여 비행(V_B 부근에서)하도록 규정되어 있다. 등가대기속도(EAS)는, EAS=TAS $\sqrt{\rho/\rho_0}$ 로 정의되고 TAS는 진대기속도(대기에 대한 실제비행속도), ρ는 비행고도의 공기밀도, ρ_0는 해면상의 공기밀도이다.

1.2.6 $V-n$선도

앞에서 언급한 바와 같이 돌풍에 의한 하중배수 n은 비행속도 V에 의해 달라진다. 또한 규격에 의한 허용돌풍속도 U도 비행속도 V에 의해 달라진다. 여기서 n과 V의 관계는 그림 1.7에서와 같이 그래프로 그려보면 가장 쉽게 이해할 수 있다.

동일한 하중배수라고 하더라도 저속에서는 고속의 경우보다 날개의 받음각을 증가시키지 않으면 안된다. 받음각을 아주 크게 하면 실속(stall)해서 양력이 그 이상 발생하지 않으므로 어느 속도 이하에서는 제한하중배수를 기체에 가하려 해도 가할 수 없기 때문이다. 이 속도를 설계운동속도 V_A라 하고, $V_A \geq V_S\sqrt{n}$ 로 주어진다. 이때 V_S는 플랩상승에서의 실속속도이다. 그림 1.7에서 V_B는 최대돌풍에 대한 설계속도이다. 설계순항속도(design cruise speed), V_C는 통상의 비행에서의 운용한계속도이다. V_D는 플랩 등 공력탄성에 의한 위험을 피하기 위한 제한속도로서 설계급강하속도(design dive speed)이다. V_D는 V_C의 1.25배 이상이 되어야 한다.

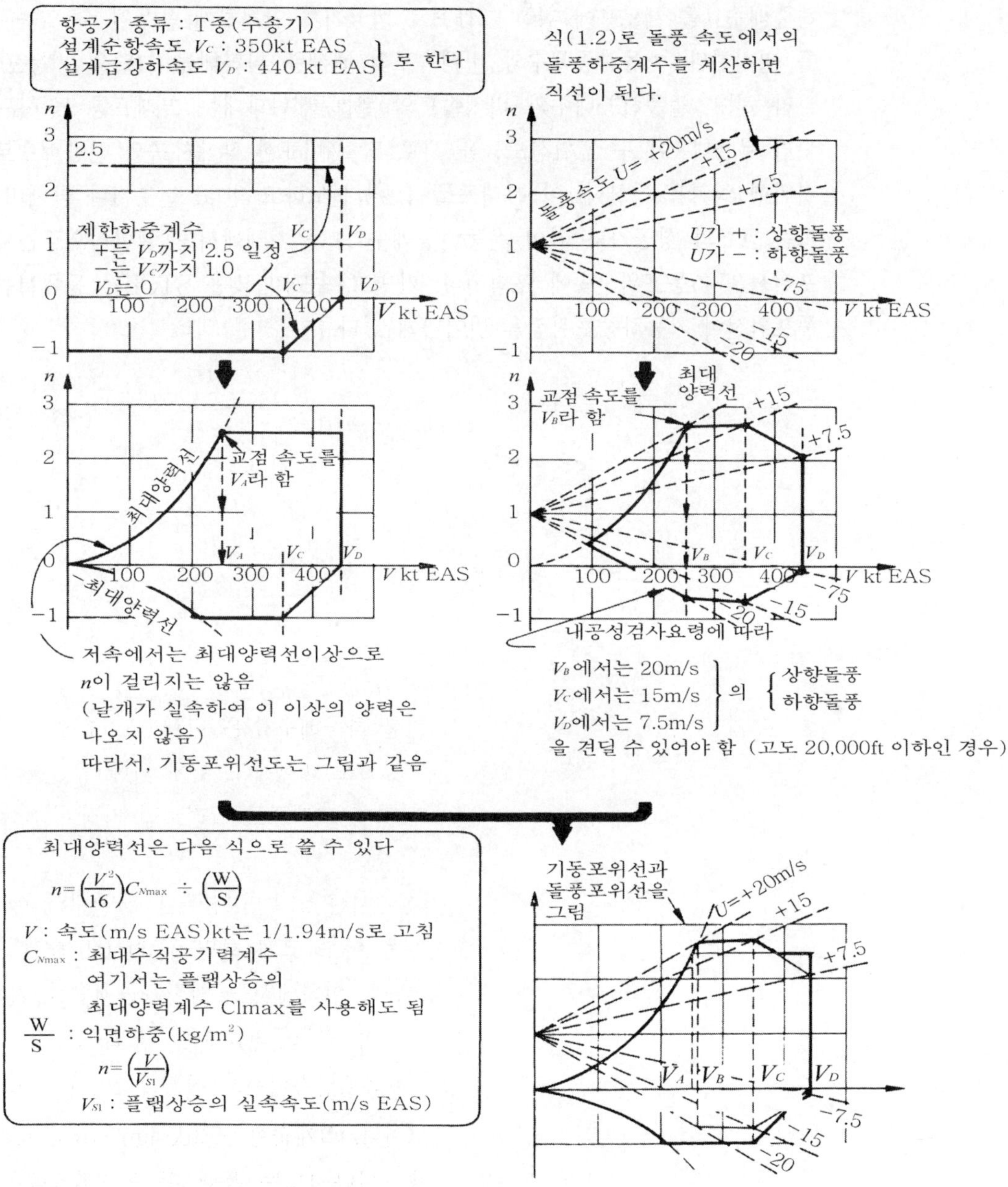

항공기 종류 : T종(수송기)
설계순항속도 V_C : 350kt EAS
설계급강하속도 V_D : 440 kt EAS
로 한다
제한하중계수
+는 V_D까지 2.5 일정
−는 V_C까지 1.0
V_D는 0
V kt EAS
식(1.2)로 돌풍 속도에서의 돌풍하중계수를 계산하면 직선이 된다.
돌풍속도 U= +20m/s
+15
+7.5
U가 + : 상향돌풍
U가 − : 하향돌풍
최대양력선
교점 속도를 V_A라 함
저속에서는 최대양력선이상으로 n이 걸리지는 않음
(날개가 실속하여 이 이상의 양력은 나오지 않음)
따라서, 기동포위선도는 그림과 같음
교점 속도를 V_B라 함
내공성검사요령에 따라
V_B에서는 20m/s
V_C에서는 15m/s
V_D에서는 7.5m/s
의 상향돌풍 하향돌풍
을 견딜 수 있어야 함 (고도 20,000ft 이하인 경우)
최대양력선은 다음 식으로 쓸 수 있다
$n=\left(\frac{V^2}{16}\right)C_{N\max} \div \left(\frac{W}{S}\right)$
V : 속도(m/s EAS)kt는 1/1.94m/s로 고침
$C_{N\max}$: 최대수직공기력계수
여기서는 플랩상승의 최대양력계수 Clmax를 사용해도 됨
$\frac{W}{S}$: 익면하중(kg/m²)
$n=\left(\frac{V}{V_{S1}}\right)$
V_{S1} : 플랩상승의 실속속도(m/s EAS)
기동포위선과 돌풍포위선을 그림
U=+20m/s

그림 1.7 $V-n$ 선도

항공기를 설계할 때는 그림 1.7에서와 같이 비행속도 V(EAS)를 가로축에, 하중배수 n을 세로축에 취한 그래프로 항공기가 안전하게 운용될 수 있는 범위를 명시한다. 기동하중배수와 비행속도의 관계를 나타내는 그림을 기동포위선도라 하고, 돌풍하중배수와 비행속도의 관계를 나타내는 그래프를 돌풍포위선도라 부른다. 이 두 포위선도들을 서로 겹쳐 비교한 후 큰 쪽의 하중배수로 안전비행 영역을 정한다. 이 그래프를 $V-n$선도라고 한다. 전투기나 곡예비행을 하는 A류의 항공기와 같이 운동하중배수가 큰 기체에서는 일반적으로는 돌풍포위선은 기동포위선속에 포함된다. 가볍고 속도가 낮은 STOL기 등에서는 돌풍포위선이 기동하중포위선을 벗어나게 된다.

제 2 장 동체의 구조

2.1 동체의 기본 구조와 하중

2.1.1 동체의 굽힘모멘트

동체는 수평비행 중 중앙부는 날개에 의해 지지되지만 전후방에서는 동체의 중량과 수평꼬리날개의 공기력이 가해지기 때문에, 아래로 휘어지게 된다. 동체에 가해지는 굽힘모멘트는 그림 2.1에서와 같이 날개가 장착된 부분에서 최대가 되고, 전방과 후방으로 갈수록 작아진다. 따라서 날개 설치부 부근은 굽힘에 대하여 강하게 설계하고 전후방에서는 굽힘모멘트가 작기 때문에 구조 강성을 줄여도 된다. 조종이나 돌풍으로 g가 가해질 때는 동체 아래방향으로의 굽힘모멘트도 증가한다.

날개에 걸려있는 전체하중은 양력에서 날개 자중에 하중배수 n을 곱하여 뺀 값이고, 양력은 항공기의 무게와 크기가 같다. 따라서 날개에 가해지는 하중의 크기는 동체무게에 하중배수를 곱한 값으로 볼 수 있고, 이것은 동체에 작용하는 전체하중과 같다.

보통의 여객기에서는 날개 폭과 동체 길이가 거의 같고, 날개가 동체의

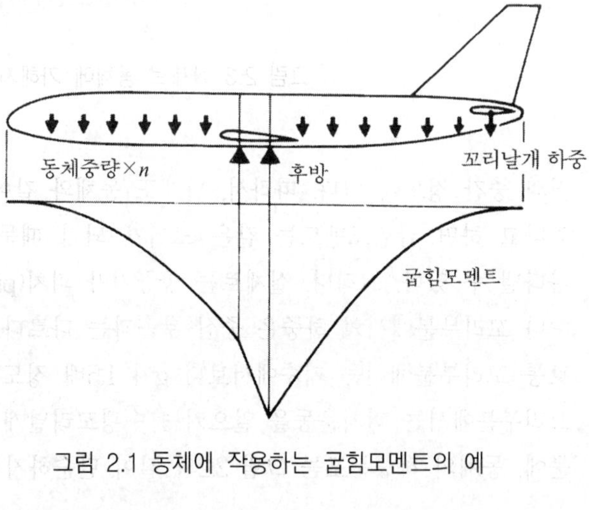

그림 2.1 동체에 작용하는 굽힘모멘트의 예

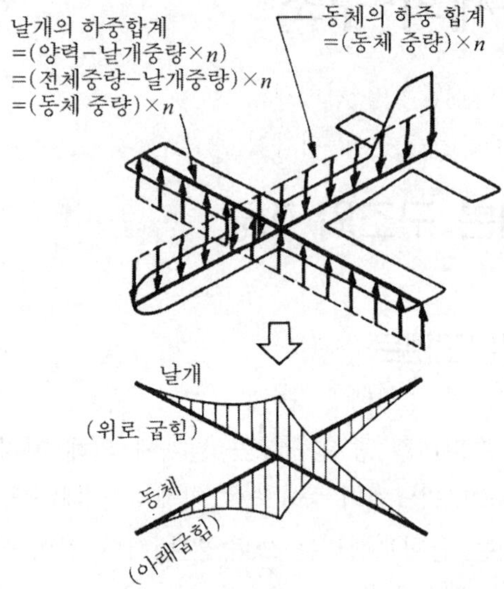

그림 2.2 비행 중 동체와 날개에 작용하는 굽힘모멘트의 단순화된 개념도

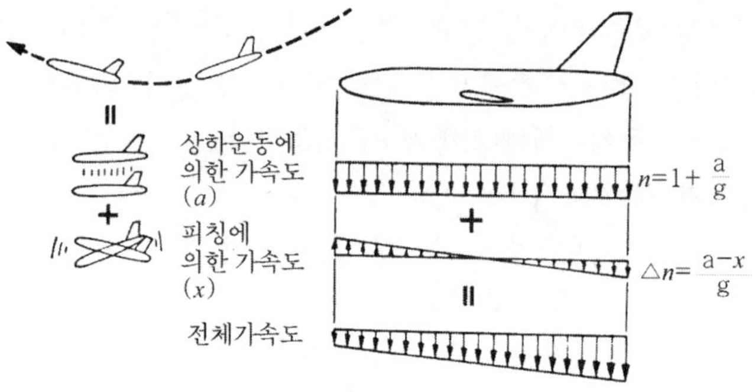

그림 2.3 실제로 동체에 가해지는 하중

거의 중간 정도에 있다. 따라서, 날개도 동체와 같이 하중이 동일하게 분포되어 있다고 하면 굽힘모멘트는 같은 크기가 되기 때문에 그림 2.2와 같이 간단히 나타낼 수 있다. 그러나, 실제로는 항공기가 피치(pitch) 운동을 하기 때문에 기수나 꼬리부분에서의 하중은 중심 부근과는 다르다. 그림 2.3에 보인 바와 같이 보통 꼬리부분에서는 기수에서보다 g가 1.5배 정도 크게 되는 경우가 많다. 또 꼬리부분에서는 피치운동을 일으키는 수평꼬리날개의 공기력의 변화도 있기 때문에, 동체의 하중분포는 그림 2.2와 같이 단순하지는 않다.

2.1.2 착륙에 의한 굽힘하중

동체에 아래굽힘이 가해지는 또 하나의 하중조건이 착륙이다. 수송기의 경우 그림 2.4에서와 같이 항공기가 3 m/s의 강하율로 접근해 와서 그대로 착륙할 때의 하중을 제한하중으로 설정한다. 이때 기체에 걸리는 가속도는 착륙장치의 스트럿트(strut)와 타이어에 따라 달라지겠지만 보통 2g에서 3g정도가 된다. 따라서, 수송기에서는 공중에서의 기동이나 돌풍의 제한하중배수와 비슷한 크기가 된다. 이러한 2g나 3g의 관성력 중 1g만큼의 하중은 날개의 양력과 균형을 이루고, 남은 1g나 2g가 착륙장치에서 지면 반력과 균형을 이룬다.

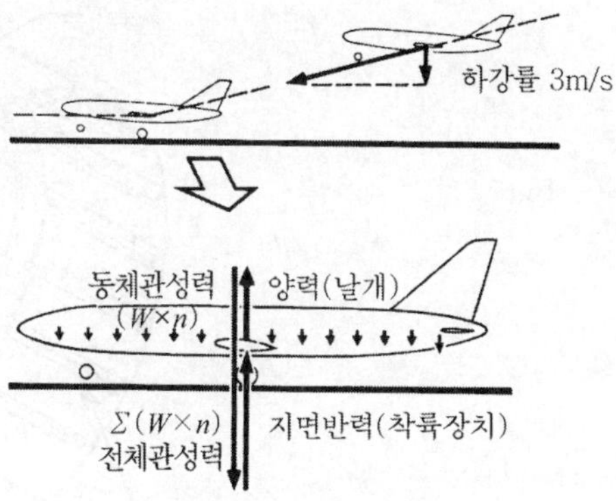

그림 2.4 착륙의 제한하중

이 지면 반력의 대부분을 받는 것이 주스트럿트(main strut)인데 보통의 항공기에서는 주스트럿트가 날개에 장착되거나 또는 날개와 비슷한 위치에서 동체에 장착되어 있다. 따라서 착륙 시에 동체에 가해지는 힘은 그림 2.1의 공중에서의 돌풍이나 운동으로 받는 것과 비슷하게 동체를 아래방향으로 휘어지게 한다.

2.1.3 동체의 굽힘강도

동체에도 날개와 같은 정도의 굽힘모멘트가 걸린다는 것은 앞에서 설명하였다. 그러나, 일반적인 항공기의 동체 구조를 보면 날개에 비해 훨씬 얇은 외피(skin)에 얇은 스트링거(stringer)가 배치되어 있을 뿐이다. 그것은 동체는 날개와 달리 단면높이가 크기 때문에 굽힘에 의해 상하 부재에 걸리는 인장력이나 압축력이 날개보다 훨씬 작기 때문이다.

동체 구조로서 가장 일반적인 것은 둘레방향의 프레임(frame) 위에 거의 등간격으로 스트링거를 배치하고 그것에 외피를 부착한 것이다. 동체의 구조는 그림 2.5와 같이 거의 모두가 같은 모양의 세미모노코크 구조(semi-monocoque

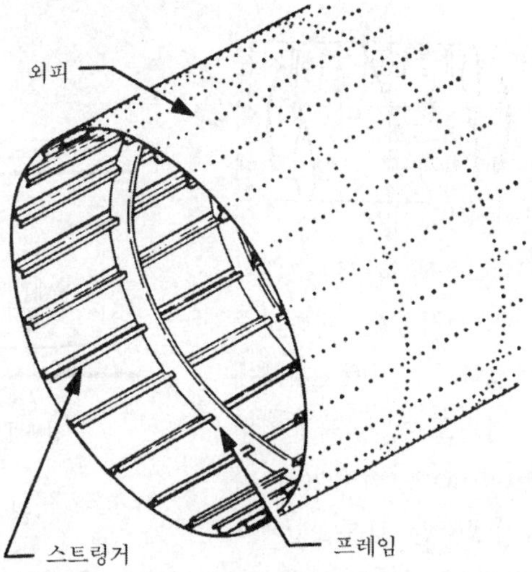

그림 2.5 일반적인 세미모노코크 형태의 동체구조

structure)이다. 동체에 아래로 굽힘모멘트가 걸리면 상부는 인장을, 하부는 압축을 받는다. 이 응력을 계산해 내기 위해서는 우선 동체단면의 2차 굽힘관성모멘트(I)를 구해야 한다. 굽힘응력의 계산방법은 그림 2.6에 보인 바와 같다.

초기에 대략적인 예상을 하기 위해서는 그림 2.7에 보인 바와 같이 인장도 압축도 거의 받지 않는 양 측면의 부분(동체 높이의 70% 정도)은 무시하고, 나머지 상하 부분만이 각각 인장과 압축력을 받는다고 가정한다.

이 경우 상하에 작용하는 인장력과 압축력을 P라고 하면 다음과 같이 쓸 수 있다.

$$P = \frac{M}{h} \tag{2.1}$$

여기서,

M : 굽힘모멘트
h : 상하부분 단면적의 중심 간격

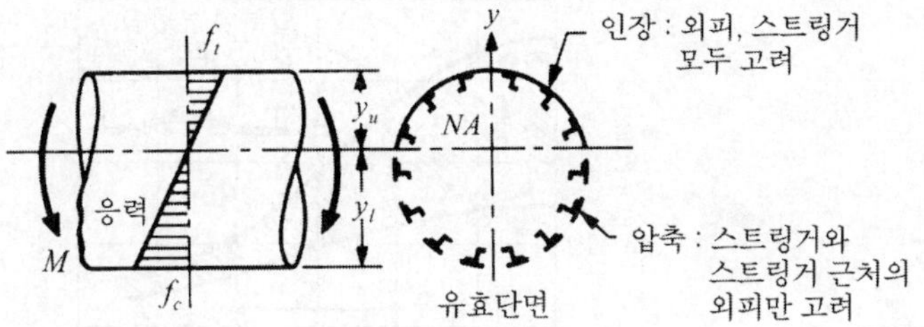

$$f_t = \frac{M \cdot y_u}{I} \qquad f_c = \frac{M \cdot y_l}{I}$$

f_t : 최대인장응력 kgf/mm^2
f_c : 최대압축응력 kgf/mm^2
M : 굽힘모멘트 kg - mm
NA : 동체 유효단면의 중립축
I : 동체 유효단면의 NA 주위의 2차 관성모멘트 $I = \Sigma(Ay^2)$(mm^4)
y_u : NA로부터의 인장측 최대 높이(mm)
y_l : NA로부터 압축측 최대 높이(mm)

그림 2.6 동체에 작용하는 굽힘모멘트에 의한 굽힘응력 계산

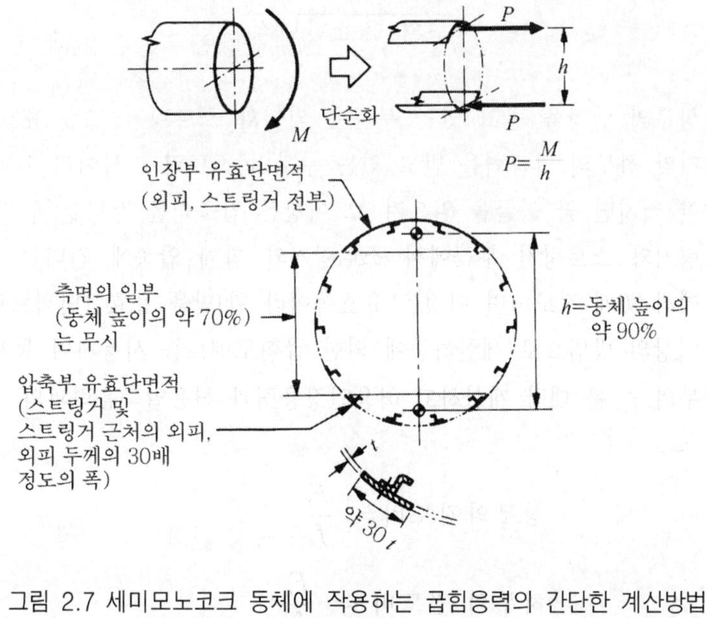

그림 2.7 세미모노코크 동체에 작용하는 굽힘응력의 간단한 계산방법

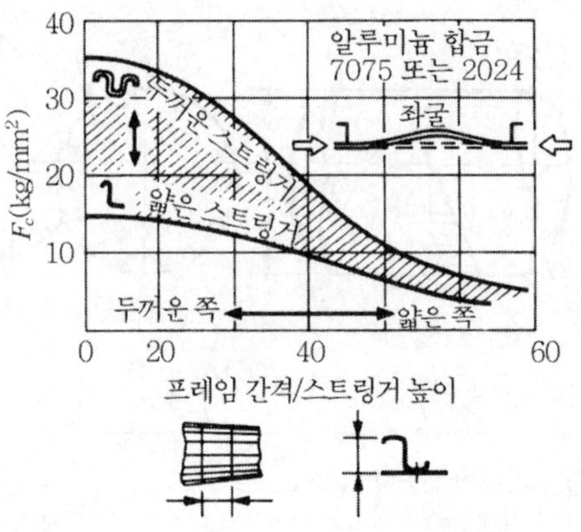

그림 2.8 세미모노코크 동체의 허용압축응력
과 프레임 간격의 관계

상부의 인장응력 f_t 과 하부의 압축응력 f_c 는 다음과 같다.

$$f_t = \frac{P}{\text{상부의 유효단면적}} \tag{2.2}$$

$$f_c = \frac{P}{\text{하부의 유효단면적}} \tag{2.3}$$

상부의 인장을 받고 있는 부분은 외피와 스트링거 모두 유효한 단면적이다. 하지만 하부의 압축력을 받고 있는 부분의 스트링거 사이의 외피는 압축응력이 약간 커지면 곧 좌굴을 일으켜 그 이상은 압축력을 감당할 수 없다. 따라서 스트링거와 스트링거 부근에서 스트링거와 함께 압축에 견디는 부분(보통 외피 두께의 30배 정도이며 이것을 유효폭이라 함)만을 유효단면적으로 고려한다.

이상의 방법으로 제한하중에 의한 굽힘모멘트를 사용하여 동체 상부의 f_t 와 하부의 f_c 를 대략 계산하고 허용인장응력과 허용압축응력과의 비를 계산한다.

$$\text{상부의 강도비} = \frac{F_t}{f_t} \tag{2.4}$$

$$\text{하부의 강도비} = \frac{F_c}{f_c} \tag{2.5}$$

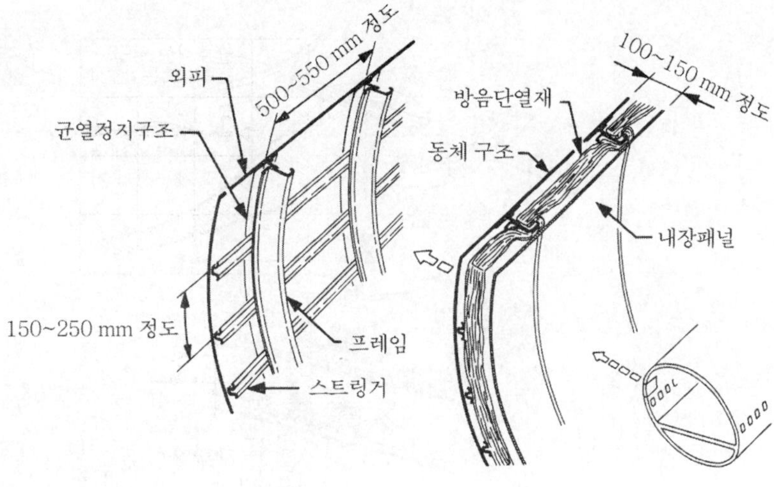

그림 2.9 전형적인 수송기 동체의 구조

여기서 F_t는 동체 상부의 허용인장응력, F_c는 동체 하부의 허용압축응력이다. 당연히 강도비는 1 이상이어야 한다.

허용인장응력F_t는 재료의 인장강도(알루미늄의 경우 40~50kg/mm^2)와 같다고 생각해도 좋고, 유효단면적이 커서 작용응력 f_t도 작기 때문에 비교적 문제가 없다. 하지만 압축을 받을 경우 스트링거가 프레임(frame)의 중간에서 좌굴을 일으키기 때문에, F_c는 재료의 압축강도보다 작은 것이 일반적이다. 또한 유효단면적이 작아서 f_c가 커지기 때문에 동체의 하부에서는 상부보다 강한 스트링거를 배치한 항공기가 많다.

스트링거는 그림 2.8과 같이 프레임의 간격이 클수록 스트링거의 높이가 낮을수록, 스트링거의 폭과 높이에 비해 두께가 얇을수록, 쉽게 좌굴을 일으키기 때문에 허용압축응력이 낮아진다. 그림 2.9에 보인 바와 같이 수송기의 동체의 스트링거는 보통 높이 250mm 정도의 Z형 단면이나 모자형(⊓)단면으로, 프레임 간격은 500 mm 정도이고 이 경우의 허용압축응력은 20~30kg/mm^2 정도이다. 프레임 간격이 큰 경비행기의 동체에서는 허용압축응력이 10kg/mm^2 이하가 된다.

그림 2.9에 보인 바와 같이 일반적으로 스트링거는 안전여유가 빠듯하게 설계되는 주요 강도부재로서 단면적이 작고, 길기 때문에 구멍을 뚫을 경우 응력집중으로 인한 파손이 발생할 수 있으므로 주의가 필요하다. 특히 프레임과 프레임의 중간 지점 부근의 강성은 스트링거의 좌굴 여부를 결정하는 요인이기

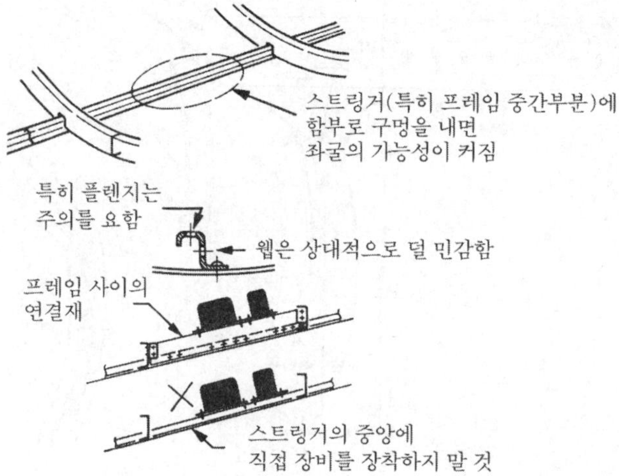

그림 2.10 스트링거 설계에서의 주의사항

때문에 이 근처에 구멍을 뚫는 것은 피해야 한다. 또 스트링거에 수직한 힘이 걸리는 것을 피해야 한다. 부득이한 경우에는 그림 2.10에서와 같이 반드시 프레임에서 프레임까지 스트링거 보강재를 추가해야 한다.

2.1.4 동체의 전단력

동체에 가해지는 주된 하중인 아래 방향으로의 굽힘모멘트를 지지하는 구조부재는 상면과 하면의 스트링거와 외피라는 사실을 앞에서 설명하였다. 동체의 양 측면도 상면이나 하면에서와 같이 외피의 역할이 중요한데 이것은 측면 외피가 동체에 걸리는 전단력을 지지하는 주요 구조물이기 때문이다.

그림 2.1의 상태에서는 동체의 각 부분에 아래로 향하는 힘이 가해지고 있다. 이때 동체의 단면을 생각하면 그림 2.11에 보인 바와 같이 굽힘모멘트 이외에도 전단력이 작용하고 있기 때문에 동체를 아래로 전단하려 한다. 이 전단력은 그림 2.12에서 보인 바와 같이 동체의 전후방에서는 작지만 날개 장착부에 가까워짐에 따라 점점 커지게 된다. 대체로 날개 바로 전후의 동체의 전단력은 날개가 장착되어 있는 부분의 전단력과 비슷한 크기가 된다.

동체에 전단력이 걸려있을 때 만약 측면에 외피가 없고 프레임과 스트링거의 격자뿐이라면 그림 2.13(a)와 같이 평행사변형 모양으로 찌그러지게 될 것이

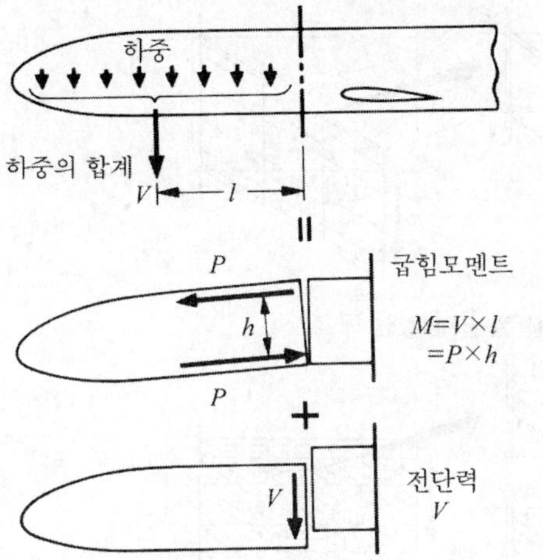

그림 2.11 동체에 전단력이 발생하는 이유

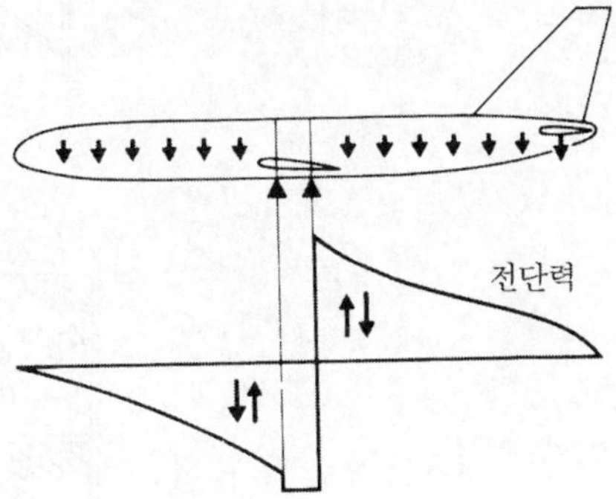

그림 2.12 동체에서의 전단력 분포의 예

다. 그러나 그림 2.13(b)와 같이 격자 위의 한 면에 외피가 있을 경우, 이 외피가 전단력을 지지하여 격자는 거의 직각으로 유지된다.

그런데 보통 동체에 붙어 있는 외피는 특별한 부분 이외에는 0.5~1.5mm 정도로 얇기 때문에 전단력이 증가되면 좌굴이 발생하여 한 면에 경사진 주름이 생겨, 상태가 나쁜 미닫이를 무리하게 열려고 했을 때처럼 되어버린다. 그러나 주름이 생긴 후의 외피도 마치 무수한 철사를 비스듬히 붙인 것과 같아서 상당한 전단하중에 견딜 수 있게 된다. 또한 하중이 감소하면 주름이 없어져 다시 원 상태로 돌아가므로 잔류변형은 남지 않는다.

최근의 항공기는 동체의 강성을 올리거나 여압에 의한 하중을 견디도록 하기 위해 외피를 비교적 두껍게 만들기 때문에 1g 정도의 비행에서는 주름이 생기는 부분이 거의 없다.

그러나 저속기에서는 중량경감을 위해 얇은 외피을 사용하기 때문에 전단하중이 큰 부분이나 동체 하부의 압축하중이 걸리는 부분에서는 비행 중일 때뿐만 아니라 지상에 있을 때에도 기체의 자중으로 이미 주름이 생기는 경우도 있다. 이런 주름은 가공불량에 의한 외피의 결함으로 착각하기 쉽지만, 앞서 서술한 대로 주름이 생기고 난 후에도 어느 정도의 강성을 유지하기 때문에 특별히 걱정하지 않아도 된다.

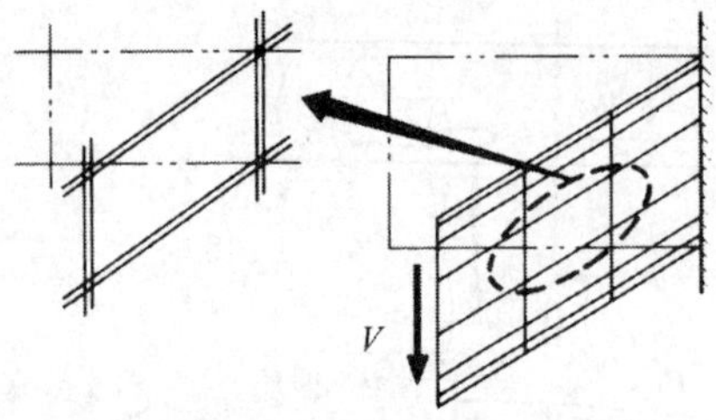

(a) 외피가 없는 구조

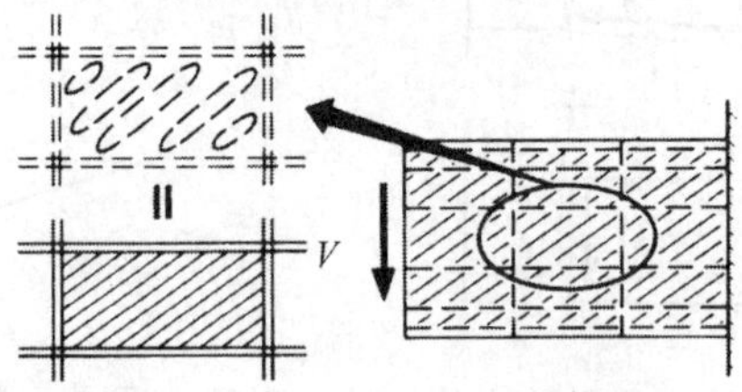

(b) 얇은 외피를 붙인 구조

그림 2.13 전단력에 대한 외피의 효과

2.1.5 동체의 전단강도

전단하중이 그림 2.11과 같이 상하 방향인 경우, 동체 중앙 측면 외피의 중요성이 가장 커진다. 측면 외피에서 전단응력이 커지고 상하면에서는 낮아진다. 이 전단응력의 분포는 보통 그림 2.14와 같은 방법으로 구한다. 하지만 이것은 좀 번거로우므로 아주 정확한 결과가 아니어도 된다면 그림 2.15와 같이 간단한 방법을 사용하는 것이 편리하다. 양측면의 외피(동체 높이의 약 70%)만이 동일한 분포로 전단하중을 받는다고 생각하고, 앞에서 서술한 대략의 굽힘강도 계산식에서 인장력, 압축력을 받는 상하 부분은 전단에 관계하지 않는다고 가정한다.

그림 2.14에서 전단응력 f_s 는 다음과 같이 계산된다.

$$f_s = \frac{q}{t} \qquad q = \frac{VQ}{I}$$

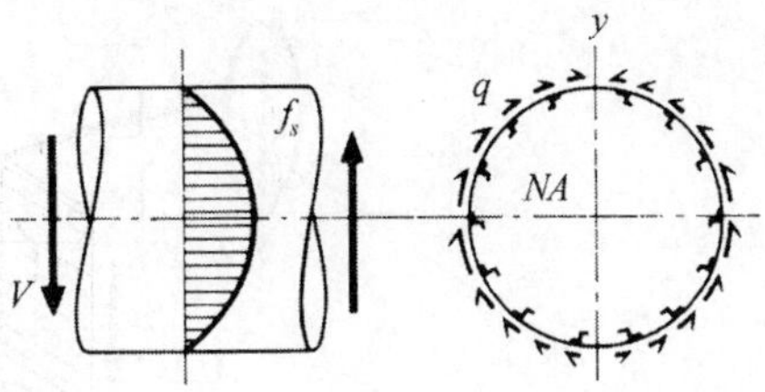

그림 2.14 세미모노코크 동체의 전단응력분포 계산

여기서

f_s : 외피의 전단응력(kgf/mm^2)

t : 외피 두께(mm)

q : 전단흐름(kgf/mm)

V : 전단하중 (kgf)

Q : 단면의 q를 구하는 위치보다 윗부분(또는 아랫부분)의 중립축 주위로의 면적 일차모멘트(mm^3)

I: 단면 전체의 중립축 주위의 면적 2차모멘트($\sum Ay^2$) (mm^4)

NA : 단면의 중립축

반면에 근사적인 전단력의 계산은 그림 2.15로부터 다음과 같이 계산될 수 있다.

$$f_s = \frac{V}{d \times t \times 2} \tag{2.6}$$

여기서

V : 전단하중(kgf)

d : 유효부분의 높이(mm)

t : 외피의 두께(mm)

2 : 양측이므로 2배

이때 강도비는 식 (2.7)과 같이 계산된다.

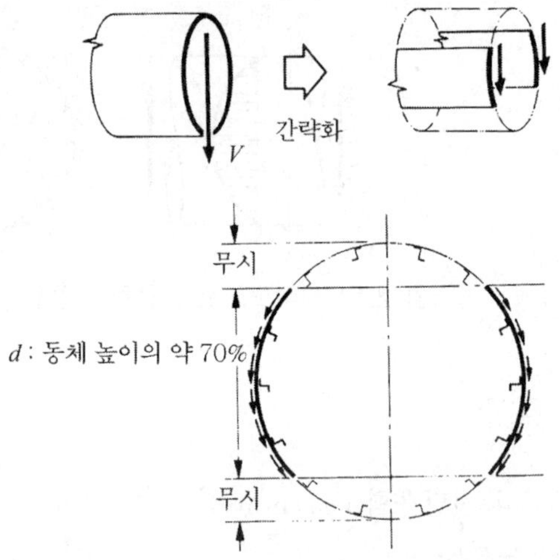

그림 2.15 세미모노코크 동체의 전단강도 계산을 위한 근사적 방법

$$강도비 = \frac{F_s}{f_s} \tag{2.7}$$

F_s는 외피의 허용전단응력이고, 동체 외피는 곡면으로 되어 있으나 날개의 스파 웹과 같은 평면의 허용응력 수준으로 F_s를 높이면 보통 7~14kg/mm^2 정도이다. 그림 2.16에 보인 바와 같이 외피를 두껍게 하거나, 스트링거의 간격을 좁게 하면 F_s는 높아진다. 그러나 프레임 사이의 단위 외피의 긴 변의 길이(프레임 간격)는 F_s에 큰 영향을 미치지 못한다. 수송기 등에서는 스트링거 간격은 200mm 정도, 프레임 간격은 약 500mm가 일반적이지만 하중이 작은 경비행기에서는 얇은 외피를 사용하는데, 그러나 너무 얇게 하면 가공과 취급에 불편하기 때문에 얇게 할 경우에도 0.5mm 이상으로 하고 프레임의 간격을 키우는 경우가 많은데, 프레임 간격 1m, 스트링거 간격 400mm 정도인 것도 볼 수 있다.

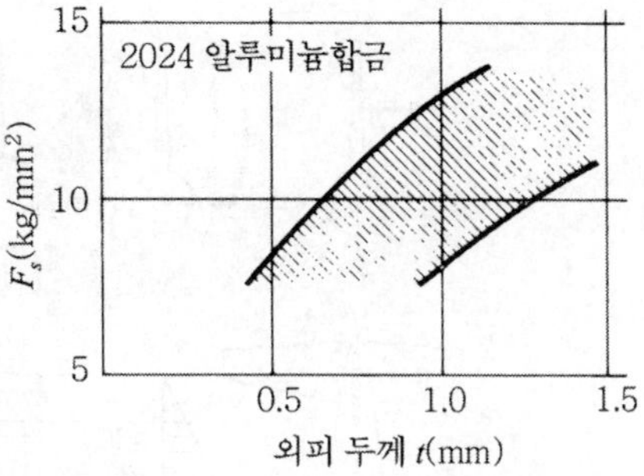

그림 2.16 동체외피의 허용전단응력, *Fs*

앞에서 기술한 바와 같이 날개에 가까운 곳에서는 전후방보다 전단하중이 커지기 때문에 외피도 두껍게 할 필요가 생긴다. 또 문(door) 주위 등 국부적으로 보강을 요하는 부분도 있어서 동체 외피의 두께는 위치에 따라 달라진다. 그렇지만 소형 저속기는 전체가 얇은 외피로 되어 있기 때문에 두께가 다른 판을 나누어 이은 판금구조의 동체가 많다. 하지만 대형기나 고속기가 되면 가능한 한 크고 두꺼운 판재로 강도상 필요한 두께까지 기계적, 화학적 가공을 하여 이음새를 줄인 동체가 많아진다.

2.1.6 동체의 비틀림 모멘트와 강도

동체에 걸리는 굽힘모멘트는 아래굽힘만이 아니다. 때로는 음의 g가 걸려 위굽힘(bending-up)이 되는 경우도 있다. 또 방향타를 조작하거나 옆에서 돌풍이 올 경우 수직꼬리날개가 옆을 향하는 힘을 내어 동체에는 좌우 굽힘모멘트와 비틀림모멘트가 동시에 걸린다. 수직꼬리날개는 대개 동체의 위에 있으므로, 수평꼬리날개처럼 대칭이 아니기 때문에 그림 2.17에서와 같이 비틀림 하중이 걸린다. 하지만 이들 모멘트는 보통 아래 굽힘모멘트에 비하면 매우 작기 때문에 동체의 강도상 문제가 되는 경우는 많지 않고, 동체는 주로 아래굽힘에 의해 설계된다.

다만, 굽힘모멘트는 아래, 위, 옆으로 작용하면 날개 장착부 부근에서는 크지만, 전후방에서는 작아져 최종적으로는 0이 되는데 비하여, 수직꼬리날개의 힘에 의한 비틀림모멘트는 수직꼬리날개 설치부에서 날개 설치부까지 거의 동일한 크기로 걸리는 것을 유의해야 한다. 단면이 작은 후방동체와 단면이 큰 날

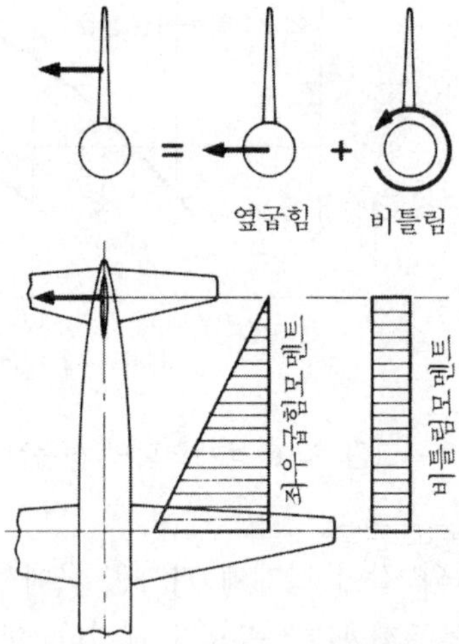

그림 2.17 수직꼬리날개 하중의 효과

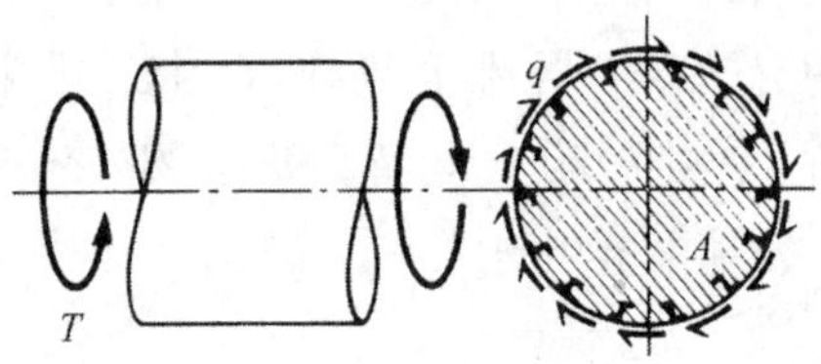

$$f_S = \frac{q}{t} \qquad q = \frac{T}{2A}$$

f_S : 외피전단응력 (kg/mm^2)
t : 외피의 두께(mm)
q : 전단흐름(외피의 단위길이당 작용하는 전단력) (kg/mm)
T : 비틀림모멘트 (kg · mm)
A : 외피에 둘러싸인 단면적 (mm^2)

그림 2.18 세미모노코크 동체의 비틀림모멘트에 의한 전단응력의 보통 계산법

개 장착부에서 모두 동일한 비틀림 모멘트가 작용하기 때문이다. 비틀림 하중을 담당하는 것은 외피이다. 그림 2.18과 같이 외피로 둘러싸인 동체의 단면적이 작으면 외피의 전단응력이 커지고, 비틀림에 약해진다. 따라서 동체 후방부 단면적이 작은 항공기의 경우 후방의 외피를 두껍게 하지 않으면 수직꼬리날개의 하중에 견디지 못하는 경우가 있다.

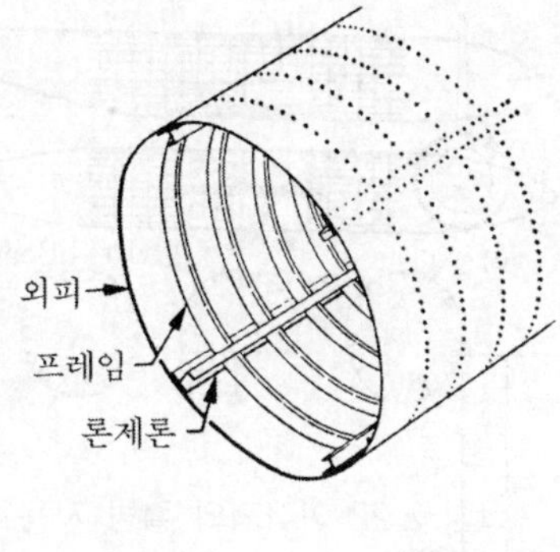

그림 2.19 론제론 형태의 동체 구조

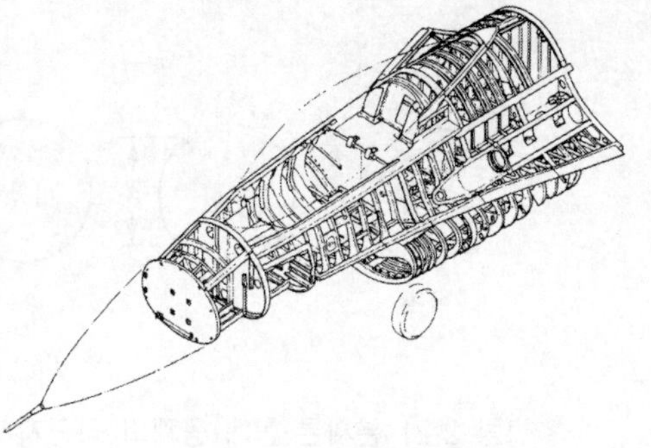

그림 2.20 론제론 형태 동체 구조의 예(F-16)

2.1.7 론제론을 사용한 동체

항공기에 따라서는 2.1.3의 그림 2.5와 같이 가는 스트링거가 많이 나열된 구조양식을 취하지 않고, 대신에 그림 2.19에 보인 바와 같이 높이가 큰 웹과, 웹의 상하에 플렌지를 가진 론제론(longeron)을 사용하는 경우도 있다. 전투기 등에서는 그림 2.20에 보인 바와 같이 동체에 조종석, 착륙장치, 공기 흡입구 등을 위한 큰 구멍을 여기저기에 내지 않으면 안되기 때문에, 이러한 구조가 편리한 경우가 많다. 이 경우, 개략적으로 굽힘강도를 갖는 단면적은 압축부위는 론제론만, 인장 부위는 론제론과 그 사이의 외피에 대한 것으로 볼 수 있다.

그림 2.21에 개략적으로 보인 바와 같이 전단에 대해서는 위 아래 론제론 사이의 양측면의 외피가, 비틀림에 대해서는 모든 부분의 외피가 하중을 담당한다. 이 형식의 동체에서는 외피의 전단강도를 유지하기 위해서, 스트링거 대신에 프레임의 간격을 좁게 해야 하고, 보통 200~250 mm 정도의 간격을 사용한다. 동체의 경우도 화물용 문과 같은 큰 개구부(opening)를 설치할 경우엔, 그 가장자리를 따라서 국부적인 론제론을 넣는 것이 보통이다. 또 여객기의 동체 중앙부 아랫면은 그림 2.22처럼 날개로 인해 상당한 길이에 걸쳐 동체의 아래 절반이 잘려져 버린다. 따라서 잘려진 아래 절반 대신 동체의 굽힘강도를 유지하기 위해서, 아랫면 중심선에 1~2개의 두꺼운 구조물을 설치하게 되는데, 배의 용골(龍骨)과 비슷하다고 하여 킬빔(keel beam)이라고 한다. 전투기 등에서 엔진을 아랫면에서 끼워 넣는 형식인 경우에도 같은 방식으로 킬빔을 사용한 경우가 많다.

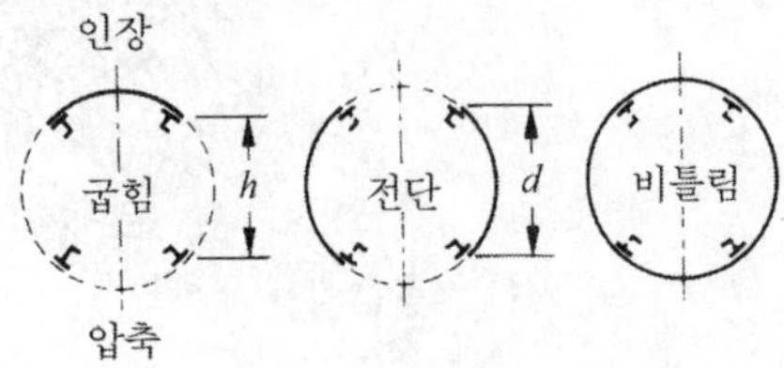

그림 2.21 론제론 형태 동체의 하중지지 개념

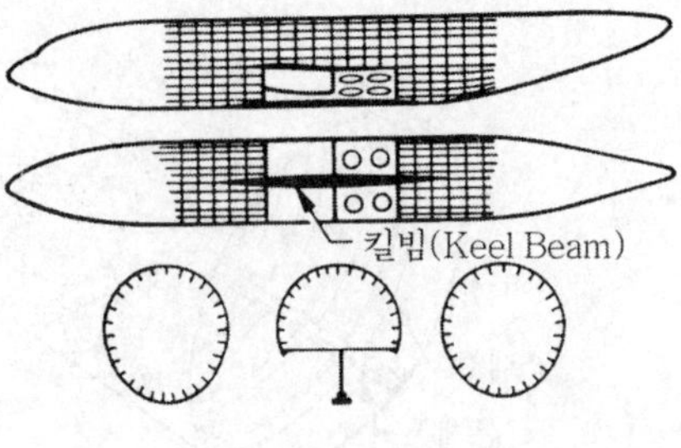

그림 2.22 여객기의 킬빔 사용 예

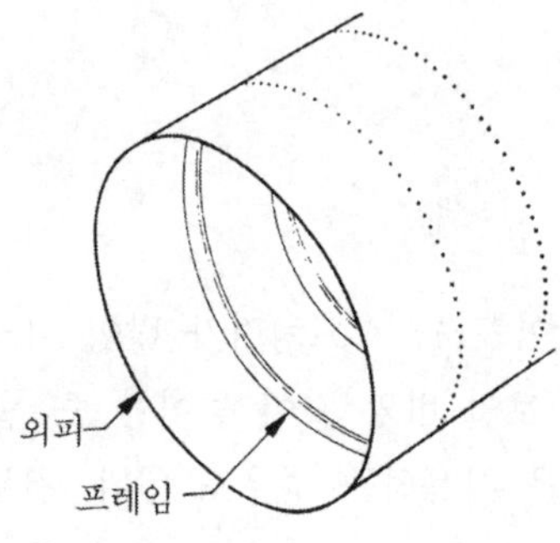

그림 2.23 모노코크 구조의 동체

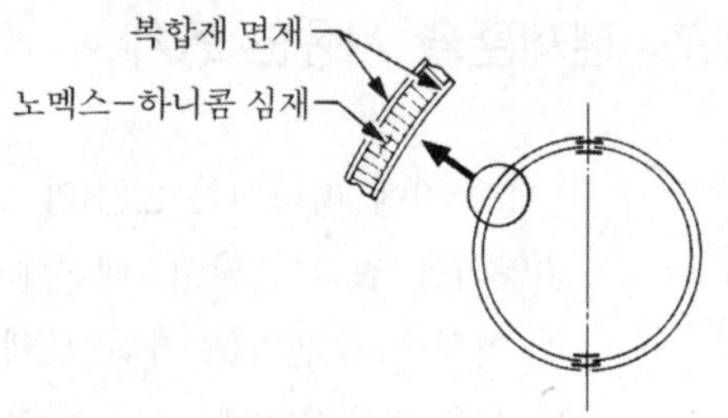

그림 2.24 샌드위치 구조의 모노코크 동체의 예(Starship)

2.1.8 모노코크 구조의 동체

동체에 걸리는 굽힘모멘트가 작거나 제작상의 필요가 있을 경우 그림 2.23에서와 같이 스트링거 없이 외피와 프레임만의 순수한 모노코크 구조(monocoque structure)로 할 수도 있다. 소형기의 경우 가끔 이러한 형태를 취하기도 한다. 외피의 좌굴응력은 외피의 두께를 늘리고, 동체 단면의 곡률반경(R)을 작게 하면 어느 정도 높일 수 있지만, 스트링거나 론제론이 버티고 있는 구조에 비하면 큰 하중을 견디기는 어렵다. 그러나 외피를 얇은 판이 아닌, 하니컴 샌드위치(honeycomb sandwich) 구조화하면, 큰 굽힘모멘트에 견디는 모노코크 동체도 만들 수 있다.

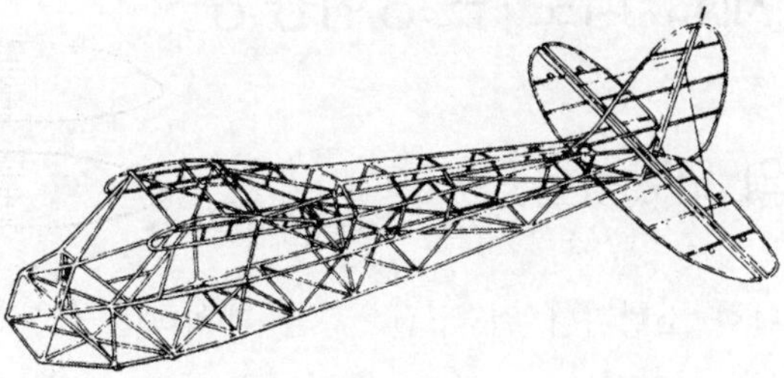

그림 2.25 트러스 구조의 동체(Comet21)

최근에는 그림 2.24에 보인 바와 같이 복합재 면재(face) 사이에 하니컴(honeycomb)이나 플라스틱 폼(plastic foam)과 같은 심재(core)를 끼운 샌드위치 구조의 모노코크 동체가 중소형 항공기에 많이 사용되고 있다.

2.1.9 트러스 구조의 동체

모노코크 구조와는 반대로 외피에는 구조적 역할을 부여하지 않고, 트러스 형태의 프레임만으로 하중을 지지하도록 한 구조를 트러스 구조라고 한다. 따라서 외피는 비역학적 기능만을 담당하기 때문에 방수천 등을 사용해도 된다. 트러스 구조의 프레임은 보통 크롬-몰리브덴 강관(steel pipe)을 용접하여 제작하며, 네 모서리에 스트링거를 배치하고, 그 사이에 강관을 적절히 연결하여 트러스를 구성한다.

트러스 구조에서는 각 부재가 압축력이나 인장력을 지지하여 전체적인 강도를 유지하기 때문에 부재의 압축에 의한 좌굴 여부가 강도를 결정하게 된다. 따라서 세미모노코크 구조의 스트링거에서와 마찬가지로 각 부재의 중앙부에 구멍을 내거나 부재에 직각인 하중이 걸리는 물건을 설치하는 것은 금지된다. 이는 좌굴을 조장하는 원인이 되기 때문이다. 큰 하중을 유발하는 물건이나 구조는 트러스의 각 부재가 연결되는 절점에 설치하여, 하중의 축선이 이 부재들의 교점을 편심 없이 통과하도록 배치한다. 작은 하중도 가능한 한 절점에 가깝게 가해져야 한다. 강관 용접의 경우는 관내의 녹을 억제하기 위한 주의가 필요하다.

2.2 여압동체와 피로·손상허용성

2.2.1 여압실의 모양

간단한 소형기나 저공 전용기를 제외하면 대부분의 항공기에서 탑승객이 있는 곳을 여압실(pressurized cabin)로 하고 있다. 여압을 하여야만 고공을 날고 있어도 실내는 지상에 가까운 기압을 유지할 수 있기 때문이다. 또, 항공기가 급상승 혹은 급하강해도 실내의 기압은 천천히 변해야 귀의 통증 없이 고도를 자유롭게 바꿀 수가 있고 운항의 자유도가 증가한다.

옛날 항공기에는 동체의 중앙에 별도의 보일러 형상의 여압실을 장치한 것도 있었지만 지금은 대체로 객실의 전후를 내압벽(pressure bulkhead)으로 막아 여압실로 사용하고 있다. 따라서 여압실로 사용되는 부분은 돌풍 등의 비행하중에 의한 힘에 더하여, 내외의 압력차에 의한 힘을 고려하지 않으면 안 된다. 특히 수송기에서는 동체의 대부분이 여압실로 되어 있기 때문에 동체를 우선 압력용기로 가정하여 적절히 설계해두고, 추가로 비행하중에 견디기 위한 보강을 하는 것이 바람직하다.

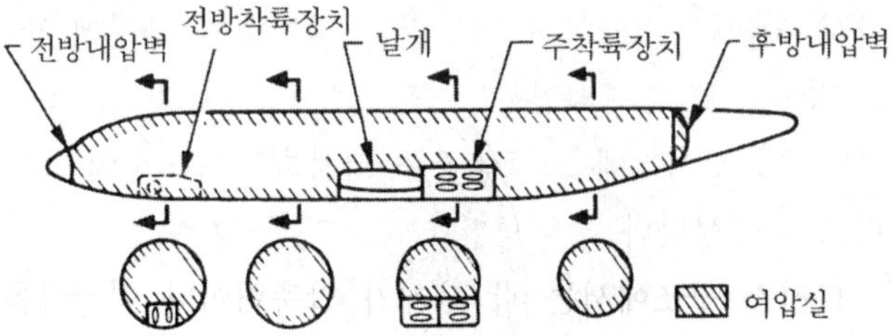

그림 2.26 수송기 여압실의 예

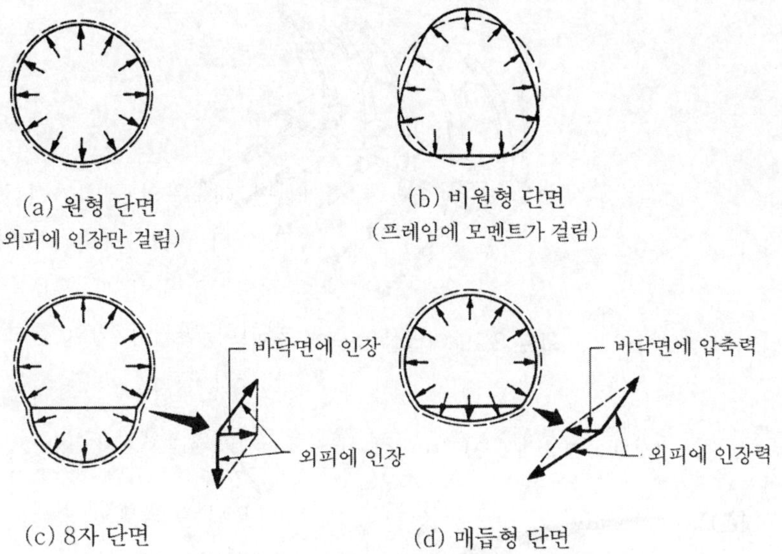

그림 2.27 여압동체의 단면

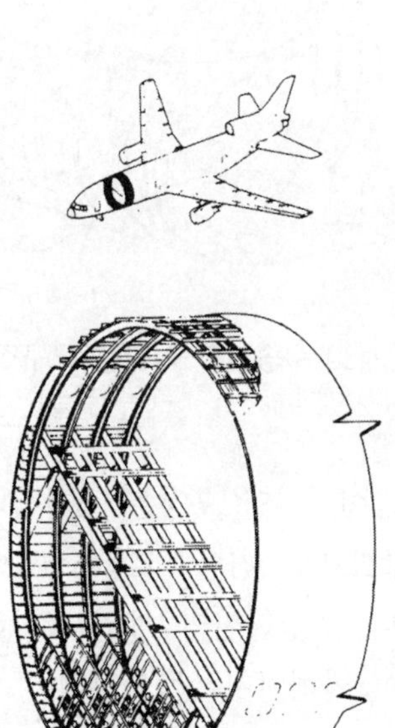

그림 2.28 수송기 여압동체 구조의 예(원형단면 부분)

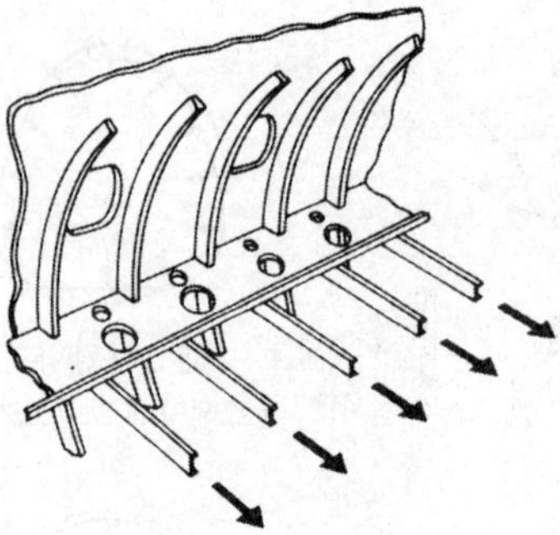

그림 2.29 여압실 바닥에 걸리는 하중

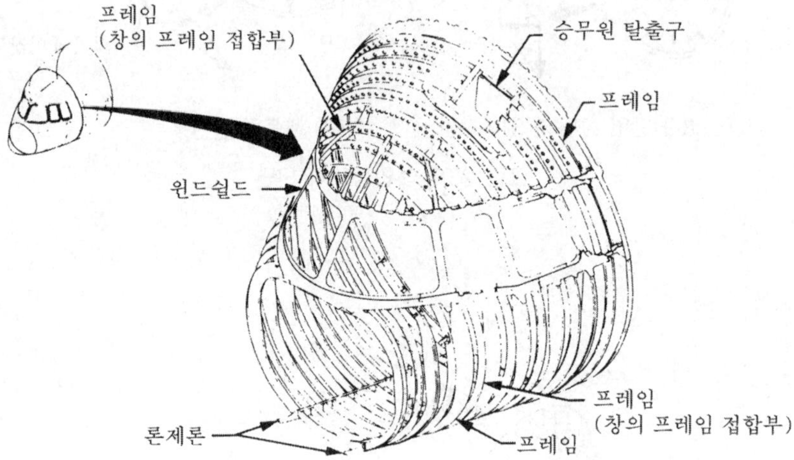

그림 2.30 수송기의 여압동체 구조의 예

압력용기로서 가장 이상적인 모양은 구형이다. 그러나 구형의 항공기는 저항이 커서 적합하지 않으므로, 다음으로 이상적인 형태인 단면이 그림 2.27(a)의 아주 둥근 원통형이다. 원형단면의 경우 압력차는 외피의 인장만으로 견딜 수 있고 프레임에는 힘이 가해지지 않는 장점이 있다. 그림 2.28은 원형단면의 여압동체 구조의 예이다. 도중에 바닥과 같은 버팀구조가 있으면 거기에서 원의 반경을 바꾸어 8자형 단면으로 하거나 매듭형의 단면으로 하는 것이 좋다.(그림 2.27(c),(d) 참조) 다만 이 경우는 그림 2.29에 보인 바와 같이 바닥에 인장력 또는 압축력이 걸리기 때문에 바닥구조가 그 힘에 버티도록 해야 한다.

그러나 조종석 주변 등과 같이 원형단면으로 하기는 어려운 부분도 있다. 이러한 부분에서는 압력이 가해지면 원형 또는 구형에 가깝게 되려는 경향 때문

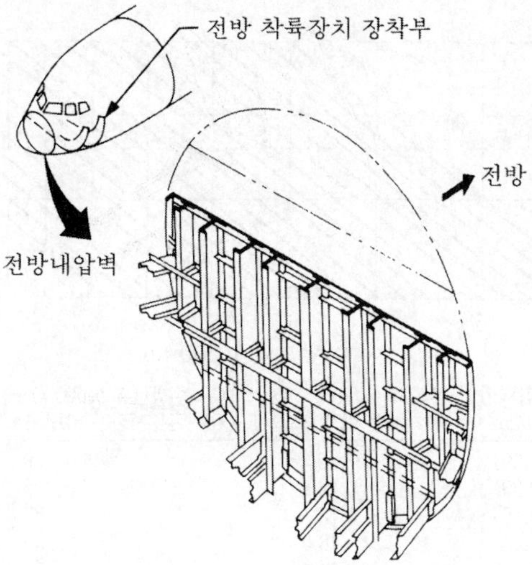

그림 2.31 평면 내압벽의 예(보잉 767 전방내압벽)

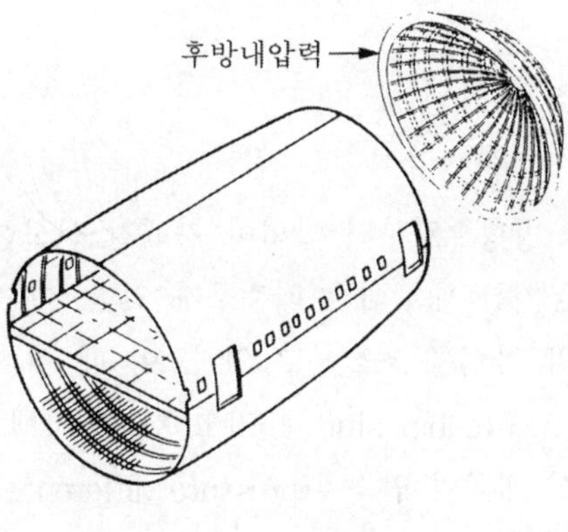

그림 2.32 구면 내압벽의 예(보잉 767 후방내압벽)

에 프레임 등 골조에 상당한 굽힘모멘트가 걸리게 되므로 그것에 견딜 수 있도록 골조구조를 보강해야 한다. 그림 2.30은 여객기의 기수 골조구조의 예로 튼튼한 프레임을 다수 배치하고 있다.

객실 전방이나 주착륙장치실, 전방착륙장치실 등에서와 같이 평평한 내압벽은 압력차로 인한 굽힘모멘트가 걸리기 때문에 굽힘모멘트에 견디도록 강한 프레임이 보강된 구조로 되어 있다. 반면에 객실 후방 여압실에서와 같이 구면의 내압벽인 경우는 얇은 격벽판만으로도 무난하지만, 남는 공간의 활용이 쉽지 않은 단점이 있다.

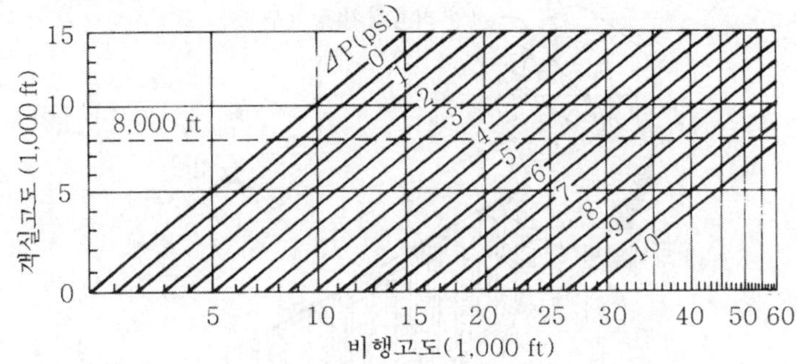

	객실 압력차 ps(kgf/cm²)	객실고도 0 ft를 유지하는 비행고도×1,000ft	객실 고도 8,000 ft를 유지하는 비행고도×1,000 ft
예 :	4.2(0.29)	9	20
	5.5(0.39)	12.5	25
	6.5(0.46)	15	30
	7.5(0.53)	18.5	35
	8.6(0.60)	22.5	43

○psi × 0.0703 = ○ (kgf/cm²) ○ ft ×0.305 = ○ m

그림 2.33 객실 압력차

2.2.2 여압에 의한 하중

여압실에는 한 방향으로부터 압력이 가해진 신선한 공기를 보내주고 다른 방향으로 오래된 공기를 내보내는 배출구가 있다. 이 배출구(outflow valve)가 열린 상태로 실내의 압력을 조절하고 있다. 이 때 실내가 얼마의 고도 기압에 해당하는가를 객실고도(cabin altitude)라고 한다. 비행고도의 기압과 객실고도 기압의 차가 여압실 내외의 압력차(pressure difference)가 된다(그림 2.33 참조).

2.2.3 여압동체 외피의 피로

원통형 여압실의 경우 외피에 원주 방향으로 작용하는 인장력(hoop tension)은 그림 2.34(a)의 사선 면적에 작용하는 압력과 같으므로, 원주방향의 인장응력 (hoop tension stress) f_t는 식 (2.8)과 같이 계산된다.

$$f_t = \frac{10 \cdot \Delta P \cdot R}{t} \tag{2.8}$$

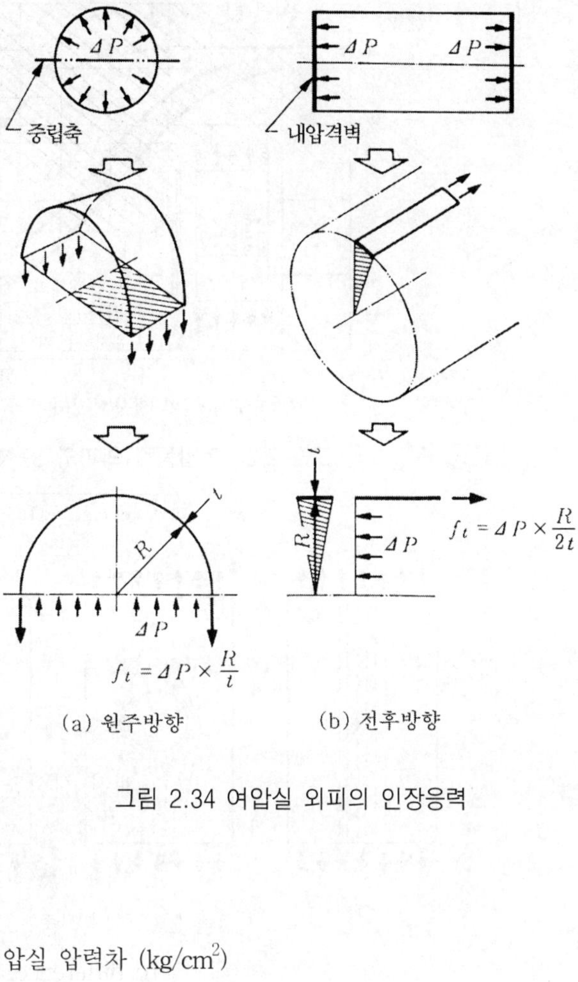

그림 2.34 여압실 외피의 인장응력

여기서,

ΔP : 여압실 압력차 (kg/cm^2)

R : 외피의 반경 (m)

t : 외피의 두께 (mm)

f_t : (kg/mm^2)

한편, 여압에 의해 외피의 전후방향으로 작용하는 인장응력은 그림 2.34(b)에 의해 다음과 같이 쓸 수 있다.

$$f_t = \frac{10 \cdot \Delta P \cdot R}{2t} \tag{2.9}$$

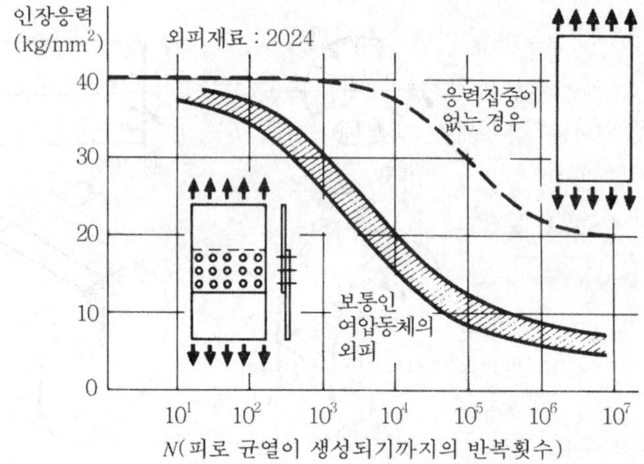

그림 2.35 여압동체 외피의 S-N 곡선

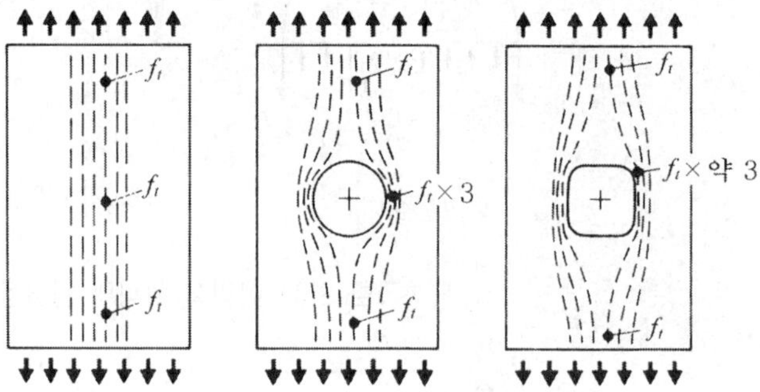

그림 2.36 응력집중

따라서 전후방향의 인장응력은 원주방향의 1/2이기 때문에 우선은 외피가 원주방향의 인장응력에 견딜 수 있는지를 조사하는 것이 좋다. 그러나 전후방향도 여압과 비행하중(굽힘모멘트)에 의한 동체의 인장응력이 동시에 걸렸을 때에는 원주방향보다 커지는 경우도 있다.

따라서 동체 반경과 ΔP를 정하려면, 식 (2.8)에서 여압부에는 몇 mm의 외피를 사용해야 할 지 알 수 있지만, 여기서 인장응력 f_t를 얼마나 억제할 것인가 하는 것이 문제가 된다. 여압 하중은 비행이나 착륙의 제한하중과 같이 가끔 걸리는 힘이 아니라 비행 중 계속해서 작용하는 하중이다. 항공기의 운용수명 동안에 수만 회씩 조종이 반복되기 때문에 재료의 피로(fatigue)를 고려하지 않으면 안 된다.

현재의 항공기의 외피 재료는 대체로 2024 알루미늄 합금으로, 인장강도는 약 40 kg/mm^2 이다. 하지만 이것은 정적인 하중에서의 인장강도이고, 그림 2.35에 보인 바와 같이 이보다 더 낮은 응력이라 하더라도 그것이 지속적으로 반복되는 경우에는 피로에 의해 균열이 발생하여 최후에는 수명이 다하게 된다. 게다가 피로에 대한 강도는 응력집중이 있을 경우 급격히 저하된다.

구멍이 열려 있거나, 두께나 크기가 갑자기 변화하거나, 혹은 표면에 흠집이 있는 곳은 그렇지 않은 곳보다 응력이 높아진다. 이것을 응력집중(stress concentration)이라고 한다. 그림 2.36에 보인 바와 같이 무한 평판에 둥근 구멍이 있으면 구멍의 옆에서는 응력집중때문에 멀리 떨어진 곳의 응력의 3배가 된다.

동체의 외피에는 리벳 등으로 인한 둥근 구멍이 많기 때문에, 응력집중이 일어나서 피로에 대한 강도는 구멍이 없는 판의 1/3 정도로 저하된다.

민항기는 일반적으로 약 20년, 3만~6만회 정도를 경제적으로 비행할 수 있도록 만들어진다. 여기에 피로강도의 분산에 대한 여유를 생각해서 약 2배인 6만~12만회 정도를 견딜 수 있도록, 상용 압력차에서의 외피의 원주방향 인장응력 f_t 를 정한다. 식 (2.8)에서 여압부 동체 외피의 최소 두께를 정하고, 비행하중의 전단력에 대해서도 문제가 없는지를 검토해 본 후 부족한 곳의 두께는 늘린다. 일반적으로 날개에 가까운 곳에서는 비행하중에 의해 두께가 늘어나지만 나머지 전후방 부분은 여압에 의해 결정된 외피의 두께로 충분한 경우가 많다.

외피의 피로균열은 보통 체결부의 리벳 구멍 부근에서 시작되기 때문에 인장응력 f_t 는 체결부의 설계에서 정한다고 볼 수 있다. 체결부를 고안해서 좀처럼 피로 균열이 나오지 않게 개선하면 인장응력 f_t 를 올려도 되고 외피를 얇게 하여 중량을 가볍게 할 수 있다.

가장 보편적인 체결 방식은 그림 2.37(a)나 (b)와 같이 외피를 겹쳐 2~3열 리벳을 박는 것이다. 공기저항을 줄이기 위해 접시머리 리벳을 사용하기 때문에 외측의 판에서 먼저 피로균열이 발생하기 쉽다. 그림의 (c)처럼 둥근 리벳을 사용하면 카운트싱크(counter sink)를 하지 않아도 되기 때문에 (b)보다 피로에는 강하지만 공기저항이 증가한다. 3열로 있는 리벳 가운데 가장 균열이 발생하기 쉬운 것은 제 1열의 구멍이다. 따라서 (b)의 제 1열만을 둥근 리벳으로 해도 피로강도는 (c)와 그다지 다르지 않고 저항의 증가도 작다. 이것이 (d)인데 고속의 제트 수송기에 이러한 예가 있다. 리벳 대신에 외피를 접착하면 구멍을 뚫지 않아도 되고 응력집중이 없어지기 때문에 피로강도가 향상한다. 그러나 접착은 리벳만큼 신뢰성이 없기 때문에 일반적으로는 그림 2.29(e)와 같이 접착과 리벳

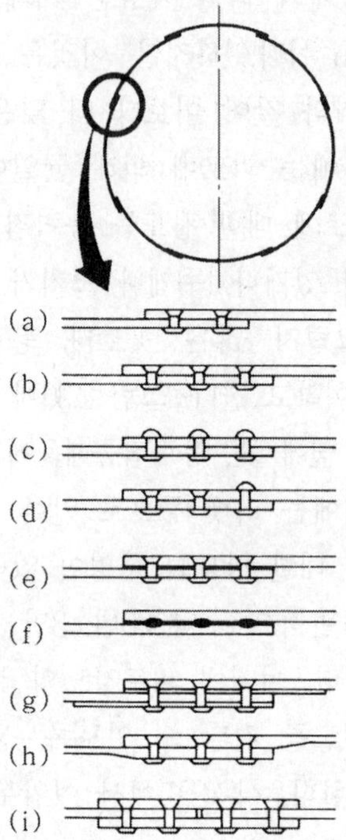

그림 2.37 수송기 여압동체 외피연결부의 여러 가지 형태

표 2.1 수송기의 여압실 외피 최소두께와 원주방향 응력의 예

	ΔP psi(kg/cm^2)	동체폭=2R in (m)	t in (mm)	f_t(원주방향) kg/mm^2
747	8.9 (0.63)	256 (6.50)	0.062 (1.58)	12.9
DC-10	8.6 (0.61)	237 (6.02)	0.071 (1.80)	10.1
L-1011	8.44 (0.59)	235 (5.97)	0.068 (1.73)	10.2
727	8.6 (0.61)	148 (3.76)	0.040 (1.02)	11.1
737	7.5 (0.53)	148 (3.76)	0.036 (0.91)	10.9
DC-9	7.46 (0.52)	132 (3.35)	0.050 (1.27)	6.9
C-1	7.46 (0.52)	150 (3.80)	0.045 (1.15)	8.7
YS-11	4.16 (0.29)	113 (2.88)	0.032 (0.81)	5.2

을 병용하여 안전상 필요한 강도를 리벳으로 유지하고 피로강도를 접착으로 높이는 방식을 취하고 있다. 일부 항공기에는 (f)와 같이 접착에 점용접을 병용한 경우도 있다. 리벳 구멍을 뚫는 부분만 외피를 두껍게 해도 피로에 강하게 할 수 있다. 그림 (g)는 외피 체결부에 이중재(doubler)를 접착해서 두껍게 한 예이고, (h)는 두꺼운 외피에서 체결부만 남기고 다른 부분은 얇게 깎은 예이다.

그림 (a)~(h)까지에서는 외피와 외피의 중심선이 판의 두께만큼 차이가 나기 때문에 인장이 가해지면 체결부에 편심에 의한 굽힘모멘트가 생겨 이것이 피로강도를 약하게 하는 큰 원인이 된다. 그림 (i)처럼 내외에 보강판을 사용하면 약간 복잡하지만 편심에 의한 굽힘모멘트가 없어져 피로에 강하게 된다. 대형 제트 수송기에는 이러한 체결방식도 사용되고 있지만 그림의 형태 그대로 리벳 구멍부위가 보강판에 가려지기 때문에 외피에 균열이 없는가를 직접 눈으로 점검할 수 없는 것이 결점이다.

2.2.4 안전수명구조와 파손안전구조

기체구조의 피로에 대한 강도는 제2차 세계대전까지의 항공기에서는 그다지 문제가 되는 경우는 없었다. 당시의 항공기는 보통 수년 밖에 사용되지 않았고 여압실도 없었기 때문이다. 하지만 1940년대부터 항공기가 실생활과 전쟁에서 사용되고 다년에 걸쳐 연간 수천 시간씩 비행하게 되면서 날개나 동체 구조의 피로파손에 의한 사고가 종종 일어나게 되었다. 특히 1954년 세계 최초의 실용 제트 여객기인 코멧의 연속 추락사고가 여압동체의 피로파손에 의한 것으로 밝혀진 것이 강한 동기가 되어 1956년에 수송기의 감항성기준에 피로에 대한 요구가 확실하게 포함되어 Boeing 707, DC-8 등 초기의 제트 수송기부터 이에 의한 설계가 이루어졌다.

이때의 기준은 만약 파괴되면 치명적인 주요 구조는 다음의 안전수명구조(safe life structure) 또는 파손안전구조(fail safe structure)의 어느 쪽이든 적합하도록 만들어야 한다는 것으로 Boeing 747 등의 시대까지 적용되었다. 안전수명구조란 안전수명(비행시간 또는 횟수)을 정해놓고 그 수명동안에는 피로균열이 아예 발생하지 않게 충분한 강도를 가지도록 하는 구조를 의미한다. 파손안전구조란 구조의 일부가 파손되어도 그것을 발견해서 수리할 때까지는 안전하게 날 수 있는 강도가 아직 남아 있도록 하는 구조이다.

안전수명구조는 안전하고 우수한 방법으로 보이지만 실제는 피로로 인한 균열이 발생하는 횟수는 같은 구조라 하더라도 제각각이고 어떤 것은 언제까지나 균열이 발생하지 않는 반면, 어떤 것은 빨리 균열이 발생하기도 한다. 그런데 한계사용시간 중 단 한대의 항공기에서도 피로파손이 일어나지 않도록 하기 위해서는 피로강도의 분산에 대한 여유를 매우 크게 해 두지 않으면 안 된다. 따라서 안전수명구조로 했을 때는 한계사용시간 내에 예상되는 하중횟수의 3배 이상의 피로시험을 해서 안전성을 확인하는 것이 보통이다. 사용 중에 부식 등 피로 이외의 원인으로 파손되는 경우가 있을지 모르기 때문이다. 한계사용시간이 오면 아직 사용할 수 있을 것 같이 보여도 안전상 교환하지 않으면 안되기 때문에 경제성이 떨어진다.

그래서 수송기 등에서는 착륙장치 등 일부를 제외하고는 파손안전구조를 사용한다. 그러나 아무리 파손안전구조라고 해도 항상 여기저기 피로균열이 발생하는 것은 곤란하다. 따라서 파손안전구조에서도 항공기가 퇴역하기까지 좀처럼 파손되지 않을 정도의 피로강도는 가지도록 하는 것이 보통이다. 다만 파손안전구조로 된 것은 만약 파손되어도 안전성은 유지되기 때문에 피로강도의 분산에 대한 여유를 안전수명구조만큼 엄격히 하지 않아도 된다. 따라서 설계시에 상정되는 경제운용수명의 2배의 비행회수(2 life cycle)에 상당하는 피로시험을 하는 것이 보통이다. 또 파손안전구조는 물체의 충돌 등으로 인한 피로 이외의 예상치 않은 손상에 대해서도 안전성이 좋다는 장점이 있다.

2.2.5 손상허용성

군용기에서는 미공군의 경우 이전에는 안전수명만 요구하였고 파손안전을 요구하지 않았다. 그러나, F-111의 사고나 C-5의 피로문제로 재평가가 행해져 1972년에는 구조의 손상허용성(damage tolerance)을 요구하게 되었고 새로운 군용기에 적용하게 되었다. 한편 민항기에서도 그때까지의 파손안전기준에는 피로파손 후의 잔류강도에 대한 요구만이 있었다. 그러나 실제로 파손안전요구를 만족시키기 위해서는 발생한 균열이 성장해서 잔류강도가 부족하지 않은 동안에 수리를 해야만 하기 때문에 파손이 발견되기 쉬워야 하며 발견과 수리가 안전한 가운데 이루어질 수 있도록 검사주기의 설정도 필요하다. 그래서 1970년대 후반 이러한 손상허용성을 고려하여 수송기의 기준을 개정하게 되었다.

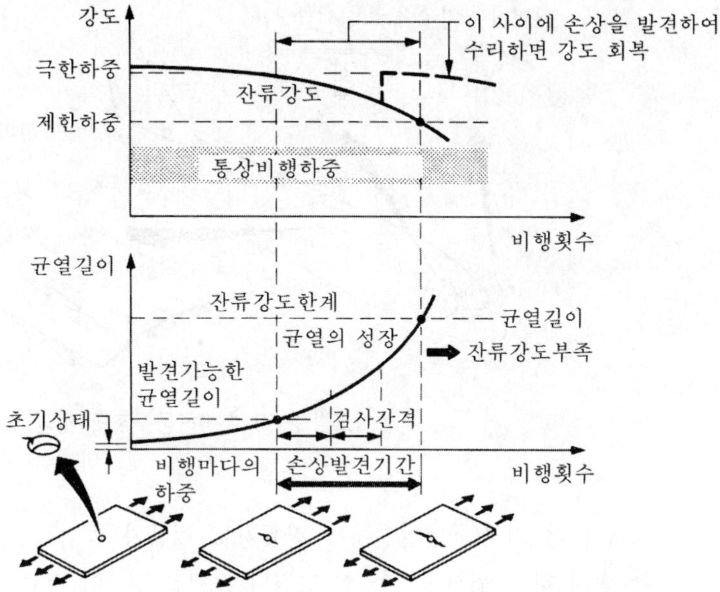

그림 2.38 균열의 성장과 잔류강도

이 개정기준은 보잉 767 등 그 이후의 개발기에 적용되고 있지만 그 이전에도 DC-10 등 70년대의 기체는 거의 이것에 적합하다. 또한 장기간 운항한 기체구조의 안전성을 유지하기 위해 구 기준의 기체도 손상허용성을 재고하여 보충검사요령(SID: supplemental inspection document)을 발행하고 손상을 안전한 상태에서 발견, 수리하도록 검사하게 하였다. 개정 후의 기준에서도 "안전수명구조는 파손안전구조로 할 수 없는 경우만"이라고 규정하고 있고 실제로 인정되는 것은 착륙장치나 엔진장착부 정도이다.

한편, 파손안전 구조로의 요구는 "손상허용기준"에 의해 정해졌다. 또 엔진파편의 비산 등 피로 이외의 손상에 대해서도 안전한 잔류강도를 가지도록 기준에 추가하였다.

손상허용설계(damage tolerant design)에서는 그림 2.38에 보인 바와 같이 균열의 원인이 되는 눈에 보이지 않는 미세한 손상이 드릴 구멍의 가장자리 등에서 기체 제작시부터 이미 조금씩 성장하고 있다고 가정한다. 따라서 극한하중에 견디는 강도를 갖고 있던 구조는 균열의 성장과 함께 차차 잔류강도가 저하된다. 수송기 T종의 기준에서는 그 잔류강도가 제한하중을 견딜 수 없는 정도가 되기전에 손상을 발견하여 수리하는 것으로 되어 있다. 수리는 균열이 발견가능한 크기가 된 후부터 아직 잔류강도의 여유가 있는 상태에서만 할 수 있다.

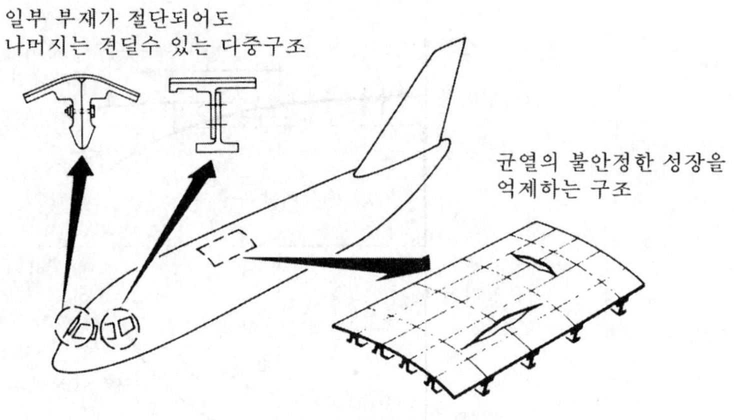

그림 2.39 손상허용구조의 개념

그래서 이 기간(균열발견에서 잔류강도 여유가 영이 되는 시기까지)이 가능한 한 길게 하기 위하여 균열이 발견되기 쉽고 성장이 빠르지 않아야 한다. 따라서, 이 기간 내에 발견하여 수리를 확실하게 할 수 있도록, 결함을 놓칠 경우까지도 생각하여 검사주기를 설정한다. 그러므로 손상허용설계에서는 균열의 성장속도와 잔류강도를 확실하게 추정하여야만 한다. 그것이 파괴역학(fracture mechanics)의 진보로 가능하게 된 것이고 기준의 도입배경이 되었다.

2.2.6 여압동체의 파손안전구조

손상허용성이 있는 파손안전구조는 그림 2.39에 보인 바와 같이 크게 2종류로 구분할 수 있다. 그 첫 번째는 구조물의 하중경로를 여러 개로 설정하여 하나가 파손되더라도 나머지가 하중을 지지할 수 있도록 하는 구조이고, 두 번째는 균열이 발생해도 쉽게 진행되지 않고 탐지 가능한 크기까지 균열이 성장한 후에도 계속해서 하중을 지지할 수 있도록 하는 구조이다.

여압동체인 경우 창이나 원형단면이 아닌 곳의 프레임, 평면 내압벽 프레임, 피팅 등에서는 주로 첫 번째 방법을 취한다. 다만, 이 경우 남아 있는 부재도 피로에 의해 이미 강도가 저하된 상태일 수도 있다는 것을 고려해야 한다.

외피나 구형의 내압벽은 후자의 방법을 쓰게 된다. 여압 동체는 대부분이 원형단면으로 외피의 인장력으로 여압하중을 지지하기 때문에 외피 판넬에 균열성장을 억제할 수 있는 구조 개념이 포함되어야 한다. 이 경우 충분히 큰 균열

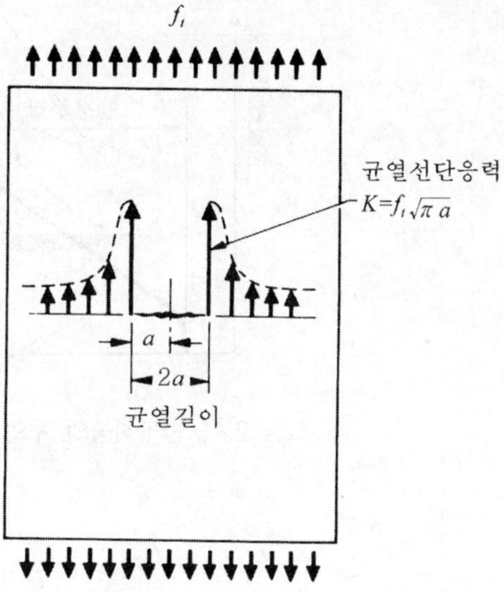

그림 2.40 균열선단응력과 응력강도계수

이 존재하는 상태에서 하중이 걸려도 균열이 급격히 확대되는 것을 억제할 수 있어야만 한다. 그렇지 않으면 동체가 고무 풍선과 같이 갑자기 파열될 수 있기 때문이다.

피로 균열은 보통 인장력에 직각으로 발생한다. 따라서 균열의 양단은 날카롭고 뾰족하기 때문에 둥근 구멍보다도 큰 응력집중이 발생한다. 따라서 균열의 양단에서는 인장응력이 매우 높아지게 되고 균열은 점점 확대된다. 균열 선단의 인장응력(crack tip stress)이 커진 만큼 쉽게 균열이 진행되기 때문에, 여압실 외피의 손상허용성을 조사하기 위해서는 균열선단응력의 크기를 조사할 필요가 있다.

2.2.7 균열이 있는 외피의 잔류강도

파괴역학적으로 보면, 균열선단응력은 균열에서 충분히 멀리 떨어진 곳에 작용하는 인장응력과 균열길이의 제곱근에 비례하기 때문에, 다음과 같이 응력강도계수(stress intensity factor), K를 정의하여 균열선단응력의 세기를 나타내는 기준으로 삼는다(그림 2.40 참조).

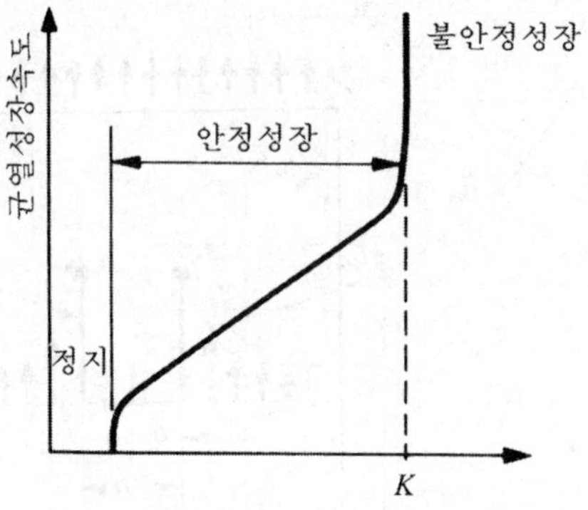

그림 2.41 반복하중의 K와 균열성장속도

$$K = f_t \sqrt{\pi a} \tag{2.10}$$

여기서 인장응력 f_t는 균열에서 멀리 떨어진 위치에서의 인장응력(kg/mm^2), a는 균열길이(mm)의 절반을 의미한다. K의 단위는$(kg/mm^2)\sqrt{mm}$가 된다.

그림 2.41에 보인 바와 같이 K가 크게 되는 만큼 즉, f_t가 증가하거나 균열이 길어짐에 따라 균열선단응력이 높아지고 균열의 성장이 빨라진다. 응력강도계수 K와 균열성장속도의 관계는 재료에 따라 다르기 때문에 성장을 늦추기 위해서는 재료를 적절히 선택하고, f_t 를 낮추는 것이 좋다. 그림 2.41의 안전성장 영역에서는 하중이 걸릴 때마다 균열길이와 K값이 점진적으로 증가해서 균열의 성장이 조금씩 빨라지지만 K값을 증가시키지 않으면 균열도 성장하지 않는다.

그러나 균열길이가 어느 정도 이상이 되거나 예상치 못한 큰 하중이 걸려 K가 어느 값 이상이 되면, 균열 선단부분의 힘의 균형이 깨져 균열이 폭발적으로 진행되어 순식간에 구조물이 파괴된다. 균열이 안정적으로 성장할 수 없는 K의 한계는 재료에 따라 다르며, 유리처럼 약해서 깨지기 쉬운 재료에서는 그 크기가 작고, 튼튼하며 질긴 재료에서는 크다. 파괴역학에서는 K의 한계값을 파괴인성(fracture toughness), K_c로 나타내어 재료의 깨짐에 대한 저항능력을 나타내는 데 사용하고 있다. 알루미늄 박판의 경우 K_c의 수치는 2024-T3가 450~550 $(kg/mm^2)\sqrt{mm}$, 7075-T6가 300$(kg/mm^2)\sqrt{mm}$ 정도로 2024계열이 크다. 따라서 그림 2.42에 보인 바와 같이 2024는 7075보다 균열 선단응력이

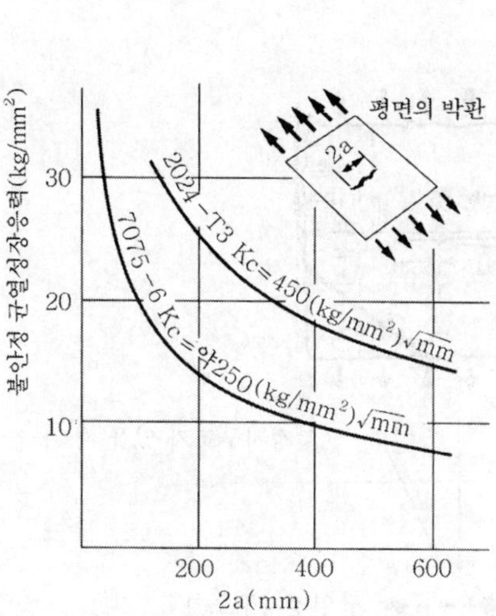

그림 2.42 2024와 7075의 파손특성 비교

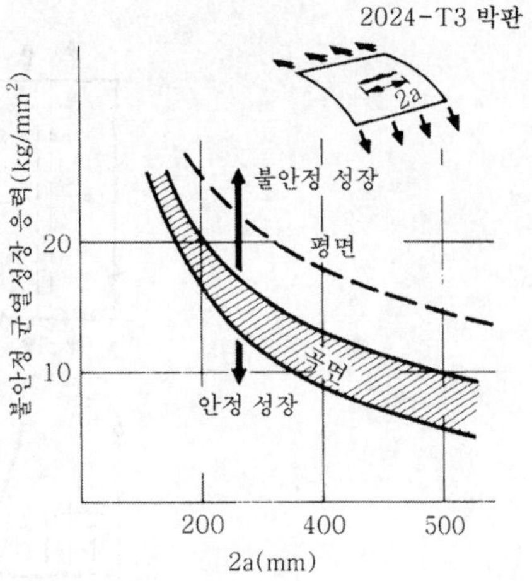

그림 2.43 여압동체 외피의 파손특성

커져도 균열의 급격한 진전을 일으키지 않는다. 2024가 여압동체의 외피에 많이 사용되는 것은 바로 이러한 이유 때문이다. 또 2024는 균열의 성장속도도 7075보다 낮게 된다.

식 (2.10)을 다시 적어보자.

$$f_t = \frac{K_c}{\sqrt{\pi a}} \tag{2.11}$$

여기서 $K_c = 450(\mathrm{kg/mm^2})\sqrt{\mathrm{mm}}$ 으로 가정하고 균열길이와 인장응력 f_t 의 관계를 그래프로 그려보면 그림 2.43의 점선과 같다. 평판의 경우 인장응력 f_t 가 점선 아래에 있으면 균열은 안정적으로 성장한다. 여압실 외피와 같이 곡률이 있는 판재에 전후방향의 균열이 발생할 경우 곡률에 의한 효과와 내압에 의한 효과가 중첩되어 평판의 경우보다 균열선단응력이 높아진다. 따라서 균열의 진행이 용이하여 낮은 인장응력에서도 파괴가 일어나게 된다. 이러한 효과는 곡률반경이 작을수록 커진다. 보통 수송기의 동체정도의 곡면에서는 인장응력이 식 (2.11)의 75~50% 정도로 저하되고 그림 2.43의 빗금친 부분에 위치한다. 외피만 있는 경우 동체의 파손을 방지하기 위해서는 인장응력 f_t 가 이 값을 넘지 않도록 해야 한다.

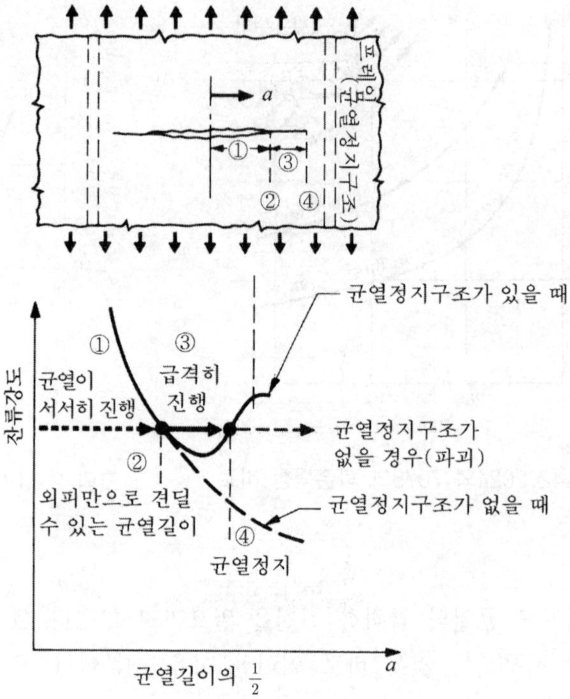

그림 2.44 균열정지구조의 효과

2.2.8 균열정지구조

수송기의 경우, 규격에 의해 여압실 구조는 파손된 후 다음의 두 경우의 하중에 견딜 수 있는 잔류강도는 유지하도록 규정되어 있다.

(1) (여압실 압력차)+(동체표면에 가해지는 압력)+(제한비행하중에 의한 힘)
(2) 1.1×(여압실 압력차)+(동체표면에 가해지는 압력)

만약 상용 압력차로 인한 외피의 원주방향 인장응력 f_t를, 피로에 대한 강도를 고려해서 10kgf/mm^{2}가 되도록 외피의 두께를 정했다면, 잔류강도를 생각할 때의 인장응력 f_t는 위의 두 번째 조건에 의해 동체표면의 부압을 무시한다고 해도 최소한 11kgf/mm^{2}는 되어야 한다. 따라서 그림 2.43에서 이 인장응력에 대한 균열길이 2a는 300~500mm 정도인 것을 알 수 있다. 보통 수송기의 동체는 프레임 간격이 500mm 정도이기 때문에 프레임 간격만한 균열길이에도

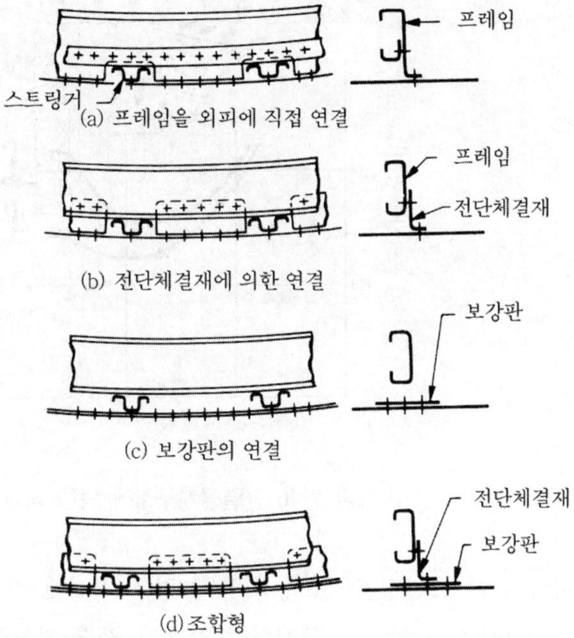

그림 2.45 균열정지구조의 여러 가지 형태

견딜 수 있게 되려면 좀 더 여유가 있어야 한다. 외피를 두껍게 해서 인장응력 f_t를 낮추는 것도 한 방법이지만 중량이 늘어날 것이다.

이러한 문제를 해결할 수 있는 방법이 프레임을 균열정지구조(crack stopper)로 사용하는 것이다. 프레임과 외피를 결합해 두면 외피의 균열이 프레임까지 성장할 경우 프레임이 외피 대신에 인장력을 부담해 주기 때문에 외피의 균열 선단응력이 내려가 균열의 진행이 멈추게 된다. 이 경우 그림 2.44에서와 같이, 만약 인장응력 f_t가 외피가 견딜 수 있는 한계보다 높아서 균열이 급격히 진행하다가도 프레임이 있으면 균열을 막을 수 있다.

프레임과 외피는 그림 2.45(a)와 같이 직접 체결하는 경우도 있지만 그림 (b)와 같이 전단체결재(shear tie)로 결합하는 방법이 널리 사용되고 있다. 또한 그림 (c)와 같이 외피에 직접 보강판을 부착하여 균열정지구조로 사용하는 방법도 자주 사용되며 효과가 높다.

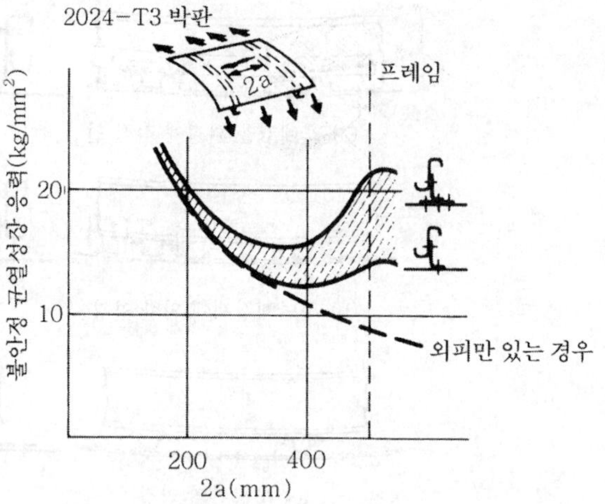

그림 2.46 균열정지구조에 의한 파괴특성 향상

이와 같이 균열정지구조를 사용할 경우 파괴에 견딜 수 있는 인장응력 f_t는 그림 2.46에서와 같이 균열길이가 프레임 간격 정도일 때, 단순 외피인 경우의 1.5~2.5배 정도까지 올라간다. 요즘의 수송기는 그림 2.45(d)와 같이 보강판과 전단체결재를 병용한 것이 많고 그림 2.39와 같이 두 칸에 걸치는 외피와 중앙의 프레임이 파단된 경우에도 균열의 불안정 성장을 억제할 수 있도록 설계되어 있는데 이를 두 칸 균열(2 bay-crack) 대응구조라고 한다.

프레임이 여압실의 전후 방향의 균열정지구조라면 원주방향에 균열이 생겼을 때는 스트링거가 균열정지구조의 역할을 한다. 이 경우 스트링거가 너무 가늘면 균열이 멈추지 않고 스트링거도 함께 파괴되기 때문에 여압동체의 스트링거는 비행하중의 압축력에 견디는 강도 이외에 외피의 균열정지구조로서 요구되는 강도를 갖도록 설계되어 있다.

2.2.9 구조의 구성과 손상발견기간

여압동체는 외피에 매우 큰 균열이 생겨도 요구되는 잔류강도를 가질 수 있도록 설계된다. 그런데 이러한 외피의 균열은 바깥쪽에서는 비교적 쉽게 발견할 수 있지만 내부구조에는 검사하기 어려운 부분도 많아서 손상허용설계의 방법이 수정되었다.

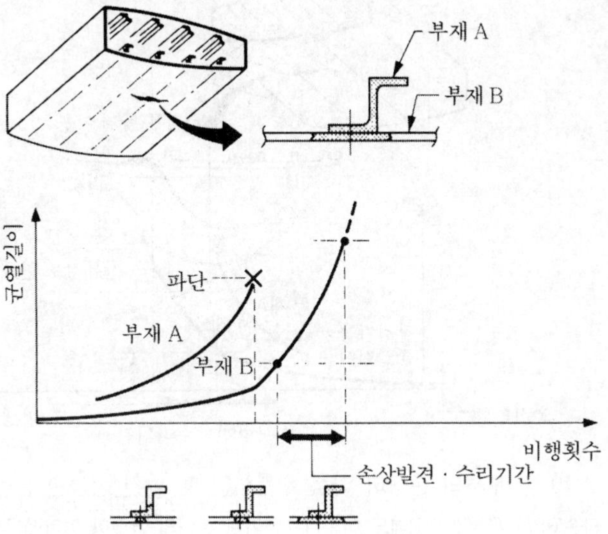

그림 2.47 외부에서의 검사로 충분한 손상허용구조의 예

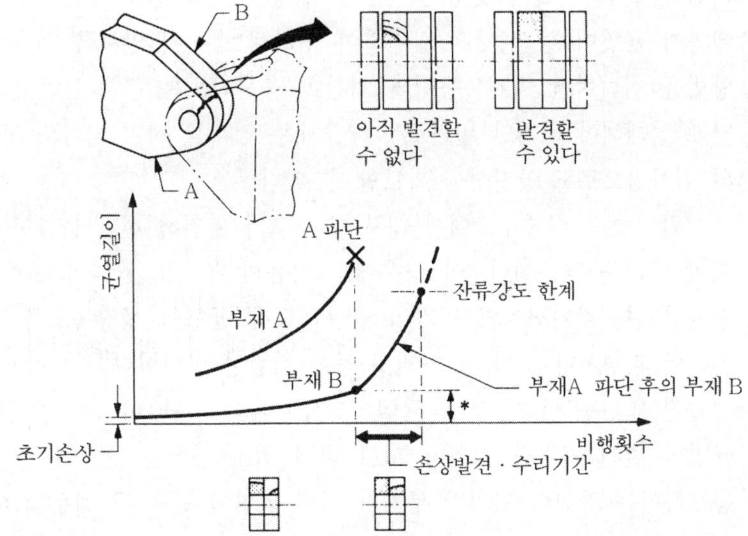

그림 2.48 부재가 파단되기까지는 발견 불가능한 손상허용 구조의 예

(*A가 파단되었을 때, B도 1수명주기분의 균열이 초기손상에서부터 성장하고 있다고 가정함)

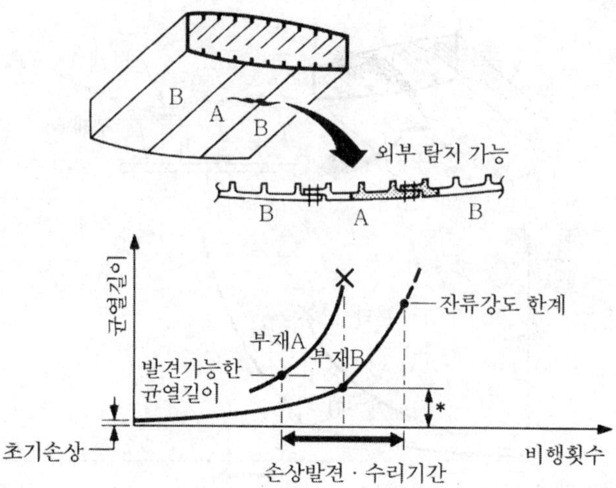

그림 2.49 한 부재의 손상이 아직 부분적인 때 발견 가능한 손상허용구조의 예
(*A가 파손되었을 때 부재 B에도 이미 1수명기간 분량의 균열이 이미 성장하고 있다고 가정)

그림 2.47은 다중경로구조이지만 부재 A는 내부에 있기 때문에 균열 발견이 어렵다. 그래서 알지 못하는 사이에 부재 A가 파단되고 이어서 외부의 부재 B에까지 균열이 성장한 후 발견하여 수리해도 늦지 않도록 설계 해야 한다. 이 방법을 취하려면 발견 · 수리의 기간이 충분하도록 부재 B의 균열 성장속도가 낮게 설계해야 하지만 번거로운 구조내부 검사를 하지 않아도 항공기 바깥에서의 검사만으로도 안전성을 확보할 수 있다.

그림 2.48은 다중구조에서 내부 부재 A가 완전히 절단되기 전에는 균열의 발견이 어려운 경우이다. 이 경우에도 다음의 부재도 균열이 진행되고 요구되는 잔류강도를 갖기까지의 기간이 충분하도록 균열의 성장속도를 낮추어야 한다. 기내의 피팅이나 문의 연결 피팅 등에 적합한 방법이다

그림 2.49는 다중구조로 균열이 부재 A의 파단 이전에 발견되는 경우이다. 균열이 발견 가능한 크기가 되고 나서 최소 잔류강도를 가지기까지의 기간이 충분하다는 장점이 있지만 부재가 기체 외면에 있는 등 매우 검사하기 쉬운 경우가 아니면 이 방법을 권장하지 않는다.

다중구조가 아닌 한 개(단일하중경로)의 구조에 손상허용성을 갖도록 하는 것도 가능하기는 하나 바람직하지 않다. 굳이 적용할 경우 균열을 바로 발견할 수 있어야 한다.

프레임, 보강판 혹은 스트링거 등을 외피의 균열정지구조로 사용하는 경우는 외피에 임계 균열(허용 가능한 최대균열길이)이 생겼을 때에 균열정지구조에도

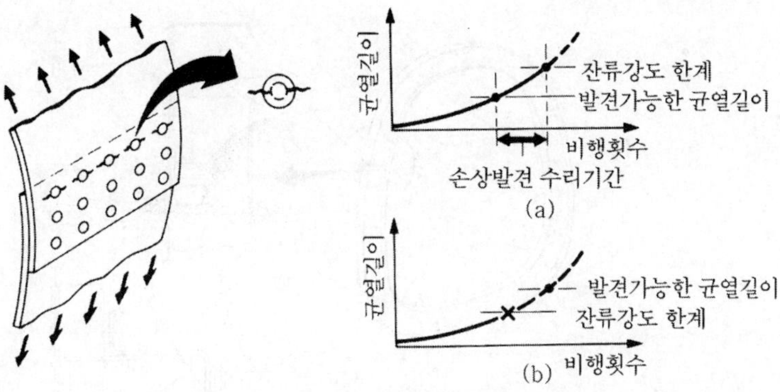

그림 2.50 체결재의 복수동시손상(MSD)의 개념

1배 수명기간에 해당하는 균열이 이미 존재하고 있다고 가정하고 잔류강도의 허용 여부를 검토한다.

손상허용설계에서 주의해야 할 것이 그림 2.50과 같은 외피의 피로균열이다. 리벳과 같은 체결재(fastener)가 그것에 직각인 방향의 인장을 반복하여 받으면 다수의 체결재 구멍에서 거의 동시에 균열이 성장하기 시작한다. 그러면 리벳의 머리 아래에 가려져 그림 2.50(b)와 같이 발견되지 않은 균열의 길이가 증가되고 잔류강도가 부족하게 되어 전체 균열이 큰 파괴를 일으킬 우려가 있다. 그러면 파손안전(fail safe) 설계의 적용이 어렵게 된다. 이런 현상을 복수동시손상(MSD: multiple site damage)이라고 하며 MSD의 가능성이 있는 체결재 등은 경제운용수명동안 체결재 구멍 주위에서 균열이 거의 성장하지 않도록 해서 MSD의 발생을 막도록 설계한다(그림 2.50(a) 참조). 또한 경제운용 수명의 2배 이상의 비행 횟수에 상당하는 피로시험을 해서 설계결과를 검증한다.

2.3 프레임과 바닥 구조

2.3.1 프레임의 역할

앞에서 프레임이 외피의 균열을 저지하는 역할을 한다는 것은 이미 언급하였다. 그러나, 이것은 프레임이 있기 때문에 이를 이용한 것일 뿐, 프레임의 원래 역할은 이와 다르다. 일반적으로 동체의 각 부분에 나열되어 있는 프레임은 외

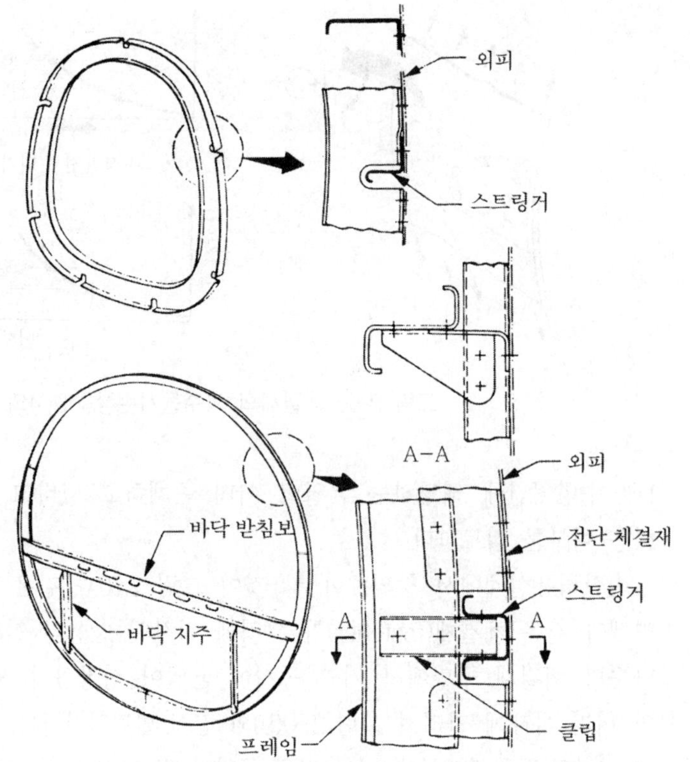

그림 2.51 일반 프레임의 사례

피나 스트링거를 특정 위치에 설치하여 동체의 형상을 유지하는 역할을 한다. 일반적인 동체 프레임의 예를 그림 2.51에 도시하였다.

날개, 꼬리날개, 착륙장치 등의 결합부에 있는 프레임은 외부로부터의 집중하중을 받아 그것을 동체 외피에 전단력의 형태로 전달하는 역할도 하기 때문에 일반적인 프레임보다 튼튼하게 되어 있다. 날개의 스파와 결합되는 프레임은 특히 강하게 해 둘 필요가 있고 주 프레임(main frame)이라고도 한다. 수송기의 일반 프레임에는 바닥 받침이 붙어 있기 때문에, 형태를 유지하는 역할 외에 바닥 위의 하중(=적재중량×하중계수)을 지지할 수 있는 강도가 필요하게 된다.

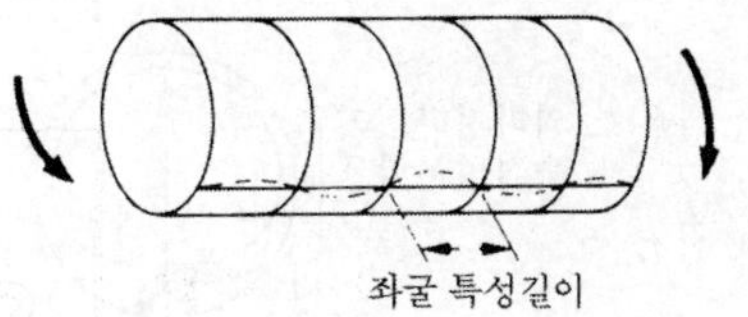

(a) 프레임 강성이 충분할 때

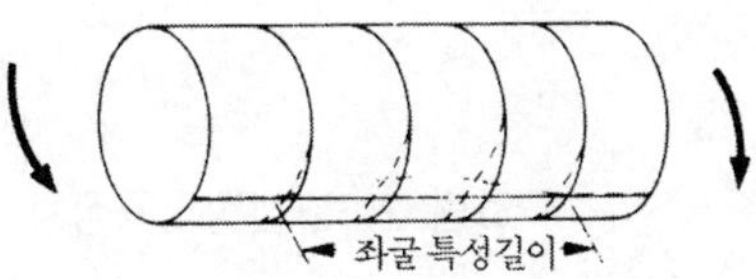

(b) 프레임 강성이 부족할 때

그림 2.52 프레임의 역할

처음의 "형상을 유지한다."는 역할이 당연한 것 같지만, 이는 매우 중요한 역할이다. 동체에 굽힘이 걸릴 때, 보통은 스트링거가 프레임 사이에서 좌굴을 일으킬 때까지 견딜 수 있지만, 이것은 그림 2.52(a)에서와 같이 프레임이 충분히 강하여 마지막까지 변형 없이 스트링거를 지지할 수 있을 때의 이야기이다. 만약 프레임의 강성이 낮아서, 동체 단면이 쉽게 변형되게 되면, 동체의 압축력을 받는 부분이 전체적으로 여러 프레임에 걸쳐 움푹 들어가는 좌굴이 발생하게 되고 동체의 굽힘강도는 크게 저하된다.

동체의 직경이 1~2 m 정도인 소형기의 프레임은 높이 50 mm 정도이고, 스트링거는 프레임을 잘라 끼워 잇는 것이 보통이다. 동체의 직경이 3~4 m인 수송기의 일반 프레임은 높이가 60~70 mm 정도로 스트링거는 보통 이 위에 얹혀 있기 때문에 외피로부터의 높이는 80~90 mm 정도나 된다. 동체의 직경이 6 m 정도 되는 대형 수송기에서는 일반 프레임의 높이가 120 mm(외피로부터는 150 mm) 정도나 되지만, 동체 직경이 커질수록 프레임의 강성을 유지하기가 어렵다.

2.3.2 프레임의 강도

그림 2.53(a)와 같은 전방착륙장치 설치 프레임은 중심선 가까이에서 위로 향하는 하중을 받아서 외피에 흘려보내야 한다. 그러나 외피가 이러한 수직하중

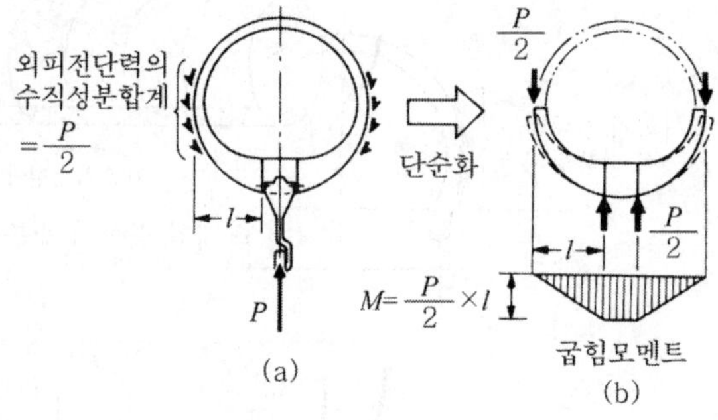

그림 2.53 전방착륙장치 설치 프레임의 사례

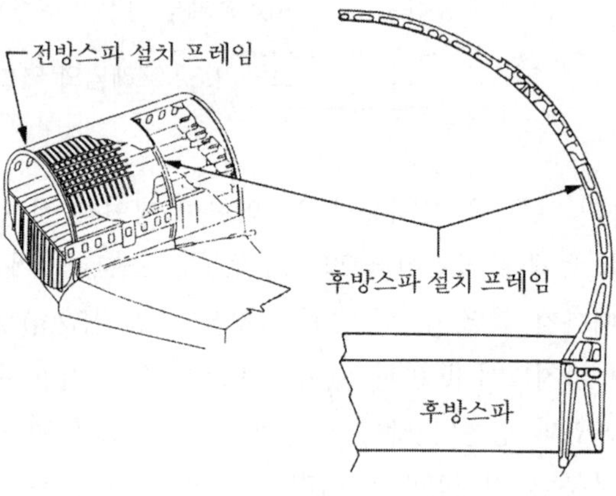

그림 2.54 날개 설치 프레임의 예(보잉 767)

을 전단력으로서 취할 때에는 수직에 가까운 면 즉, 양 측면을 주로 이용하므로 상하면은 그다지 효과가 없다. 따라서, 전방착륙장치 설치 프레임은 중앙에서 받은 하중을 양 측면까지 전달해야 하기 때문에, 간단히 생각하면 그림 2.53(b)와 같이 된다. 프레임은 위로 굽힘모멘트를 받게 되고 중앙부에서 가장 크게 된다. 따라서 이 프레임은 중앙부를 튼튼하게 하고 측면은 점점 강성을 줄여도 된다.

그림 2.54와 같이 날개 설치 프레임은 하중 위치와 하중을 받는 외피와의 거리가 가깝기 때문에, 굽힘모멘트를 줄일 수 있다. 그러나 외피 전단력의 작용선은 프레임의 중립축과 떨어져 있기 때문에 그림 2.55(b)에서와 같이 굽힘모멘트가 발생한다. 날개와 같이 큰 하중을 받을 때에는 프레임의 굽힘모멘트는 매우 커진다.

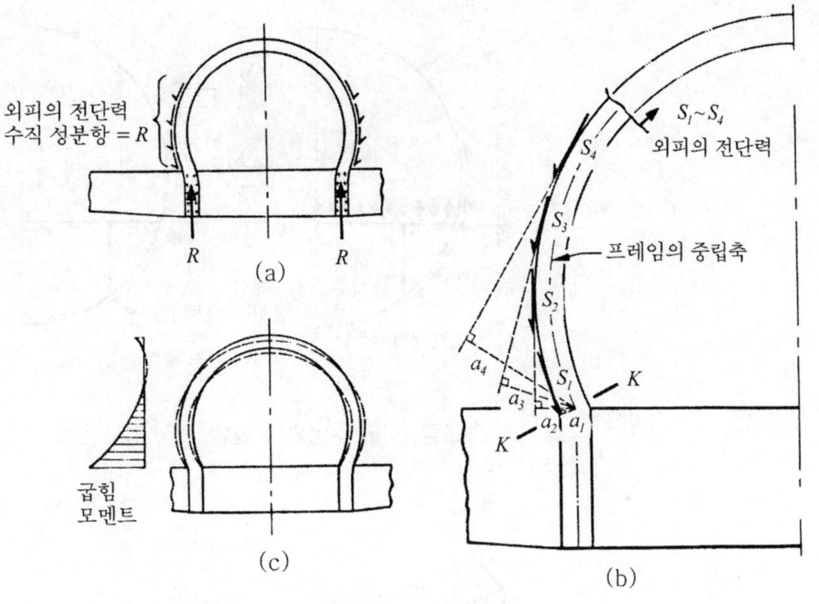

그림 2.55 날개의 설치 프레임에 걸리는 하중

그림 2.55(b)에서 단면 $K-K$에 작용하는 굽힘모멘트는 근사적으로 다음과 같다.

$$M_{KK} = S_1a_1 + S_2a_2 + S_3a_3 + S_4a_4 + \cdots \tag{2.12}$$

수송기의 일반 프레임은 그림 2.56(a)에 보인 바와 같이 바닥(floor)의 하중을 측면 하부의 외피로 전달하는 역할을 한다. 그 결과, 프레임은 그림 2.56(b)와 같이 휘어지는, 바닥 지주의 설치점과 바닥 받침보의 설치점 부근 프레임에는 굽힘모멘트가 커진다.

이와 같이 프레임은 주로 굽힘이 걸리는 부재이다. 프레임의 내면과 외면의 플랜지에 해당되는 부분은 굽힘에 의해 발생하는 압축력이나 인장력을 견디는 데 필요한 단면적을 갖고 있다. 따라서 차후에 다른 부품을 장착하기 위하여 플랜지 부분에 함부로 구멍을 뚫으면 강도가 부족해질 염려가 있으므로 주의할 필요가 있다. 또한, 프레임의 웹(web)에 해당되는 부분은 제작상의 편의를 위해 플랜지와 같은 두께를 갖는 경우가 많다. 이러한 경우에는 보통 웹 부분의 강도는 여유가 있으므로, 다른 장착품을 설치하거나, 다른 물체의 통과를 위해 그림 2.57(b)에서와 같이 구멍을 뚫을 수 있다.

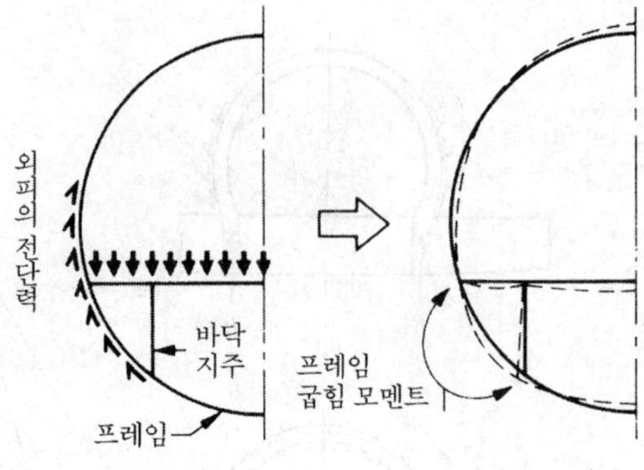

그림 2.56 수송기의 일반 프레임의 변형

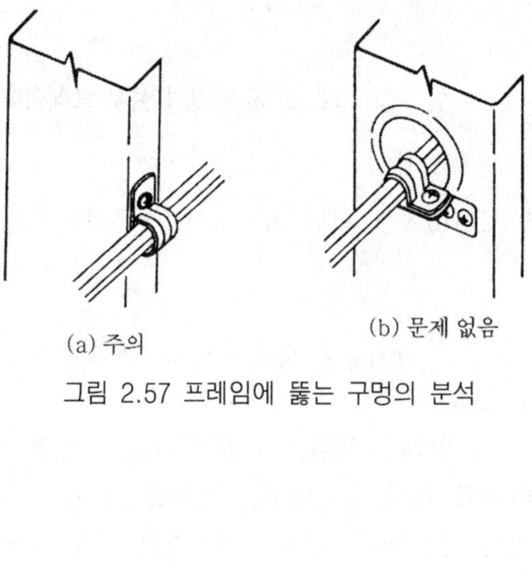

그림 2.57 프레임에 뚫는 구멍의 분석

2.3.3 바닥 구조

대부분의 항공기의 바닥판은 동체 가운데에 길게 놓여 있고 동체 전체의 강도와는 관계가 없다. 따라서 바닥 위에 아무 것도 싣지 않고 비행할 경우에는 바닥판을 떼어 버려도 동체의 강성에는 차이가 없는 것이 보통이다. 그러나 사람을 태우거나 수하물을 싣게 되는 경우에는 바닥판이 고르지 않으면 불편하다. 특수한 수송기의 경우에는 바닥 위의 적재중량이 상당한 무게를 갖게 되므로, 비록 동체 전체의 강성을 높이는 효과는 없어도 그 자체가 상당한 강성을 가지는 구조물이다. 수송기에서는 바닥판 바로 아래, 바닥 받침보(support

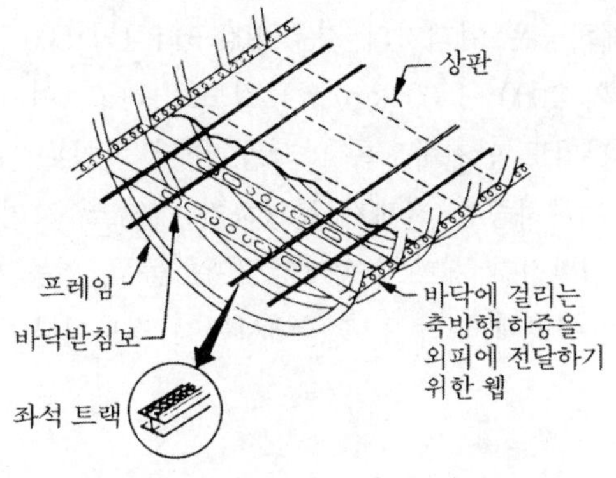

그림 2.58 수송기의 바닥 구조

beam)의 웹에 뚫은 구멍 사이로 조종 케이블(control cable)과 같은 중요한 시스템이 움직이고 있는 것이 보통이므로, 바닥이 파손되면 매우 심각해진다. 따라서 바닥 구조는 적재중량을 견딜 수 있는 강도를 갖지 않으면 안 된다. 군용 항공기의 경우에는 정해진 적재중량의 탑재제한을 지켜서, 바닥에 예상보다 큰 하중이 부가되지 않도록 주의해야 한다.

그림 2.58에 보인 바와 같이 수송기에서는 동체에 약 0.5 m 간격으로 나란히 놓인 프레임에 바닥 받침보가 걸쳐져 있고, 바닥판은 그 위에 얹혀 나사로 체결되어 있다. 바닥판은 하니컴 구조의 판으로 되어 있는 경우가 많다. 따라서 바닥판 위의 (적재중량)×g 만큼의 하중을 바닥판이 우선 받고, 그것을 받침보가 지탱하여 프레임에 전달하며, 프레임에 전달된 하중은 양 측면의 외피로 이동된다. 각 프레임에서 동체 측면의 외피에 전달되는 하중, (적재중량)×g는 그림 2.1에 나타나는 동체의 굽힘모멘트를 만드는 것이다.

수송기의 바닥에는 바닥판 외에도 여러 개의 좌석 설치용 트랙(seat track)이 동체 길이 방향으로 설치되어 있다. 좌석의 다리가 시트 트랙에 끼워져 있으므로, (승객과 좌석의 중량)×g의 하중을 트랙이 받는 것이다. 그러나 이 트랙도 바닥판과 같이 바닥 받침보가 지지하고 있기 때문에 트랙에 가해지는 하중은 받침보를 통해 프레임을 거쳐 외피로 전달된다.

따라서 바닥판은 바닥 받침보의 간격을 약 0.5 m 정도로 하여 적재중량에 의한 굽힘모멘트를 견딜 수 있는 강도를 지녀야 한다. 바닥 받침보는 동체의 폭, 혹은 바닥 받침 수직보의 간격으로 설치되며, 바닥판이 받는 적재중량에 의한 굽힘모멘트를 견딜 수 있어야 한다. 받침보를 지탱하는 프레임도 굽힘모멘트가 걸리기 때문에 그림 2.59(d)에 보인 바와 같이 그것을 견딜 수 있는 강도를 가져야 한다.

적재하중은 여객기의 경우 100 lb/ft^2(약 500 kgf/m^2), 수송기에서는 200~300 lb/ft^2(약 1000~1500 kgf/m^2) 정도로 하고, 여기에 비행 혹은 착륙시의 추가하중이 걸려도 안전하도록 바닥판, 바닥 받침보 및 프레임을 설계하는 것이 보통이다. 비행하중은 전체가 동일하지는 않고, 꼬리날개 쪽이 약간 큰 것이 보통이지만, 일반적인 제트 수송기의 경우, 돌풍, 기동 및 착륙 등을 종합한 한계 하중계수는 전방에서 약 3, 후방에서는 4 정도이다.

2.3.4 적재하중의 제한

그렇다고 바닥면 강도가 100 lb/ft^{2}의 하중을 견딜 수 있도록 설계된 수송기는 객실의 앞에서 뒤까지 모든 바닥에 100 lb/ft^{2}로 적재하중이 가해져도 된다는 것은 아니다. 각각의 바닥이나 받침보, 프레임은 하중을 감당할 수 있지만, 동체 전체의 굽힘강도가 문제가 되고, 항공기의 최대적재하중을 초과하게 된다. 따라서 여객기는 바닥 면적 당 제한 적재하중을 정할 뿐만 아니라 전체 적재화물의 무게를 제한하는 것이 보통이다.

기체 전체의 최대적재하중은 기체의 최대무연료중량에 운항자중을 뺀 값으로 제한된다. 이것은 적재하중은 동체에, 연료는 주로 날개 내부에 싣기 때문에 연료를 싣지 않고 화물만 실려 있으면 날개의 굽힘모멘트가 과대해질 우려가 있으므로 날개의 강도 측면을 고려하여 적재하중을 제한한다는 의미이다(그림 2.59 참조).

또한 적재하중 전체의 중량을 제한하여도 화물을 동체의 어디에 싣느냐에 따라서 동체 구조에 예상하지 못한 굽힘모멘트나 전단력이 가해질 수 있다. 예를 들면 화물을 동체의 양끝에 집중해서 싣는다면, 그림 2.1에서 생각할 수 있듯이 동체의 굽힘모멘트가 커진다. 이러한 적재 방법까지 허용한다면, 동체를 매우 튼튼히 해야 한다. 따라서 일반적으로 수송기는 동체의 길이당 적재 화물중량을 잘 분포시킨다고 가정하여 동체 전체의 굽힘 및 전단 강도를 설계하는 것이 보통이다. 단위길이당 적재하중은 바닥 위의 주객실과 바닥 아래 화물실을 합하여 6열 객석, 1통로의 여객기에서는 80 lb/in(약 1,400 kgf/m) 정도, 동체 직경 6m 정도의 대형 항공기에서는 180 lb/in(약 3,20 0kgf/m) 정도이다. 그러나, 이 단위길이당 적재하중을 생각하는 것이 불편하기 때문에 각 화물실에 최대허용탑재량을 정해놓고 이 허용탑재량을 지켜서 실으면 단위길이당 적재하중

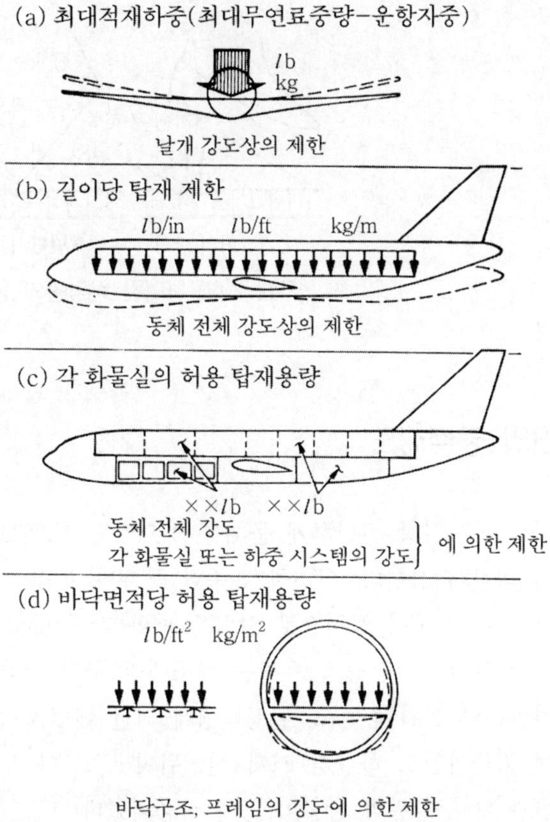

그림 2.59 적재하중의 제한

이 자동으로 앞서 기술한 범위 내에 들어가도록 하고 있다. 항공화물과 수하물을 화물실에 적재하는 경우에는 평균 8~10 lb/ft^2(약 130~160kgf/m^2) 정도이지만, 화물실의 허용 탑재량은 이것보다 약간 크게 15 lb/ft^2(약 240 kgf/m^2)로 하는 것이 보통이다. 콘테이너 및 팔렛트식인 경우에는 각 콘테이너 및 팔렛트마다 허용 탑재량을 규정한다. 또 수송기와 같이 화물실이 클 경우에는 화물실 앞에서 끝까지를 여러 개의 영역으로 나누어 각 영역마다 최대 적재량을 규정하고 있다.

여러가지 적재하중의 제한이 나왔지만 이것은 수송기의 일반적인 예이며 예외도 있을 수 있다. 또한, 이러한 강도 측면에서의 탑재제한 외에 화물을 실은 후 기체의 무게 중심이 허용범위 내에 들어와야만 한다.

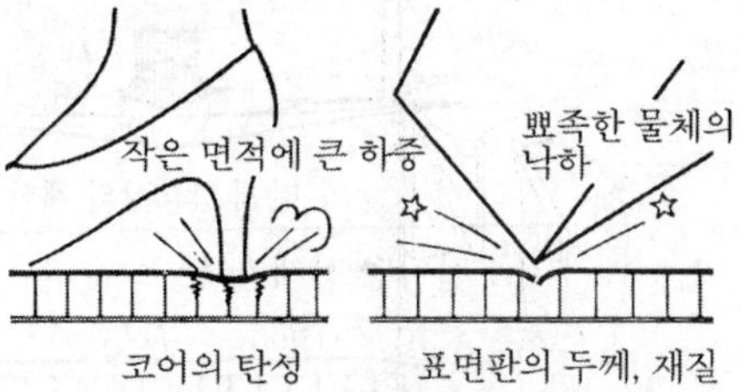

그림 2.60 하니컴 바닥판의 충격손상

2.3.5 바닥판의 충격강도

바닥판에 가장 빈번하게 문제를 일으키는 것은 화물의 모서리와 여성의 하이힐에 의한 손상이다. 이러한 뾰족한 물체가 부딪힐 때 발생하는 충격하중에 의한 변형은 하중이 정적으로 걸렸을 때와 같이 바닥판 전체의 굽힘과 같은 형태로 발생하지 않고, 충격을 받는 장소에만 구멍이 나는 형태로 발생한다. 따라서 표면판은 두꺼워야 하고, 탄성변형에 의한 에너지 흡수능력이 커야 한다. 이 때문에 최근까지도 하니컴 코어 샌드위치구조보다 무게가 무거운 판금구조의 바닥판과 나무 합판의 상판이 많이 사용되었다.

그림 2.60에 보인 것처럼 하니컴 구조 상판의 경우, 작은 면적에 집중된 충격에 대한 강도는 표면판의 두께와 재질로 결정되고, 비교적 넓은 부분에 가해지는 충격에 대해서는 코어의 압축 탄성변형이 중요하다.

따라서 얇은 하니컴 구조의 상판은 정적인 굽힘에 강하고 가볍지만 충격에 약하기 때문에 적용되기 어려웠다. 그러나 표면판과 코어에 에너지 흡수능력이 뛰어난 복합재료를 사용함으로써 문제점을 해결하였다.

2.3.6 객석의 비상착륙하중

좌석 자체와 바닥과의 체결부 강도에는 비행 혹은 착륙시의 하중 외에 비상착륙시의 하중도 고려해야 한다. 비상착륙하중이 비행중 하중과 특별히 다른 점은 전방으로 큰 하중이 걸린다는 것이다. T종(수송기)의 경우 극한하중 9g (좌석 바닥 설치부는 이 값의 1.33배)를 고려하도록 요구되어 있다. 전방 외에도, 위로 3g, 아래로 6g, 옆으로 4g, 뒤로 1.5g의 요구조건이 있다. 또한, 좌석의 설치부

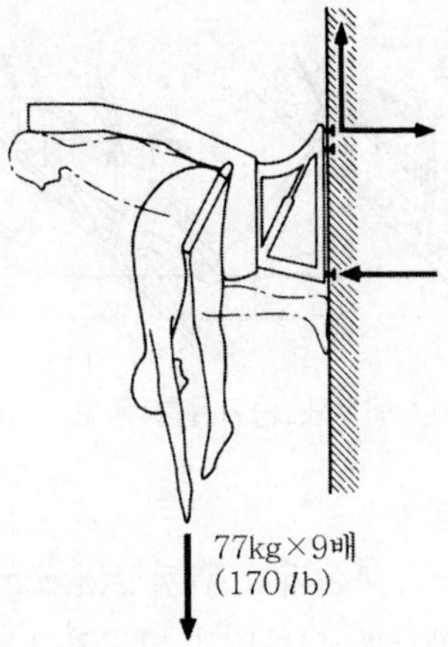

그림 2.61 전방 9g 상태

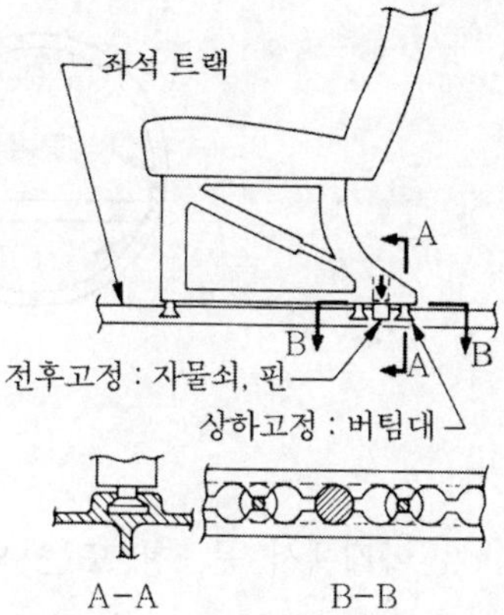

그림 2.62 수송기의 좌석 및 트랙의 설치

에는 전방 하중의 동적시험(10도 기운 상태에서 전방으로 순간적으로 16g가 걸리는 것과 30도 전방으로 순간적으로 14g가 걸리는 것)을 행하여야 한다. 전방 9g 상태는 그림 2.61과 같이 축 늘어 떨어져 체중의 9배의 하중이 가해진다고 생각하면 된다. 이 경우 사람이 중상을 입지 않기 위해 좌석이 변형되어도 되지만 바닥에서 떨어져서는 안 된다.

수송기의 좌석은 트랙에 끼워 전후 이동을 막는 핀을 내려 자물쇠를 채우도록 하고 있지만, 전방 g가 걸린 상태에서 좌석 다리 뒷부분이 트랙에서 떨어지면 치명적이다. 따라서, 핀은 반드시 다리 뒷부분에 붙어 있다.

비상착륙 시에는 좌석과 트랙의 상호 변형이 있을지도 모르기 때문에 핀이 앞다리에 있으면, 뒷다리와 트랙에 구멍이 생겨 떨어질 우려가 있기 때문이다. 바닥에 여러 개 배치되어 있는 트랙에 걸리는 전방 g는 바닥판을 통해 전단력의 형태로 동체 양 측면의 외피로 전해진다. 그러나, 최외측의 바닥판은 프레임의 내측까지 이어지기 때문에, 각 프레임 사이에는 객석 전방 g를 전달하기 위한 웹 또는 트러스가 설치되어 있는 것이 보통이다.

2.3.7 바닥구조와 급감압

바닥판과 외피 사이에 있는 웹에는 그림 2.63에서와 같이 공기를 바닥 위에서 바닥 아래로 내려 보내기 위한 구멍이 있다. 트러스의 경우는 트러스 사이의 삼각 구멍이 그 역할을 한다. 이들 구멍은 여압동체의 경우, 바닥판의 위 또는

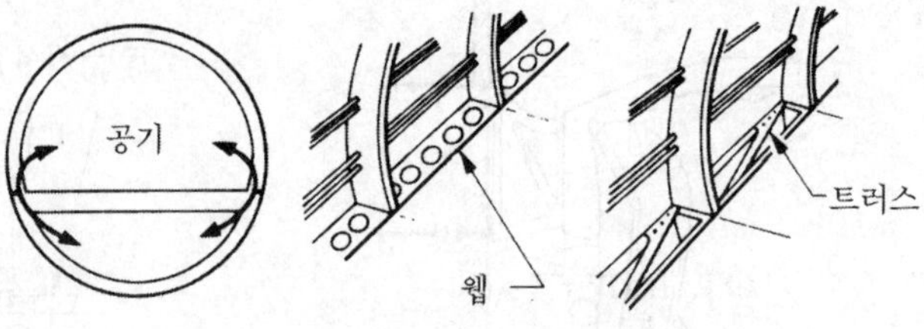

그림 2.63 바닥 좌우의 공기유통 통로

아래에서 문, 창 또는 외피가 갑자기 파손되어 급감압(decompression)이 생긴 경우, 상하 공기가 서로 연결되어 바닥판에 과도한 압력차가 생겨 파손되는 것을 방지하는 중요한 역할을 하고 있다. 따라서 이 구멍이 방음, 단열재에 의해 막히지 않도록 주의해야 한다.

T종의 기준에서는, 이러한 급감압을 일으키는 파손의 크기가 규정되어 있다. 대형 항공기의 경우 최대 1.86m^2 (20ft^2), 100~200석 정도의 여객기에서는 0.5 m^2 정도의 파손구멍이 여압동체의 구조에 갑자기 생긴 경우를 고려해야 한다. 파손에 의한 급격한 압력변화가 있을 경우 바닥 상하의 공기가 잘 통하지 않을 때에는 바닥의 일부가 열려, 압력차를 해소해 주도록 하는 등의 대책이 필요하다.

여압실 압력의 급감을 고려하는 것은 바닥뿐만 아니라 여압실 내의 격벽과 경계에 대해서도 동일하게 필요하다. 1990년 이후에 개발된 새로운 수송기에서는 여압실 내부뿐만 아니라 동체의 내압벽 후방의 부품 등과 여압실의 외측에 있는 구조와 장비에 대해서도, 만약 여압실이 파손되어 바람이 불더라도 안전비행을 계속하여 착륙할 수 있도록 요구되고 있다.

제 3 장 창 문

3.1 창문 주위의 보강

그림 3.1에 보인 바와 같이 동체에는 문이나 창을 달기 위해서 혹은 정비의 목적으로 외피에 구멍을 만들게 된다. 따라서 현재 운항중인 대다수 항공기의 동체는 세미모노코크(semi-monocoque) 구조로서 외피와 그 안쪽에 보강된 스트링거를 갖고 있기 때문에 구멍을 뚫기 위해서는 강도 저하를 막는 보강이 필수적이다. 만약 창과 문 자체가 외피를 대신할 수 있을 정도의 강도를 가진다면 이러한 보강이 불필요하지만, 유리의 재질이나 접합부의 구조를 고려할 때 현실적으로 그것은 불가능하다. 따라서 창과 문 자체의 보강효과는 전혀 없는 것으로 간주하여 구멍 주위의 구조를 설계하는 것이 보통이다.

그림 3.2(a)와 같이 인장 또는 압축하중이 걸리는 외피와 스트링거에 그림 3.2(b)에서와 같이 구멍을 뚫는 경우를 생각해보자. 당연히 잘려나간 외피와 스트링거가 부담하고 있던 하중은 구멍의 위와 아래로 흐르게 되고, 구멍 상하부 외피와 스트링거에는 원래 부담하고 있던 하중에 추가적인 하중이 가해지게 되므로 응력집중이 발생하게 된다. 따라서 그림 3.2(c)와 같이 구멍 상하부에 대한 보강이 필요하게 된다. 이러한 보강재가 잘려진 외피나 스트링거와 같은 강도를 갖는다면 인장하중의 경우는 잘려진 외피 및 스트링거와 같은 면적을 가져야 한다. 실제로는 잘려나간 외피와 스트링거에서 보강재로 힘이 전달되려면 어느 정도의 길이가 필요하기 때문에 보강재가 그림 3.2(c)와 같이 구멍의 가장자리에서 시작되고 끝나게 하지 않고, 그림 3.2(d)와 같이 보강재를 구멍의 앞뒤로 연장하게 된다. 보강재를 통해 전달된 힘은 다시 보강재 주위의 외피를 통해 전단력의 형태로 분산된다. 따라서 구멍의 앞, 뒤에서는 외피에 큰 전단력이 작용하기 때문에 외피의 두께를 늘이거나 보강재를 추가한다.

그림 3.1 민항기 동체의 측면사진

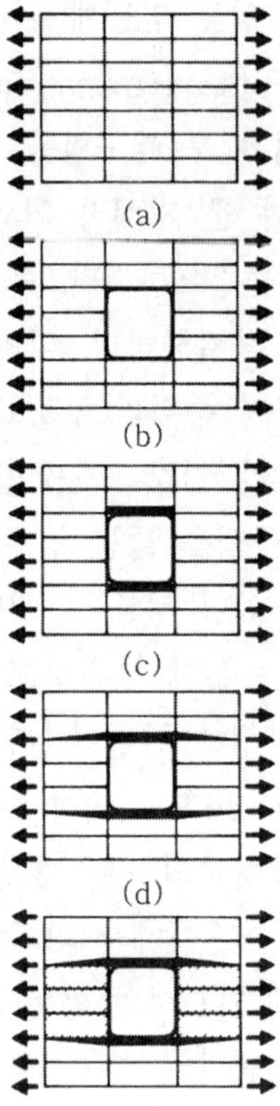

그림 3.2 인장이나 압축을 받는 구멍 주위로의 보강방법

지금까지의 설명은 인장력 또는 압축력이 가해지는 외피에 구멍을 낸 경우지만, 문이나 창은 보통 동체 측면에 위치하고, 동체는 좌우 굽힘보다도 상하 굽힘 하중이 크기 때문에 동체 측면은 인장이나 압축하중보다도 전단하중이 문제가 되는 경우가 많다. 그림 3.3(a)와 같이 전단하중을 받고 있는 외피와 스트링거에 그림 3.3(b)와 같이 구멍을 내면 구멍이 난 곳에서는 전단력을 구멍의

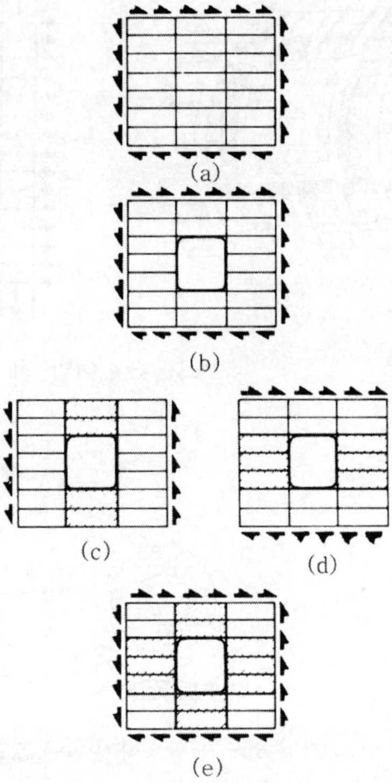

그림 3.3 전단력이 가해지는 경우의 보강방법

위아래나 좌우가 대신하여 지지해야 한다. 따라서 이 부분에 이중재(doubler)를 대거나 외피를 두껍게 할 필요가 있다. 또 전단력을 구멍의 좌우나 위아래로 분산시키기 위해서는 구멍의 가장자리를 따라 골격이 필요하고, 이들 구조물의 조합체가 전단력을 지지하게 된다.

원형 단면 여압동체의 경우는 여압차에 의해 외피의 원주방향과 길이 방향으로 걸리는 응력비가 2:1이 된다. 따라서 여압동체의 외피에 구멍을 낸 경우는 그림 3.4에서와 같이 가로, 세로 양방향의 보강이 필요하게 된다. 또한 문이나 창이 압력차에 의해서 밖으로 밀착되기 때문에 보강재는 그것을 견딜 수 있도록 충분한 굽힘강도를 가져야 한다. 이러한 이유로 동체의 문이나 창의 주위에는 "우물정(井)"자 모양의 보강재를 설치하든지, 구멍 주위에 프레임이나 스트링거를 보강하고 주위의 외피는 두껍게 하거나 이중재를 대는 것이 보통이다. 특히 구멍의 모서리 부분은 응력이 집중되어 균열이 발생하기 쉬우므로 곡률반경을 크게 한다. 또한 모서리 부분의 외피에 리벳을 박을 때에는 가능한 한 가장자리에서 멀리 떨어진 곳이 좋고, 외피와 이중재 가장자리에 흠집을 내지 않

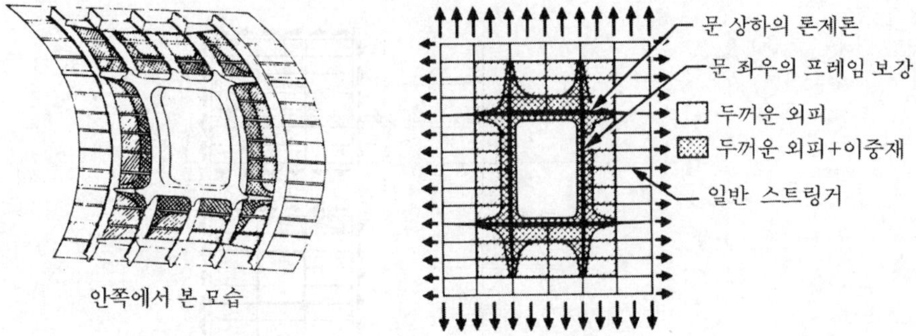

그림 3.4 여압동체 창문 보강의 예

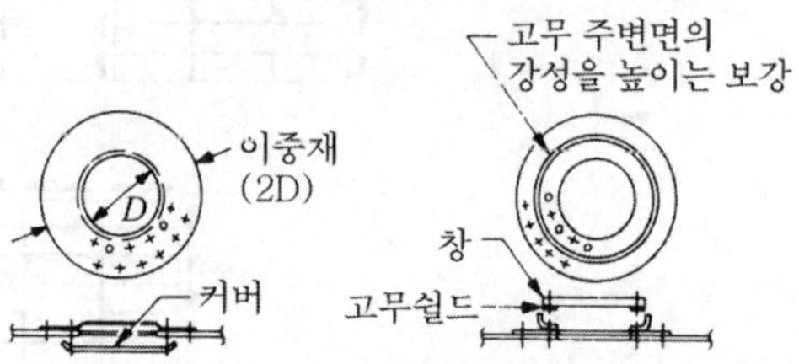

(a) 기밀 쉴드가 필요하지 않은 경우 (b) 고무로 쉴드하는 경우

그림 3.5 외피에 점검구나 작은 창을 단 경우

도록 한다. 동체에는 프레임과 스트링거가 격자모양으로 배치되어 있으므로, 모서리가 둥근 사각형 모양의 구멍으로 하는 것이 쉽고, 이 형상은 문의 모양으로도 적절하다. 그러나, 그러한 조건을 무시한다면, 여압 동체와 같이 인장력이 걸려 있는 외피에 내는 구멍으로는 하중방향으로 긴 타원형이 응력집중이 작아 이상적이다. 그 예로 Falcon 비지니스기 등의 창은 타원형으로 제작되고 있으며, 인장력이 걸리는 대형기의 날개 밑면 외피의 점검구로도 타원형이 많이 사용된다.

작은 창이나 점검구를 내는 경우는 그림 3.3이나 3.4에서와 같이 튼튼한 보강을 하지 않고 그림 3.5에서와 같이 단순히 이중재를 붙이는 것만으로도 충분하다. 그림 3.6은 그림 3.4와 3.5의 중간적인 보강의 예로 여압동체로 된 여객기의 객실 창이다.

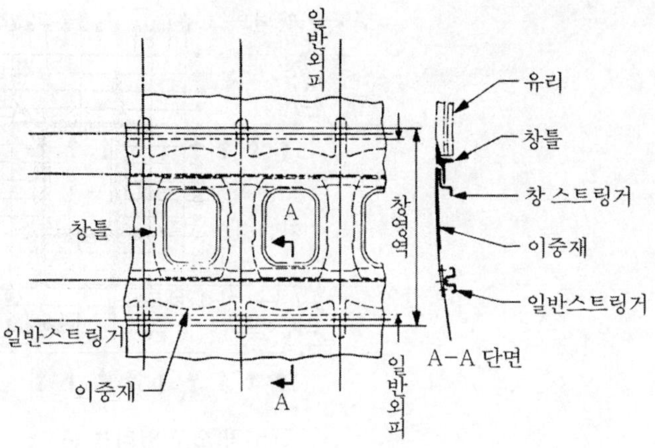

그림 3.6 창 부근의 보강 예

3.2 문

3.2.1 문의 개폐

여압식이 아닌 경비행기나 헬리콥터의 경우 문은 비바람만 막을 수 있으면 되므로 기본적으로는 자동차의 문과 다르지 않다. 힌지는 특별한 이유가 없는 한 출입구의 전방 또는 상부에 위치시키는데, 이것은 잠금 장치가 열려도 공기압이나 중력에 의해 자동적으로 문이 열리지 않도록 하기 위한 것이다. 비상탈출슈트가 필요한 항공기에서는 탈출시 손잡이를 당기면 힌지의 핀이 빠져 문을 떼어낼 수 있도록 되어 있는 경우도 많다. 화물 투하와 촬영 등을 위해 문을 공중에서 열어야 할 경우에는 안으로 열거나 미끄러지게 해서 공기압에 관계없이 개폐할 수 있도록 하지만, 지상에서만 개폐해도 된다면 바깥으로 여는 방식이 기내공간을 유효하게 사용할 수 있으므로 유리하다.

여압식 기체의 문에 걸리는 압력 차는 1 m^2 당 수톤에 달하기 때문에 주위의 기체와 밀착시키는 방법 및 기밀 쉴드에 대한 고려가 필요하다. 안으로 여는 문이라면 닫혔을 때 그림 3.7(a)에서와 같이 기내의 압력에 의해 자연스럽게 기체와 밀착되므로, 잠금 장치가 불완전해도 열릴 우려는 없으며 이러한 형태를 플러그 형태(plug-type)라고 한다. 그러나 안으로 여는 방식의 문은 기내공간을 차지하는 결점이 있고 비상시에 기내의 승객들이 몰려 문을 열 수 없게

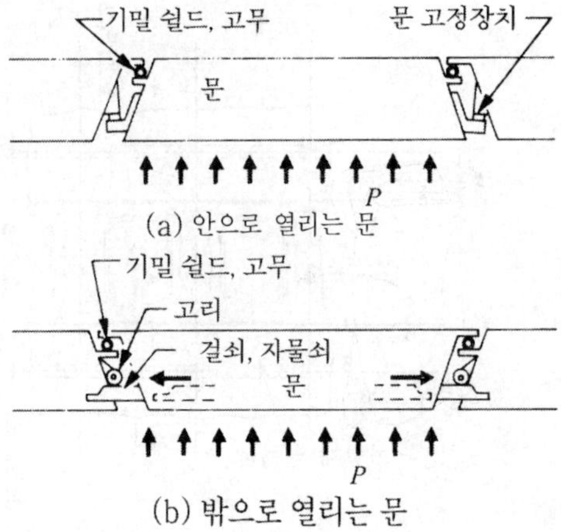

그림 3.7 여압동체에서의 문

되는 경우가 있으므로 문의 위치 선정에도 각별한 주의가 필요하다.

밖으로 여는 방식은 여압이 걸린 문을 직접 기체의 고정구조로 지탱할 수 없으므로 그림 3.7(b)에서와 같이 여러 개의 잠금장치를 장착하여 출입구를 지탱하는 형태가 된다. 그러므로 하중을 전달하는 잠금장치의 불완전한 시건이나 잠금장치 자체의 결함으로 인해 갑자기 문이 열리는 일이 없도록 주의해야 한다. 그러나 밖으로 열리는 문은 기내 공간상 유리하기 때문에 소형 여압식 항공기나 기내 압력이 그다지 높지 않은 프로펠러기의 문, 대형 수송기 화물칸의 문에 사용되는 예가 많다. 그러나, 밖으로 여는 방식이라도 열기 전에 조금 안쪽으로 움직여서 그림 3.8(a), (b)와 같이 기체의 문 받침 부분을 펴준 다음 여는 경우는 그림 3.7(a)와 같이 압력 차 때문에 문이 기체의 고정구조에 직접 밀착되므로 플러그 형태가 된다. 개폐기구가 복잡하지만 안전하므로, 여객기 객실의 문에는 이러한 방식이 많다. 동체의 직경이 큰 수송기의 경우, 객실 천정 부분의 공간이 비어 있으므로 그림 3.8(c)에서와 같이 문을 완전히 안으로 열고 나서, 윗방향으로 밀어올리는 방식의 기체도 있다. 이 방식은 비상탈출슈트를 문과 연동시켜 자동으로 전개시키는 면에서도 유리하다. 지면으로부터 기체의 위치가 높은 수송기의 탈출 및 출입용 문에는 비상탈출슈트가 설치되어 있는데, 문이 열리면 전개되어 자동적으로 부풀어오르도록 되어 있다. 그러므로 평상시 문을 열 때에는 비상탈출슈트가 떨어지지 않도록 비상탈출슈트의 기체 윗면과의 결합이 분리되도록 한다. 운항시에는 문을 닫고 나서 자동 모드로 하면, 탈출슈트가 윗면에 결합된다.

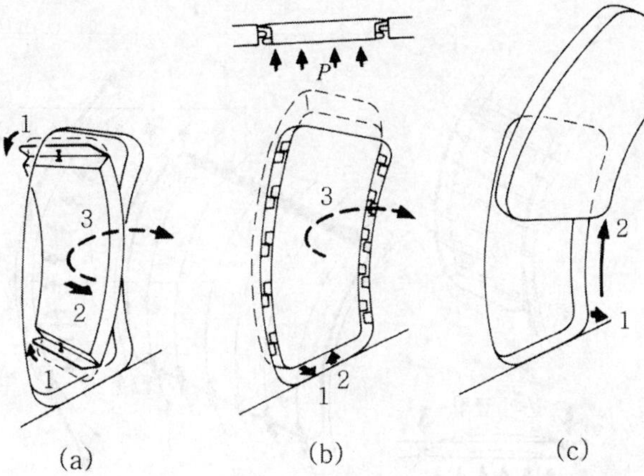

그림 3.8 플러그 형태 문의 예

3.2.2 문의 잠금

플러그 형태가 아닌 수송기의 문은 앞에서 설명한 것처럼 잠금장치로 결합력을 지탱하므로, 모든 잠금장치에 자물쇠를 장착하여 잠금장치가 완전히 걸려 있지 않으면, 자물쇠 조작이 완료되지 않도록 설계하게 되어 있다. 플러그 형태인 경우에는 비여압시 진동이나 사람의 오동작에 의해 문이 불시에 열리지 않고, 비바람만 막을 수 있으면 된다. 다만 비상 착수시 수압을 견딜 수 있도록 하는 장치는 필요하다. 1980년 이후에 개발된 수송기의 경우, 여압실의 문이 완전히 닫혀서 잠기지 않으면 자동적으로 여압이 걸리지 않도록 하는 장치를 장착하도록 규정되어 있으므로, 자물쇠와 연동해서 개폐되는 작은 배기판넬을 장착하는 것이 일반화되어 있다.

수송기는 모든 문이 완전히 잠겨 있는지 여부를 조종실에서 알 수 있도록 하는 장치를 장착하도록 규정되어 있으므로, 문의 자물쇠에 리미트 스위치(limit switch)를 장착하여 조종실에서 확인할 수 있도록 하고 있다. 플러그 형태가 아닌 문의 경우에는 모든 잠금장치가 완전히 잠겨 있는지를 직접 확인할 필요가 있으므로, 모든 자물쇠에 빨간 표시와 그것을 확인하는 창을 설치하고 있다.

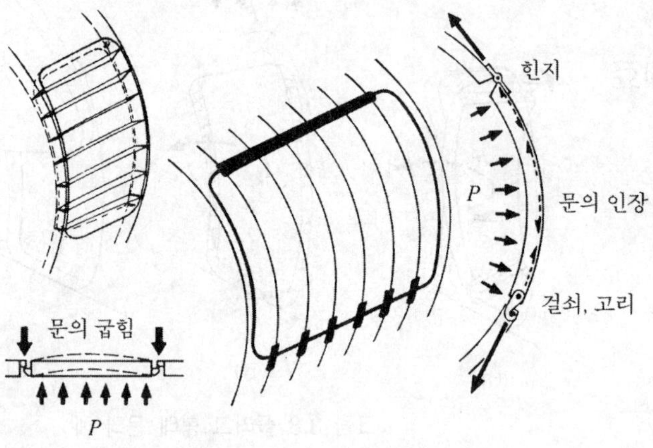

그림 3.9 여압기 문의 구조 양식

3.2.3 문의 구조

여압기의 문은 보통, 기내의 압력에 의해 굽힘모멘트를 받기 때문에 이를 견딜 수 있는 프레임을 포함하고 있다. 당연히 넓은 문일수록 그림 3.9(a)에서와 같이 강한 프레임이 필요하게 된다. 대형 수송기의 문에서는 그림 3.9(b)에서와 같이 문의 상부 프레임을 힌지로 동체외부와 연결하고, 아래 테두리는 잠근 후 고리 형태의 잠금장치로 동체에 연결하여 내압을 원주방향의 인장력 형태로 지지할 수 있도록 한 설계가 많다. 이렇게 하면 문은 풍선처럼 압력을 인장력만으로 받아들일 수 있어, 굽힘은 걸리지 않고 구조물을 가볍게 만들 수 있다. 동체의 경우도 구멍을 문이 연결해주기 때문에 압력차에 대한 굽힘 보강이 크지 않아도 된다. 또 동체에 걸리는 하중에 대해서도 문이 강도부재로서의 역할을 할 수 있다. 그러나 고리에는 큰 인장력이 걸리므로 피로파괴, 불완전한 시건 등에 대비한 안전대책이 필요하다. 또 문을 닫았을 때 고리가 초기의 장력을 유지하지 못하면, 내압이 걸렸을 때문에 기밀부에 공간이 생기게 된다.

3.3 창

3.3.1 창의 재료

항공기 창의 투명체로 가장 많이 사용되고 있는 것은 아크릴 수지이다. 플렉시글라스라고도 불리지만 이것은 미국의 제작사가 붙인 상품명이 일반화된 것이다. 아크릴 수지는 유리에 비해 비중이 1/2 정도로 가볍고 잘 깨지지 않으며 균열이 발생하여도 유리만큼 빨리 진행되지 않는 장점이 있다. 중요한 기계적 성질을 비교해보면 표 3.1과 같다.

아크릴 수지는 유리만큼 단단하지 않으므로 표면에 스크레치가 생기기 쉽다. 또한 인장강도 이하의 응력이라 할지라도 장시간 가하면 크레이징(crazing)으로 불리는 미세한 균열이 발생하기 때문에 실제 허용응력은 이 값으로 결정된다. 보통의 아크릴 수지(MIL-P-5245, 플렉시글라스 II 또는 MIL-P-8148, 플렉시글라스 55) 창에서는 일반 운용시의 인장응력을 약 1 kg_f/mm^2 이하로 설계하고 있다. 그러나 그 후 아크릴 수지를 가열인장 가공하여 가로, 세로 각각 1.7배 늘여 분자방향을 정렬하여 깨짐에 강하게 한 스트레칭 아크릴 (MIL-P-25690, 스트레칭 플렉시글라스 55)이 실용화되었다. 이것은 크레이징에도 강해 약 2 kg_f/mm^2의 인장응력으로 사용할 수 있다. 스크레칭 아크릴은 군용기나 제트 여객기의 창에 광범위하게 사용되고 있지만 보통의 아크릴판보다 스크레치가 생기기 쉬운 단점이 있다. 크레이징은 용제나 용제의 연기에 닿기만 해도 발생하기 때문에 특히 항공기의 도장이나 도장제거 작업시에는 아크릴 창을 완전히 가린 상태에서 작업해야 한다. 창과 창틀의 경계부분은 특히 주의해야 한다. 유리와 폴리카보네이트 수지는 뒤에서 설명된다.

표 3.1 항공기용 투명재료의 특성

	알루미늄 합금	유리	아크릴	폴리카보네이트
비중	2.8	2.5	1.2	1.2
열팽창률(mm/mm/℃)	23×10^{-6}	8×10^{-6}	70×10^{-6}	60×10^{-6}
인장강도(kg_f/mm^2)	40~50	5~35	7~8	6~7
연신율(%)	10~20	0.1~0.3	4~15	90~110

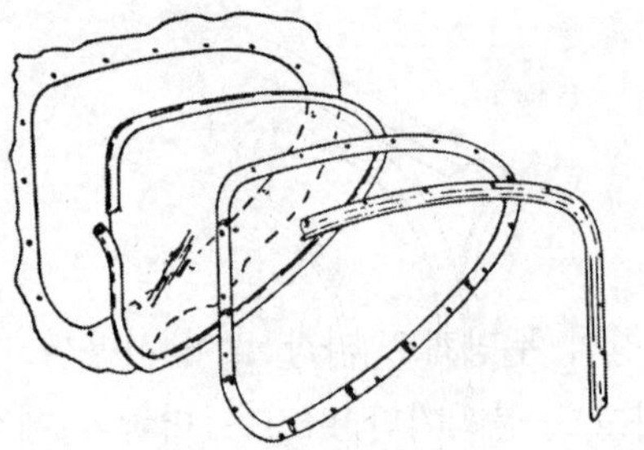

그림 3.10 여압장치가 없는 항공기 창의 예

3.3.2 열변형과 여압하중의 처리

표 3.1에서 알 수 있듯이 아크릴 수지는 열팽창률이 알루미늄의 약 3배이다. 항공기가 고도 10000 m로 상승하면 지상보다 기온이 60~70 ℃ 정도 내려간다. 그러면 아크릴 수지의 창이나 캐노피는 알루미늄으로 된 기체보다도 길이 1 m 당 2 mm 정도나 더 수축된다. 역으로 지상에서 더울 때는 알루미늄으로 된 기체보다 더 팽창한다. 따라서 아크릴 수지로 된 창과 캐노피를 설치할 때에는 이러한 열변형에 대한 대비가 필요하다.

여압이 되지 않는 기체의 창에서는 창을 직접 기체에 고정하지 않고 그림 3.10과 같이 고무를 끼워두는 설치방법을 사용하는 경우가 많다.

여압을 하는 기체에서도 여객실의 창과 같이 평면에 가까운 소형 창은 그림 3.11에서와 같이 기체의 안쪽에서 설치되면 특별히 창을 직접 나사로 고정하지 않아도 강도가 충분하고 떨어지는 일도 없기 때문에 이 같은 방식을 채택하는 사례가 많다. 그러나 이 경우도 여압이 걸리지 않을 때의 비바람에 대한 밀폐는 필요하기 때문에 안쪽에서 간단한 피팅으로 창을 눌러 고무밀폐재의 효과를 내고 있다. 다만 이러한 창의 경우는 그림 3.12(a)에서와 같이 객실의 내압으로 인해 처짐이 발생하기 때문에 그것에 견디려면 비록 작은 창이라 할지라도 상당한 두께가 요구된다. 따라서 여압식 수송기의 창 중 큰 것은 쉘 형태의 곡면으로 설계하여 여압에 의한 처짐을 방지하고 풍선처럼 원주방향 인장력으로 여압을 지지하도록 하는 것이 창의 두께와 무게를 줄이는데 더 유리하다. 그 좋은 예가 그림 3.12(b)에서와 같은 고속 전투기의 캐노피이다.

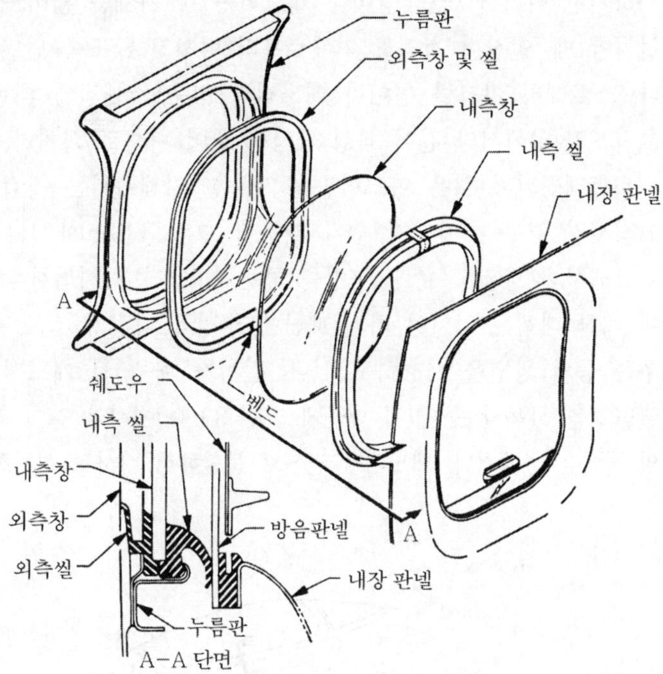

그림 3.11 여압장치가 있는 항공기 평면창의 예

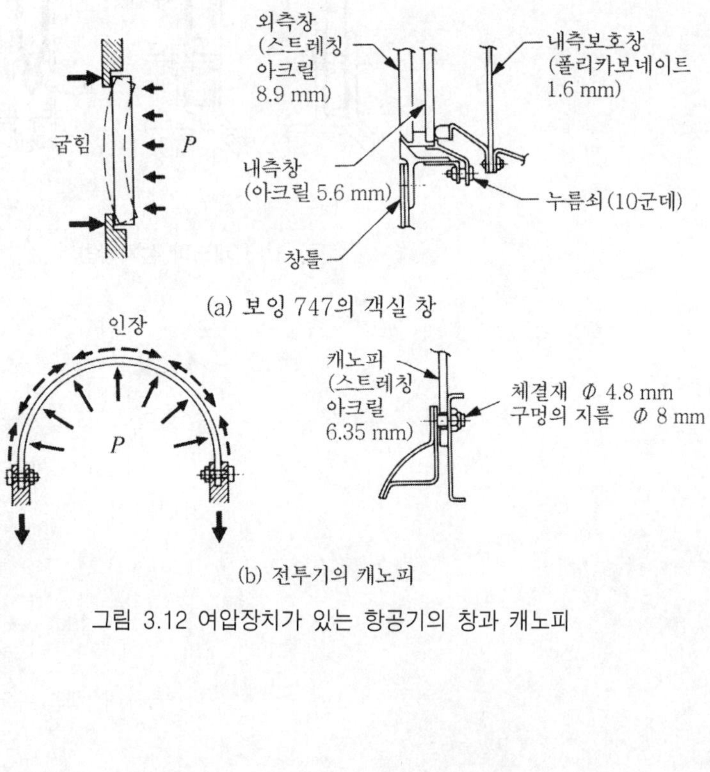

그림 3.12 여압장치가 있는 항공기의 창과 캐노피

하지만 이러한 곡면 창이나 캐노피는 창 자체는 얇아도 되지만 주변 기체에 설치할 때, 인장이 걸려도 기체로부터 빠지지 않도록 단단히 고정할 필요가 있다. 스트레칭 아크릴 창이나 캐노피의 경우는 깨짐에 대한 저항력이 있으므로 그림 3.13(a)에서와 같이 직접 구멍을 뚫어 나사로 설치하고 있다.

스트레칭되지 않은 아크릴판을 사용한 기체에서는 직접 구멍을 뚫어 나사로 고정시킬 경우 깨어지기 쉽기 때문에 그림 3.13(b)에서와 같이 주변에 FRP를 보강해서 보강된 부분에 구멍을 뚫는다. 그러나 이러한 경우도 반드시 열변형에 대한 대책은 있어야 하기 때문에 구멍을 약간 헐겁게 뚫거나 고무부싱를 채우는 등의 방법을 사용하고 있다. 길이가 매우 긴 캐노피의 경우 이 정도로는 열변형을 극복할 수 없기 때문에 그림 3.13(c)에서와 같이 캐노피의 전후방향으로의 구속을 없애거나, 캐노피를 전후로 분할해서 나사로 설치하고 있다.

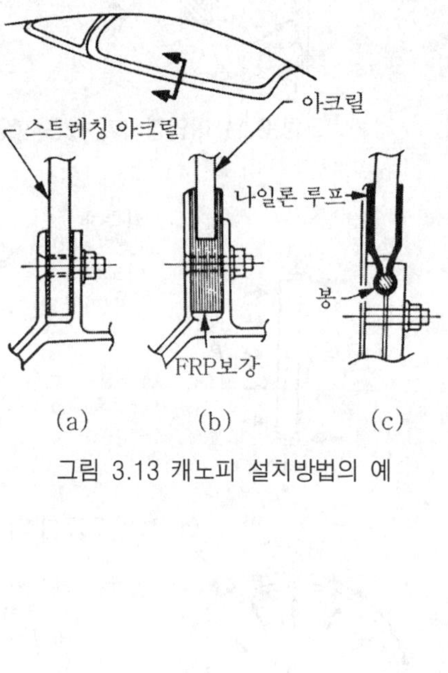

그림 3.13 캐노피 설치방법의 예

3.3.3 수송기의 창

여압식 수송기의 창은 하나가 파손되어도 전체적으로는 안전해야 하는 파손안전(fail-safe) 조건이 요구된다. 그림 3.11에 보인 바와 같이 객실의 창은 보통 이중 아크릴로 되어 있고 내외부 모두 객실의 압력을 견딜 수 있는 강도를 가지며, 보통 압력이 걸리는 외측은 스트레칭한 것을, 깨어졌을 경우에 대한 대비책인 내측은 스트레칭하지 않은 아크릴을 사용한다.

수송기 윈드쉴드의 경우 와이퍼를 사용하는 경우가 있기 때문에 아크릴이 아닌 무기강화유리가 사용된다. 게다가 압력차 외에 조류충돌에 대해서도 안전하도록 요구되기 때문에 과거에는 그림 3.14에서와 같이 강화유리를 PVB(폴리비닐부틸)와 같은 연질의 플라스틱 중간층으로 보강한 두꺼운 적층유리가 사용되었다.

그러나 1960년대 후반에 열팽창률이 기존 제품의 8배나 되는 유리와 아크릴을 잘 접착하는 기술이 실용화되어, 그림 3.15에서와 같이 와이퍼로 문지르는 표면부분만 얇은 강화유리를 사용하고, 가운데 주요 강도층에는 스트레칭 아크릴을 사용하여 중량을 줄인 윈드쉴드가 사용되었다. 유리의 제작기술도 급격히 발전하여 종래의 강화유리보다도 더욱 강한 유리나 그림 3.16에 보인 화학강화유리를 사용하여, 얇고 가벼운 윈드쉴드를 만들게 되었다. 유리는 압축에는 강하지만 인장에는 약하기 때문에 강화유리의 경우 표면에 압축잔류응력이 발생하도록 처리하는데 새로운 강화유리에서는 이러한 특성이 더욱 개선되어 있다. 현재에는 수송기의 투명체와 관련된 각 제작사들의 기술개발 경쟁이 심하기 때문에 기체에 따라서는 여러 종류의 다른 윈드쉴드로부터 선택할 수 있도록 한 예도 있다.

수송기의 윈드쉴드는 표면유리의 내측에 투명한 전도성 코팅을 하고 전기로 가열하여 결빙을 방지하고 있다. 조류충돌에 대해서는 그림 3.17에 보인 바와 같이 PVB층을 두껍게 해두고 이것이 변형할 때 유리가 깨어지면서 조류의 충돌로 인한 충격을 흡수하는 형태와, 유리 또는 아크릴 판을 두껍게 하고 윈드쉴드의 경사를 크게 해서 유리가 깨어지지 않고 새만 부딪쳐 떨어지게 하는 형태가 있다. 보통 오래된 수송기는 전자의 경우이고, 최신 항공기는 후자의 예가 많다. 전자의 경우 PVB층을 적당한 온도(약 30~40 ℃)로 유지하는 것이 충격흡수에 유리하기 때문에 저고도 비행의 경우에는 결빙의 우려가 없을 때라도 윈드쉴드에 전열을 하도록 규정된 기체가 많다.

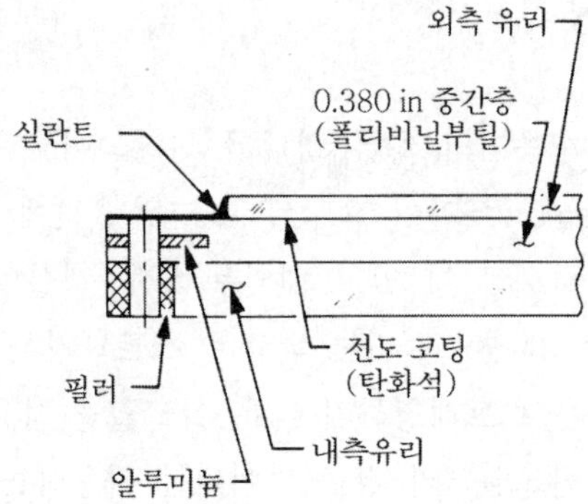

그림 3.14 Boeing 707 초기의 강화유리적층 윈드쉴드

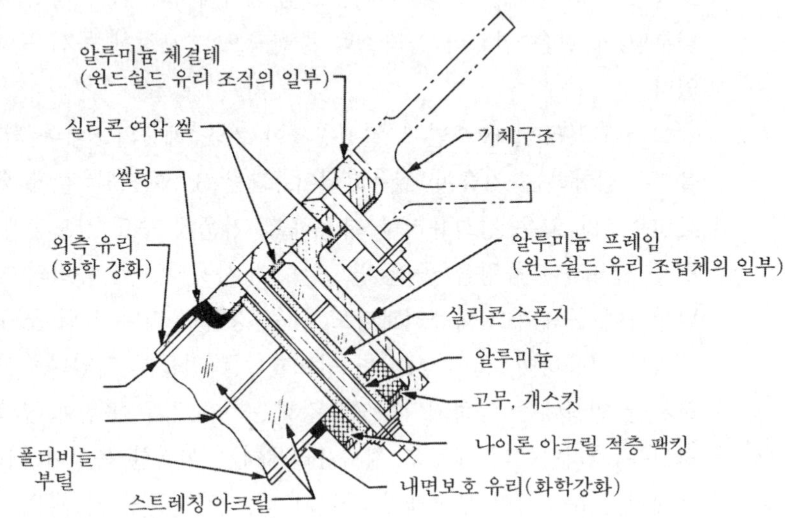

그림 3.15 Boeing 747 스트레칭 아크릴 적층 윈드쉴드의 예

중간층으로는 PVB 외에 우레탄이나 실리콘 재질도 사용되고 있다. PVB는 25 ℃ 이상에서도 잘 변형하고 충격을 흡수하지만 0 ℃ 이하에서는 단단해지기 때문에 그림 3.17(a)의 형태로 유리가 깨진 후 PVB층만으로 윈드쉴드의 강도를 유지하기에 적절하다. 그러나 유리의 주변부가 알루미늄 기체일 경우, 보통 비행 중에 차가워지면 층간분리가 발생하기 쉬운 문제점이 있다. 반면에 우레탄계나 실리콘계는 넓은 온도범위에서 유연성을 지닐 수가 있어 이러한 측면에서는 장점이 있다. 중간층의 재질과 구성은 윈드쉴드의 신뢰성에 큰 영향을 미치기 때문에 각 제작사들 간의 노하우 경쟁이 치열하다. 그림 3.17(b)는 두껍고 경사진 강한 유리에 새가 부딪혀 떨어지게 한 윈드쉴드로서 PVB 층이 얇은 것이 강점이다.

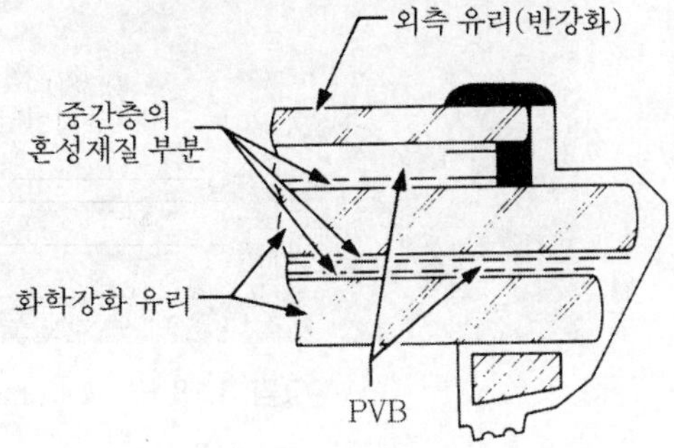

그림 3.16 화학강화유리 윈드쉴드의 예

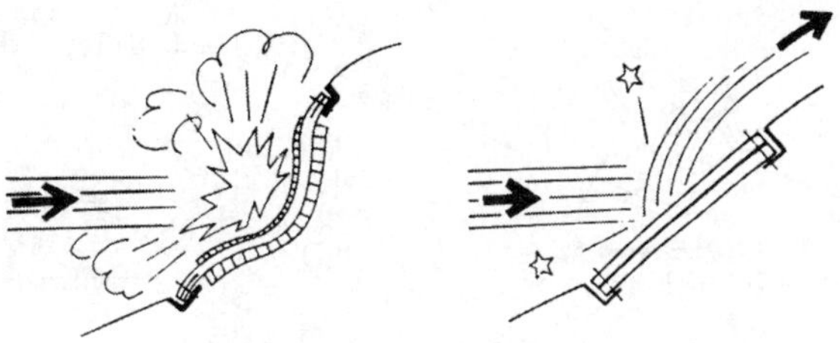

(a) (b)

그림 3.17 윈드쉴드의 조류충돌

3.3.4 고속기의 창

초음속기에서는 공력 가열에 의해 기체의 표면온도가 마하 2에서 약 100 ℃, 마하 2.5에서 약 200 ℃까지 상승한다. 이에 대해 아크릴은 약 100 ℃ 이상에서 지속적으로 하중이 작용하면 서서히 변형을 일으키기 때문에 그림 3.18에 보인 F-14와 같은 고속 군용기의 캐노피에서는 그림 3.19에서와 같이 스트레칭 아크릴로 된 강도 부재에 또 한 장의 단열용의 아크릴을 적층하고, 강도 부재의 온도를 표면온도와 기내온도의 중간으로 유지하는 예도 있다. 그러나 그림 3.20의 F-15와 같은 초음속 전투기에서는 그림 3.21에서와 같이 스트레칭 아크릴판 하나만을 사용하기도 한다. 또 요즘은 아크릴보다도 고온에 강한 폴리카보네이트로 윈드쉴드와 캐노피를 만드는 초음속기도 있다. 폴리카보네이트(미국 Lexan 사의 상품명)는 약 130 ℃ 까지 안정된 상태를 유지한다. 또한 그림 3.22에 보인 바와 같이 파단이 발생할 때까지 약 2배나 늘어나기 때문에 충격을 잘 흡수하고 조류충돌에 대해 유리한 것이 매우 큰 장점이다. 폴리카보네이트는 스트

그림 3.18 F-14 Tomcat

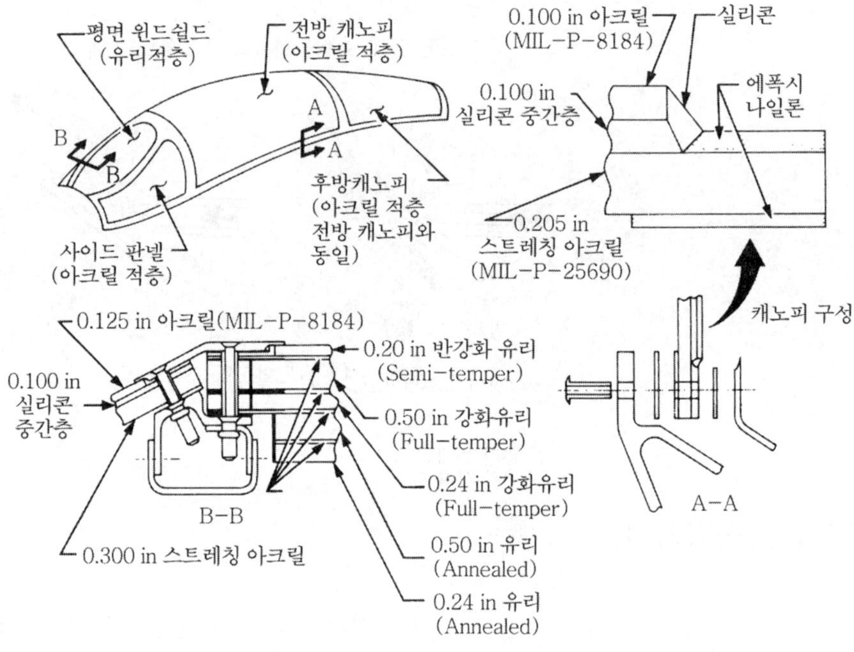

그림 3.19 F-14의 윈드쉴드와 캐노피

레칭 아크릴보다도 깨짐에 강하기 때문에 일반 운용시의 인장응력을 약 3 kg_f/mm^2 로 설계할 수 있으므로 캐노피의 무게를 줄일 수 있다. 이러한 이유로 인해 아음속기에서도 폴리카보네이트를 사용한 예가 있다. 그러나 폴리카보네이트는 아크릴보다도 스크레치가 생기기 쉽고 표면이 자외선에 의해 변색되어 투명도가 저하되기 쉬운 것이 단점이다. 이 때문에 표면에 얇은 아크릴 판이나 유리를 적층하거나 경도가 높은 코팅 후에 사용해야 하는 등 번거로운 면도 있다. SST와 같은 초음속 순항기나 그 이상의 고속기 윈드쉴드에는 보다 우수한 내열특성이 요구된다. 일반적으로 무기유리가 사용되고 있지만 무겁기 때문에 고온에 견디는 플라스틱도 연구되고 있다.

그림 3.20 F-15 Eagle

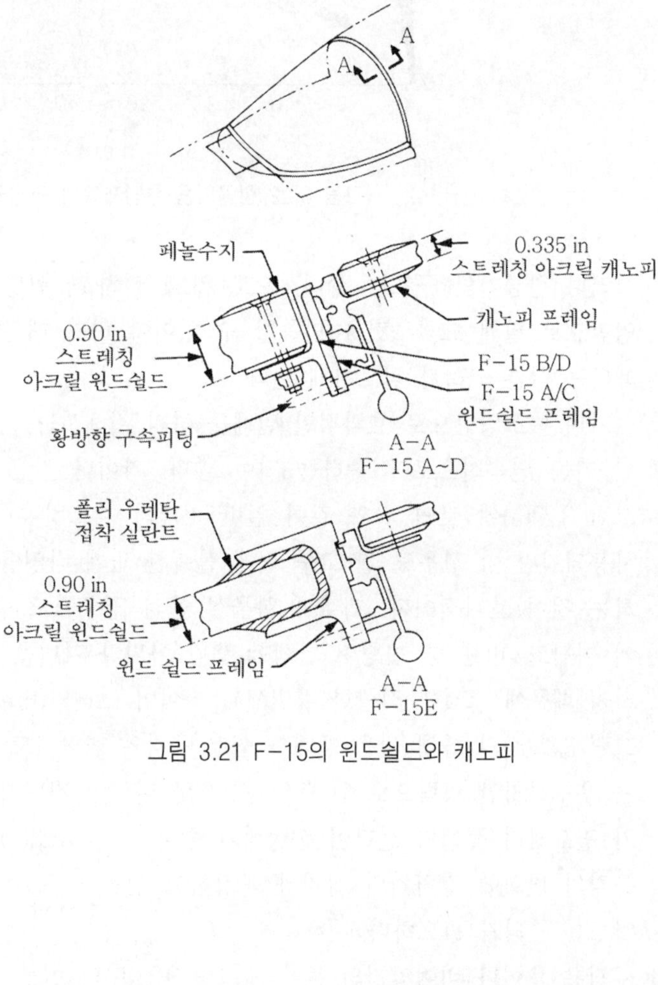

그림 3.21 F-15의 윈드쉴드와 캐노피

3.4 고무씰

문과 기체 사이 혹은 창과 기체 사이에는 일반적으로 고무씰이 사용되어 객실 여압과 비바람이 새는 것을 방지하고 있지만 이것이 종종 문제를 일으키기도 한다. 지상의 기계나 배관 등의 이음새는 플렌지 주변면을 평평하게 해서 볼트로 단단히 죄기 때문에 면접촉에 적합한 평평한 개스킷이 사용되고 있다.

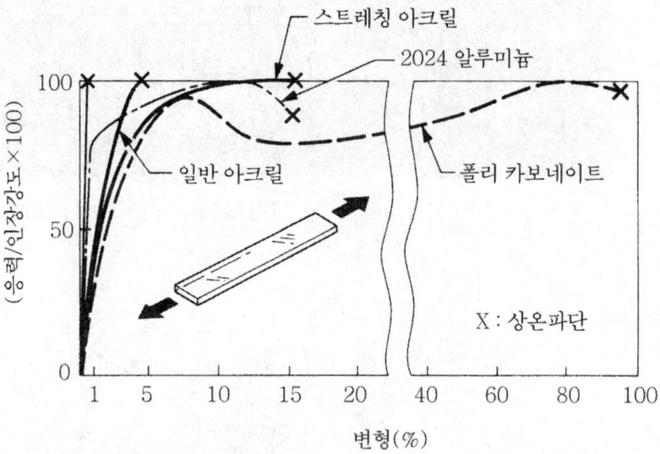

그림 3.22 항공기용 투명재료의 연신률

그러나 항공기의 구조는 상대적으로 얇고, 약하고, 변형되기 쉬워서 가벼운 조임만으로 밀폐 요구조건을 만족할 수 있어야 하기 때문에 일반 기계에서의 밀폐와는 다른 고려가 필요하게 된다.

가벼운 조임만으로 효과적인 밀폐를 하기 위해서는 넓은 면에서의 접촉이 아닌 가는 연속선으로 접촉하는 것이 좋다. 창이나 작은 점검 판넬의 설치에는 그림 3.23(a)에 보인 바와 같이 일반 기계의 개스킷과 동일한 얇은 평면 씰이 사용되지만 이 경우도 씰 고무 면에 볼록한 밀폐 라인을 세워 선접촉이 되도록 하는 것이 효과적이다. 객실과 화물실 문의 경우에도 유격을 일정하게 유지하기 어렵고, 비행 중 변형이 발생할 뿐만 아니라 가벼운 힘으로 잠글 수 있어야 하기 때문에 그것에 적합한 평면씰과 타이어 프레임(tire frame) 씰이 사용된다. 그림 3.23(d)의 플랩 씰은 개폐가 쉽고 유격의 변화에도 대응할 수 있는 점에서는 우수하지만 압력으로 인해 역방향으로 바람이 지나가지 않도록 배치에 주의가 필요하며 플랩의 선단이 손상되기 쉽다. 그림 3.23(c)의 타이어 프레임 씰도 유격의 변화에 강하지만 설치가 복잡하고 씰을 누르는 스트라이크가 손상되지 않도록 주의가 필요하다.

작은 문이나 비여압기의 문에는 그림 3.23(b)의 밸브 씰이 자주 사용된다. 이것도 표면에 돌기와 같은 밀폐라인을 세워 선접촉을 하거나 밸브의 앞에 플랩을 설치한 형태로 하면 더욱 효과적이다. 어느 경우도 지상에서 취급시에 손상을 피하기 위해 본체가 아닌 문에 설치하는 것이 보통이다.

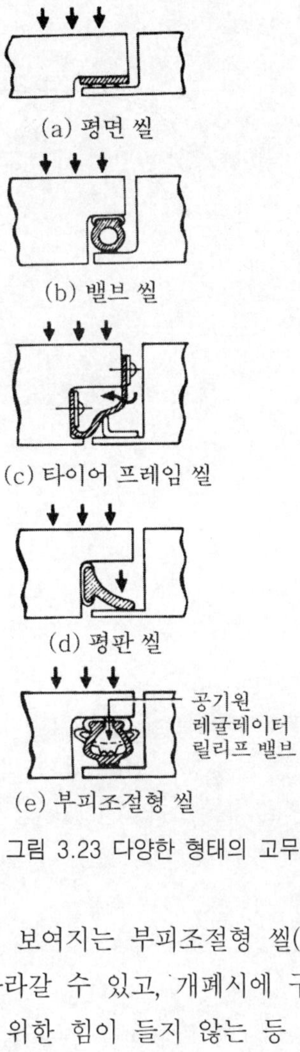

그림 3.23 다양한 형태의 고무씰

군용기의 캐노피 등에서 보여지는 부피조절형 씰(그림 3.23(e) 참조)은 유격의 변화가 클 경우에도 따라갈 수 있고, 개폐시에 구조물과의 간섭을 피할 수 있을 뿐만 아니라 개폐를 위한 힘이 들지 않는 등 가장 효과적인 방법이지만 공기원(여압계통, 압력슈트계통, 그 밖의 공기계통 등)에서 레귤레이터와 릴리프 밸브를 거쳐 압력을 가해야 하기 때문에 복잡한 것이 단점이다.

제 4 장 날개의 구조

4.1 개 요

날개는 양력이라는 하중을 견디면서 항공기를 공중에서 지탱하는 구조물이다. 양력으로 항공기를 공중에서 지탱하기 위해서 그 형상은 공기역학적으로 결정된다. 교량이나 서구의 사원 혹은 에펠탑 등과 같은 일반 구조물은 그 자체가 구조역학의 산물이지만, 날개의 구조는 그 단면의 모양은 물론 단엽·복엽이라는 형태 등도 공기역학과 구조역학의 조화로 결정된다. 날개의 얇은 익형(두께/시위=두께비: 프로펠러기 12~16 %, 초음속기 3~6 %)과 제한된 형상으로 충분한 강도와 강성을 유지하면서, 가능한 한 경량으로 설계, 제작해야 한다.

최근에는 항공기의 사용기간이 길어짐에 따라 구조물의 피로(fatigue)나 부식(corrosion)도 구조설계에서 소홀히 할 수 없는 문제가 되었다. 한편, 구조를 결정하는 하중은 지상계류, 활주, 이륙, 비행 그리고 착륙시 계속 변한다. 고속 비행시에는 주위의 공기력으로부터 에너지를 얻어 발생하는 플러터(flutter)같은 심한 진동이나, 날개의 비틀림에 의해 조종면이 효과가 없어지는 조종면 역전(aileron reversal) 현상 또는 다이버전스(divergence)라고 하는 공탄성 등도 문제가 되며, 이러한 것들이 날개 구조의 설계를 어렵게 하고 있다.

라이트형제 이후 항공기의 개발에 성공한 카치스는, 라이트 형제와의 토론 중에서 “Any board will do!(어떤 판으로도 난다!)”고 했지만, 판과 같이 얇은 구조로 고속의 공기력에 견디면서 기체중량의 수배에 달하는 관성력(g)을 이기고, 요구성능을 만족시킬 수 있는 날개를 만드는 것이 날개 구조설계의 목표이다.

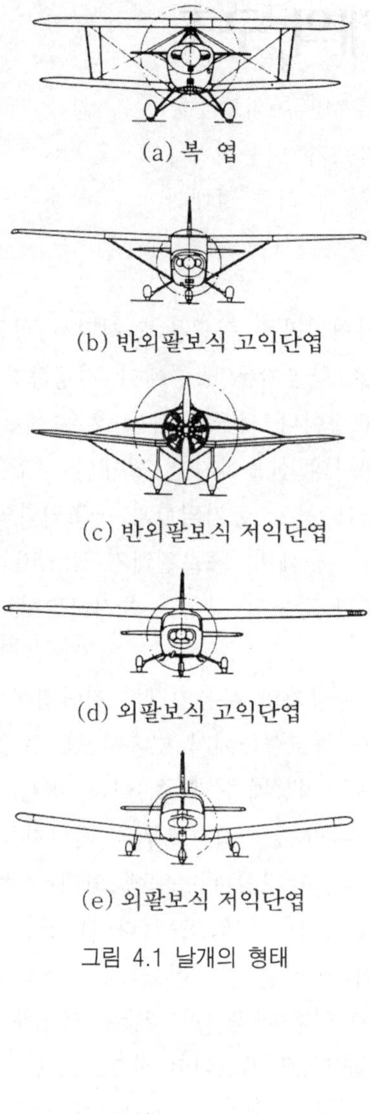

(a) 복 엽

(b) 반외팔보식 고익단엽

(c) 반외팔보식 저익단엽

(d) 외팔보식 고익단엽

(e) 외팔보식 저익단엽

그림 4.1 날개의 형태

4.1.1 날개의 형식과 비하중

오늘날의 항공기 날개는 동체에서 쭉 뻗어나온 외팔보 형태가 일반적이지만, 소형의 재래식 항공기에서는 그림 4.1에서 보듯이 복엽과 지주로 날개를 지탱한 반외팔보 방식의 날개도 사용되고 있다. 복엽식 혹은 반외팔보식 날개는 공기 저항은 크지만, 경량화 등의 많은 장점도 있기 때문이다. 각 형태들의 장점들은 오늘날에도 좋은 구조를 만드는데 중요한 요소이다.

날개에는 목재나 강관으로 된 구조물에 공기력만을 지지하는 외피를 입힌 박막외피구조와 압출형재로 만들어진 플랜지와 스트링거에 금속 외피를 사용한 응력외피구조(그림 4.2. 4.3 참조)등 여러 종류의 구조 양식이 사용되고 있다.

또한 코어 등을 사용한 "샌드위치 구조"(그림 4.4 참조)로 외피와 스파를 제작하는 예도 있다. 재료는 보통 알루미늄 합금이나 CFRP(탄소섬유강화 복합재료) 등이 사용되지만 록히드 SR-71과 같은 마하 3의 초음속기에서는 티타늄 합금 등의 내열재료가 사용되기도 한다. 한마디로 날개의 구조는 천차만별이라 할 수 있다. 물론 이러한 날개의 형식과 사용재료는 하중에 의해 결정되지만 강도, 강성 및 생산성과의 균형 역시 매우 중요하다.

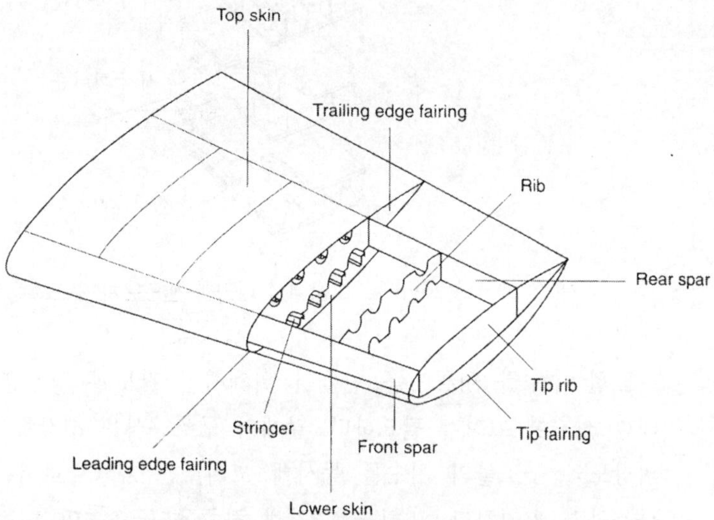

그림 4.2 2-스파(Two Spar) 응력외피 구조개념도

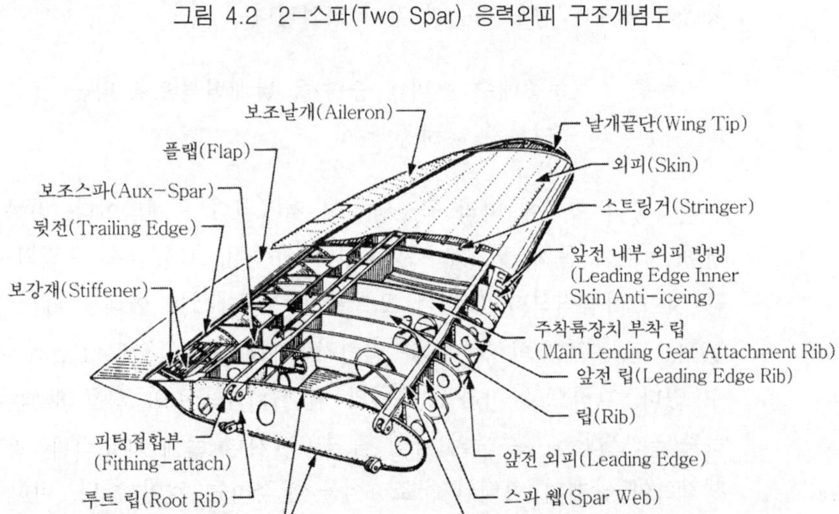

그림 4.3 날개의 구조와 구성부품

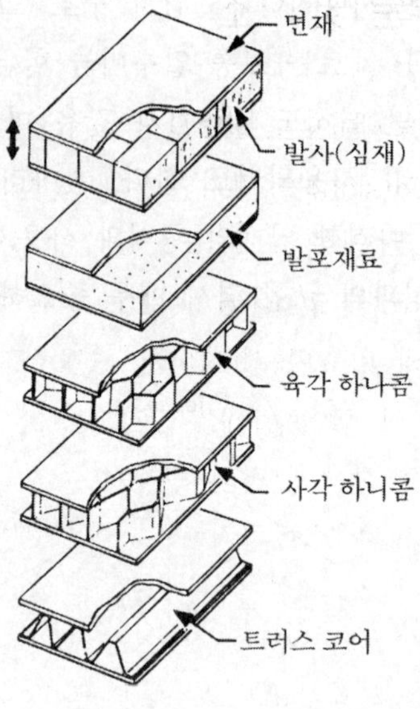

그림 4.4 다양한 샌드위치 구조

또한 우수한 항공기를 만들기 위해서는 강도과 강성뿐만 아니라, 생산성에 대한 신중한 고려가 필요하다. 날개의 구조양식을 생각할 때에 구조 요소의 파괴강도와 구조물의 치수를 동시에 고려하는 개념으로서 비하중이라는 개념을 사용하면 편리하다. 비하중은 원래 하중을 구조물의 면적으로 나눈 것이지만 항공기 날개의 경우 다음과 같이 정의된다.

비하중 = (하중배수 × 비행 중량)을 날개면적으로 나눈 것
　　　= 익면하중 × 하중배수

비하중의 크기에 따라 구조양식이 결정된다는 개념이다. 비하중이 작으면 적당한 치수의 목재 골조를 사용하고 비하중이 크면 금속 응력외피구조를 사용하는 것이 바람직하다. 그러나 오늘날의 기체에서는 이러한 개념으로는 익면하중 250 kg/m^2, 7.33g의 전투기와 익면하중 700 kg/m^2으로 2.5g의 여객기를 구별할 수 없다. 그러므로 비하중 개념의 기준을 주구조의 평균 응력을 사용하여 "비하중 = (날개 루트부분의 굽힘 축력)/(날개 루트에서의 스파 사이의 간격)"이라 생각하여 날개의 형태나 구조양식을 결정하는 것이 좋다. 비하중이 작을 경우에는 불필요한 고강도의 재료를 사용하면 오히려 구조효율이 떨어지기 때문이다.

4.1.2 날개의 주요 부분 및 요소

응력외피구조(세미모노코크구조 : semi-monocoque)의 항공기의 날개는 그림 4.3과 같이 외피(skin)를 벗기면 날개 길이 방향으로 길게 배치되어 있는 부재와 비행방향으로 익형을 한 골격으로 구성되어 있는 것이 보통이다. 날개 두께만큼의 높이를 가지고, 길이 방향으로 배치되어 있는 보(beam)를 스파(spar)라고 한다. 날개의 비틀림 상자(torsion box)를 구성하는 중요한 부재이다. 날개의 윗면, 아랫면에서 웹이 날개의 길이 방향으로 배치되어 있는 J형과 Y형, _⊓_ 형을 한 비교적 작은 단면의 부재는 스트링거(stringer)라고 한다. 스파를 척추라고 하면, 스파와 스트링거를 지지하고 익형을 형성하는 부재를 립(rib)이라 한다. 착륙장치와 조종면을 설치하기 위해서 특히 튼튼하게 만들어진 립을 강화립(reinforced rib)이라 불러 구별하는 경우도 있다. 날개의 구조는 제작성과 하중전달의 측면을 고려하여 일반적으로, 앞전, 토션박스, 뒷전 그리고 조종면과 고양력장치(HLD: high lift device)라고 하는 부분으로 구성되어 있다. 날개의 앞전(leading edge: 전방스파보다 앞의 부분), 뒷전(trailing edge: 후방스파보다 뒤의 부분)을 잘라 고양력장치(slat, flap)와 조종면(aileron, spoiler)으로 사용하지만 이것들의 구조도 날개 본체를 축소한 것처럼 외피, 스파, 그리고 립으로 구성되어 있다. 스파와 스파 사이의 토션박스는 날개 전체의 내부하중(굽힘모멘트, 전단력, 비틀림모멘트)을 분산하는 부분으로 주구조, 혹은 일차구조(primary structure)로 부른다. 이에 비해 앞전이나 뒷전과 같이 외형을 유지하고 날개의 공력적 성능을 향상시키는 구조물을 이차구조(secondary structure)라 부른다. 이것들의 구조는 가해지는 공력 하중과 중량, 관성력 등의 하중이 일차구조에 잘 전달되도록 설계되면 좋다. 일차구조의 파괴는 날개 전체, 나아가서는 기체 전체의 손실을 의미하지만, 이차구조의 파괴는 국부적인 파손을 유발하므로 이러한 것들을 고려하여 구조설계를 해야만 한다.

4.2 날개의 하중

날개의 구조 배치는 스파와 립의 배치로 시작된다. 굽힘모멘트가 커지는 날개와 동체의 결합부로부터 날개 부분과 동체의 부재배치를 고려하여 각부의 전단력이 무리없이 흐를 수 있도록 하는 것이 구조배치계획의 기본이 된다. 기동과 돌풍의 하중배수가 정해지면 내부하중이라 불리는 전단력과 굽힘모멘트, 비틀림모멘트를 산출하고, 이와 병행하여 날개의 구조배치에 들어간다. 특히, 오늘날의 고성능 항공기에서는 공기력 등 외부하중의 크기를 기체구조의 강성과 처짐을 고려하여 계산하기 때문에 구조배치계획과 하중 해석은 밀접한 관계를 가지고 있다. 그러나 실제로는 구조가 정해지지 않으면 강성도 결정되지 않는, 닭과 계란의 관계로 볼 수 있기 때문에 구조설계자는 다음과 같은 간단한 계산으로 굽힘모멘트와 전단력의 근사치를 잡아서 초기 단계의 구조배치계획을 진행한다.

4.2.1 날개의 굽힘모멘트와 전단력의 간단한 계산법

기동과 돌풍에 의한 제한하중배수가 결정되면, 날개에 굽힘모멘트를 일으키는 외력의 크기는 다음과 같이 결정된다.

[(1g에서의 양력) − (날개 중량)]×(제한하중배수)
= [(항공기 총 중량) − (날개 중량)]×(제한하중배수)

이것이 날개의 루트에 작용하는 최대전단력이 된다. 그러나 이것만으로 날개의 구조를 결정할 수는 없다. 물체에 가해지는 굽힘모멘트는 힘의 크기뿐만 아니라 그 힘이 어느 정도 멀리서 걸리는가에 따라 달라지기 때문이다. 날개에서 굽힘모멘트가 최대인 곳 즉, 가장 튼튼히 해야만 하는 곳은 보통 동체의 양쪽에 해당하는 날개의 부착 부분이다. 그림 4.5에서와 같이 양력과 날개 중량의 분포가 날개 전체에 걸쳐 일정하다고 가정하자. 동체와 겹쳐 있는 부분도 양날개의 기류 영향으로 상당한 양력을 발생하기 때문에 여기도 같다고 가정한다.

날개가 부착된 루트 부분보다 날개 바깥쪽에 걸리는 윗 방향의 힘(전단력)은 다음과 같다.

$$\text{힘} = (W_g - W_w) \times n \times \frac{\text{한쪽 날개의 길이}}{b} \tag{4.1}$$

여기서

W_g : 항공기의 총 중량

W_w : 날개와 날개에 있는 모든 것의 총 중량

n : 제한하중배수

b : 날개폭(span)

이다. 양력분포를 같다고 했기 때문에 한쪽 날개에 걸리는 힘의 중심은, 한쪽 날개 길이의 중앙에 있고, 날개가 부착된 곳의 굽힘모멘트를 계산하기 위해 여기에 식 (4.1)의 힘이 전부 집중하여 걸려 있다고 생각해도 된다. 중앙에서 날개 부착부까지의 거리는 다음과 같다.

$$\text{거리} = \frac{\text{한쪽 날개 길이}}{2} \tag{4.2}$$

따라서 날개의 부착부에서의 굽힘모멘트, M은 식 (4.1)과 식 (4.2)을 곱하여 구할 수 있다.

$$M = (W_g - W_w) \times n \times \frac{(\text{한쪽 날개의 길이})^2}{2b}$$

b_f를 동체의 폭이라고 하면, 한쪽 날개의 길이는 $(b - b_f) / 2$ 가 된다.

따라서 균일분포하중의 경우 부착부의 굽힘모멘트는 다음 식으로 계산된다.

$$M = \frac{1}{8}(W_g - W_w)\, n \frac{(b - b_f)^2}{b} \tag{4.3}$$

그러나 실제 날개에서 그림 4.6에 보인 바와 같이 양력의 분포가 균일하지 않고, 대부분의 항공기 날개에는 테이퍼가 있기 때문에 면적당 양력도 위치에 따라 불균일하며 날개끝단에서는 양력이 작다.

따라서 굽힘모멘트도 식 (4.3)에 의한 값보다 작아진다. 이를 보정하기 위해 보정계수 K_1을 정의하면, K_1은 테이퍼비와 후퇴각, 비틀림각, 부착부분과 끝단의 형태 등에 따라 다르지만, 사각형 날개에서는 0.92, 테이퍼비 0.5인 날개에서 0.86 정도이다. 한편, $(W_g - W_w)$의 값은 날개의 무게가 작아지는 무연료 중량

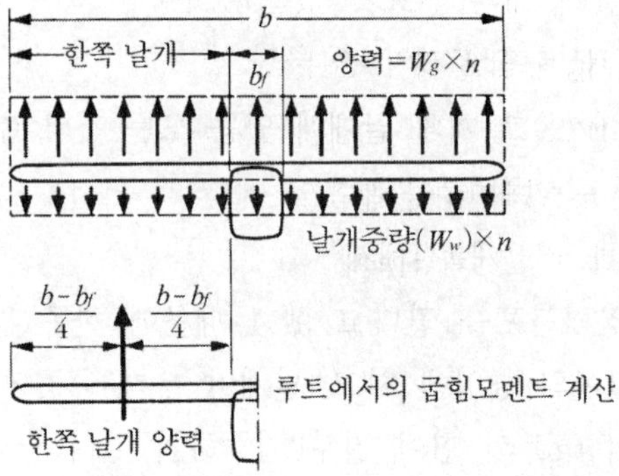

그림 4.5 외력의 분포가 동일하다고 가정한 경우의 날개 하중분포

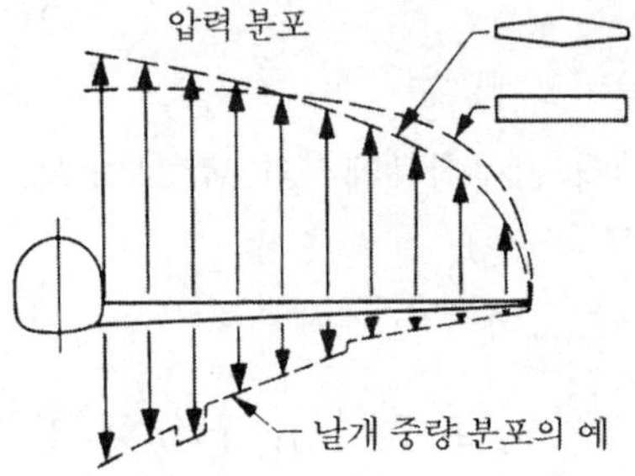

그림 4.6 실제 날개에서의 외력 분포

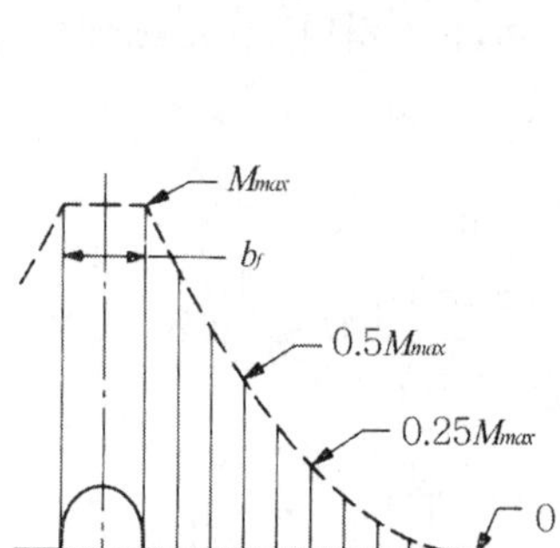

그림 4.7 날개의 굽힘모멘트

일 때(날개 내의 연료가 없는 경우) W_g의 0.6~0.8배 정도이지만 보통 항공기에서는 날개의 중량 분포는 그림 4.6과 같이 양력의 분포보다도 루트 부근에 집중되어 있고 날개 끝에서는 크기가 작기 때문에 W_w가 M을 줄여주는 효과도 같은 중량의 균일 분포일 때 보다 작다.

이러한 것을 고려해서 ($W_g - W_w$) 대신에 ($W_g \times K_2$)로 쓰면 K_2는 보통의 항공기에서 0.7~0.9 정도가 된다. 날개에 엔진을 장착한 경우 대형기에서는 K_2가 작고 동체에 엔진이 장착된 경우 소형기에서는 K_2는 큰 숫자가 된다. 이러한 보정계수 K_1과 K_2를 사용하면 날개의 루트 부근의 굽힘모멘트는 다음 식으로 계산할 수 있다.

$$M = \frac{1}{8} K_1 K_2 W_g n \frac{(b - b_f)^2}{b} \tag{4.4}$$

날개의 굽힘모멘트는 그림 4.7과 같이 루트 부근에서 멀어지면 점점 감소한다. 루트에서 날개 끝 방향으로 30 % 정도 가면 식 (4.4)에 의해 $M_{\max}$의 절반 정도, 날개의 가운데 정도에서는 1/4정도로 줄어들고 날개 끝에서는 0이 된다. 또 좌우 피팅 사이의 동체와 겹쳐 있는 부분(중앙날개 혹은 carry-through 일부)은 굽힘모멘트가 똑같기 때문에, 굽힘 강도는 날개 루트 부분과 같다고 생각한다.

위와 같이 날개의 굽힘모멘트의 근사적인 크기를 빠르게 계산할 수 있다. 물론, 날개의 최종 강도를 계산하기 위해서는 보다 자세한 계산이 필요하게 된다. 기본적으로 날개를 스팬 방향으로 몇 등분한 후 양력은 분포하중으로 구조 중량은 분포하중과 집중하중으로 나누어서 공기력과 관성력을 적분하여 날개에 가해지는 전단력 분포도를 구할 수 있다. 또한 전단력 분포도를 적분하면 굽힘모멘트가 나온다. 동일한 방법으로 각 단면에서의 비틀림 하중을 적분하면 비틀림모멘트선도를 만들 수 있다.

4.2.2 지주가 부착된 날개(반외팔보식 날개)

소형 저속기에 많이 사용되는 지주부착 날개의 경우는 그림 4.8과 같이 지주 바깥쪽의 굽힘모멘트는 지주가 없는 경우와 다르지 않지만 지주 안쪽에서는 작아지고 핀으로 체결하면 루트에서의 모멘트가 0이 된다. 따라서 지주 내측은

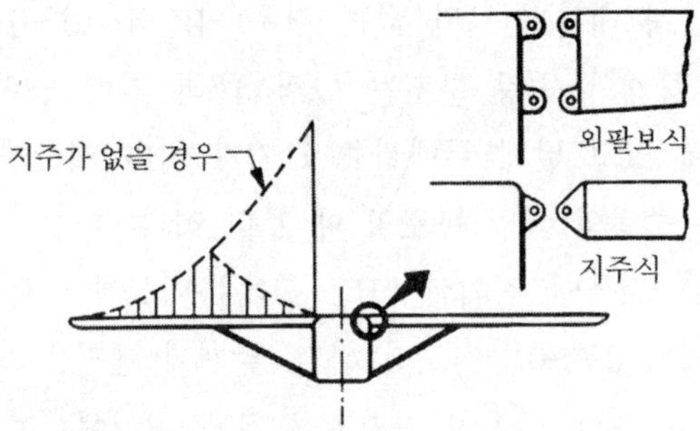

그림 4.8 지주를 사용하는 날개의 굽힘모멘트 분포

굽힘 강도를 점점 줄여도 상관없기 때문에 지주가 없는 날개(외팔보식)와 같이 루트부분을 튼튼히 할 필요가 없다. 동체에 설치하는 전방스파(front spar)와 후방스파(rear spar)의 고정 볼트는 상하의 하중(전단력과 비틀림모멘트)에 견디게 설계한다. 지주와 장선을 사용한 반외팔보식 날개는 외팔보식보다 매우 가볍지만 지주가 비틀림 하중을 감당할 수 없고, 고속에서 지주에 의한 공기 저항을 견딜 수 없기 때문에 저속기에 적합하다.

4.2.3 날개의 비틀림모멘트

날개를 굽히려는 힘과 함께 간과할 수 없는 것이 날개를 비틀려고 하는 힘 즉, 비틀림모멘트이다. 날개를 비틀려고 하는 힘은 그림 4.9에 나타나 있듯이 날개에 작용하는 압력의 합력 중심과 날개 각 부분의 비틀림 중심(탄성축: elastic axis)이 일치하지 않기 때문에 발생한다.

이러한 단면에서의 비틀림을 적분하면 비틀림모멘트를 구할 수 있다. 압력중심과 탄성축을 일치시키면 비틀림모멘트는 0이 된다. 그러나 탄성축은 구조에 의해 결정되고 기체 자세와 관계 없이 일정하지만 압력중심은 기체의 자세가 변하면 전후로 이동하여(그림 4.10 참조) 급강하시에는 뒤로 움직이고 큰 받음각을 받도록 항공기 자세를 취하면 앞쪽으로 이동한다. 또한 보조날개를 조작해도 바뀌고 플랩을 내리면 뒤로 간다. 현실적으로 날개에 비틀림모멘트가 발생하는 것을 피할 수는 없다. 굽힘이나 전단하중에 대한 강도를 기본으로 하여 설계하면 강성이나 진동수가 낮아지는 일은 발생하지 않으나 비틀림 하중에 대하여는 강도보다도 강성과 변형에 주의하고 고유진동수를 높게 하는 것을 우선적으로 고려해야 한다.

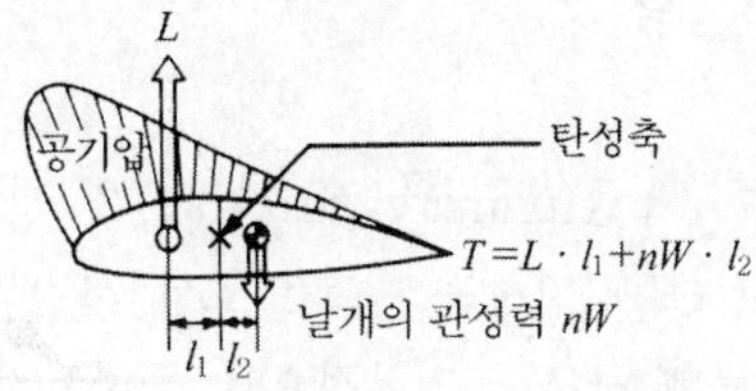

그림 4.9 날개에 가해지는 비틀림모멘트

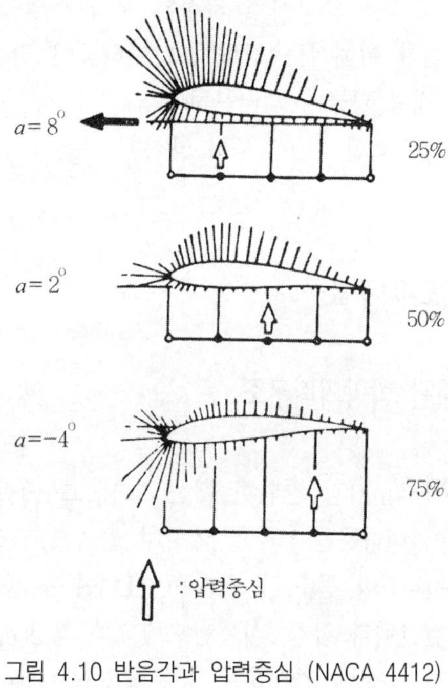

그림 4.10 받음각과 압력중심 (NACA 4412)

날개가 비틀리면서 하중이 점점 늘어나는 방향으로 진행되어 마침내 파괴되는 다이버전스(divergence)나 고속에서 보조날개를 움직여도 작동되지 않고 오히려 거꾸로 움직이는 조종면 역전(aileron reversal) 현상 혹은 플러터(flutter)라는 보조날개의 회전과 관련된 날개 진동에 의한 공중분해 등은 모두 비틀림 강성의 부족에 의한 것이다. 판과 같이 얇은 형상임에도 불구하고 굽힘, 전단력뿐만 아니라 큰 비틀림 하중에도 동시에 견뎌야하는 것이 날개 구조의 특색이고 날개 구조설계의 과제라 할 수 있다.

4.3 주구조물의 형식

날개의 주구조물(primary structure)은 날개에 작용하는 전단력, 굽힘모멘트, 비틀림모멘트를 지지하는 부분으로서 사람의 등뼈에 해당하는 부분이다. 그러나 인간의 등뼈 구조는 기본적으로 동일하지만 항공기 날개의 주구조물 양식은 항공기의 규모와 비하중에 의해 달라질 수 있다. 같은 구조양식을 사용해서 하중의 크고 작음에 따라 두께나 부재의 단면적만을 변화시키면 좋을 것으로 생각할 수 있지만 그와 같은 방법으로는, 강도와 강성 그리고 경량화의 세 가지의 기본 요건을 조화시킨 최적의 구조를 얻을 수 없다. 가볍고 제작성이 좋은 날개를 얻기 위해서는 경량이고 비하중이 작은 소형 항공기, 고성능이고 비하중이 큰 대형 항공기를 구분하여 각각에 적합한 구조 양식을 결정하는 것이 중요하다. 대표적인 주구조물의 양식은 다음과 같다.

4.3.1 단순 박막외피구조

가. 강관 박막외피구조

주구조물의 가장 간단한 예는 모형 고무동력기나 글라이더이다. 그림 4.11에서와 같이 대나무를 U자로 굽혀서 골격으로 하고 그 사이에 얇은 종이를 발라 날개로 한다. 이 경우, 주구조물는 U자형을 한 대나무이다. 대나무가 날개에 작용하는 전단력과 굽힘, 비틀림모멘트를 감당하고, 종이와 립(rib)은 익형을 유지하면서 그 부분에 작용하는 공기력을 대나무에 전달하는 역할만 수행한다. 이 경우 대나무는 U자형으로 전후 두 군데에서 동체에 부착되는 것이 중요하다. 만일 깃대와 같이 P자형을 하고 있어 깃대가 붙어있는 부분 한 군데만으로 동체에 고정시키면 날개는 뒤틀려버린다.

이러한 모형기의 대나무 대신에 강관이나 경합금관을 사용한 구조가 초기의 항공기에 사용되었다. 이러한 주구조물 형식은 경항공기나 싼 가격의 글라이더 등의 꼬리날개에 이용되고 있다(그림 4.12 참조). 경합금이나 강관을 사용해도 직경 20 mm 정도의 관으로는 견딜 수 있는 하중에 한계가 있으므로, 항공기의 날개에는 사용할 수 없다.

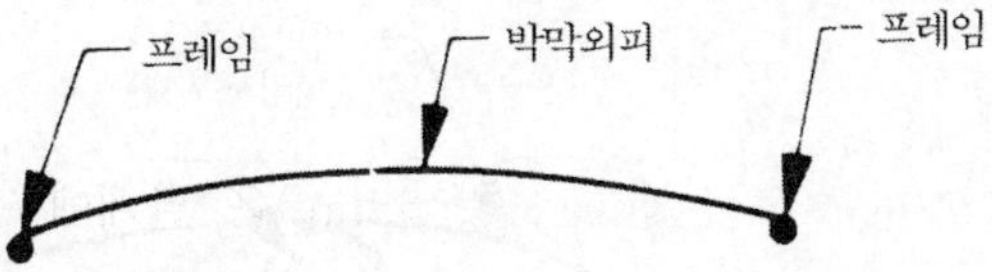

그림 4.11 모형비행기나 초기의 비행기 날개구조의 단면

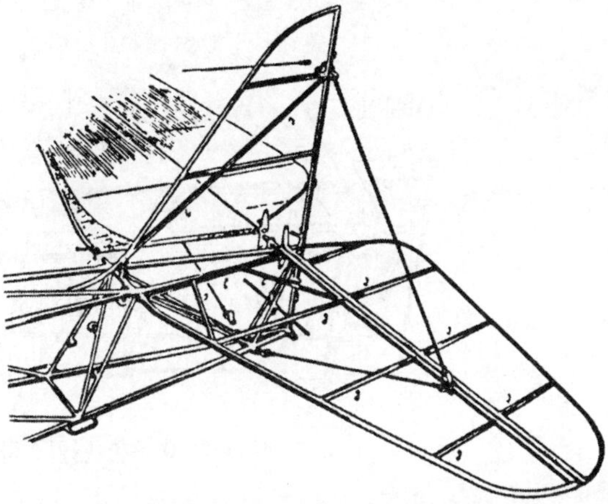

그림 4.12 강관-단순박막외피구조의 꼬리날개

비틀림에 대항할 수 있는 단면구조인 토션박스(torsion box)를 가진 대형 강관을 사용한 예가 그림 4.13의 강관 단일스파구조이다. 제2차 세계대전에서 독일이 사용했던 V-1 로켓과 그루먼・아메리칸 AA-1 등에 사용된 적이 있다. 그림 4.14와 같이 AA-1에서는 날개의 두께에 딱 맞는 굵은 경합금관(직경 5 in) 한 개를 사용하여 이 관이 굽힘, 전단, 비틀림 하중 전부를 받게 하고 있다. 날개의 외피는 공기력을 립으로 전달하고, 립은 외피에서 온 공력하중을 둥근 관 즉 스파로 전달한다. 또 이 강관의 내부를 연료탱크로 사용하여 일석이조의 효과를 노릴 수 있다. 두께비가 큰 날개라면 파이프를 충분히 크게 할 수 있으므로 제2차 세계대전 중의 독일에서는 이 양식으로 비행중량 80톤이나 되는 대형 비행정 BU238의 날개를 만들기도 하였다.

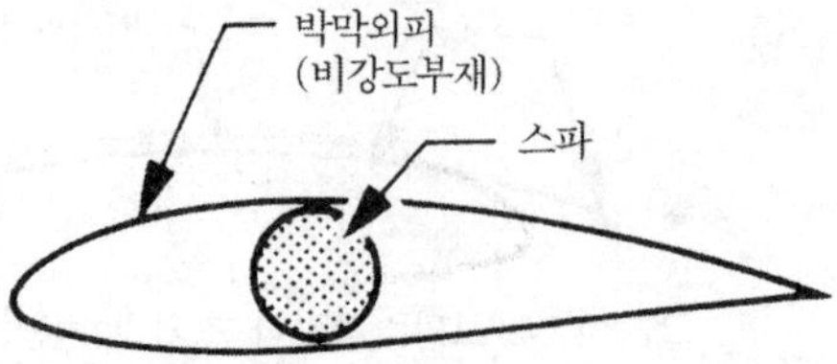

그림 4.13 굵은 파이프를 이용한 단일스파구조

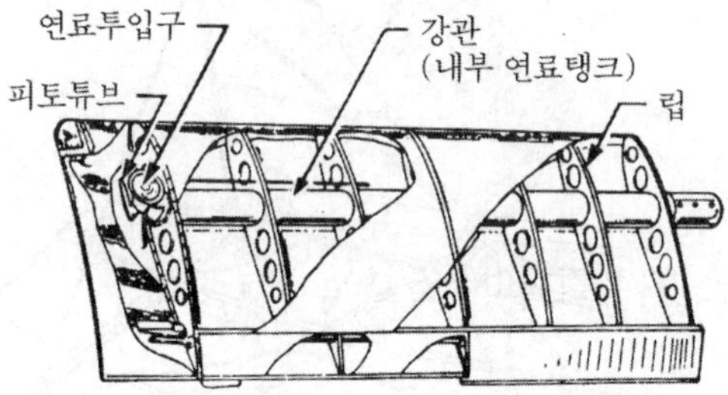

그림 4.14 대형강관을 이용한 단일스파 날개(AA-1)

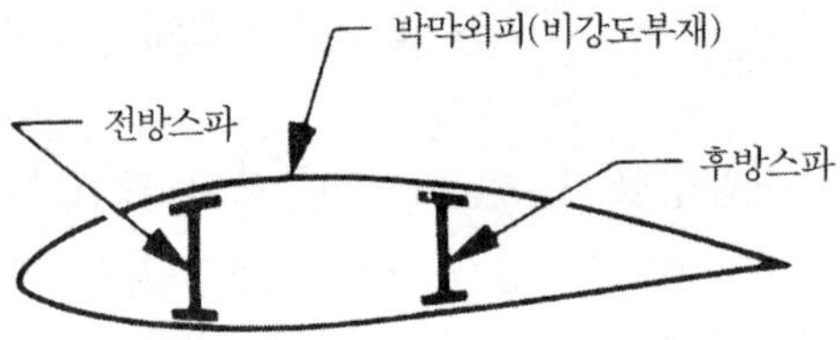

그림 4.15 경항공기 날개의 단면

나. 2-스파 박막외피구조

그림 4.15은 스파 2개를 사용하여 굽힘, 비틀림, 전단하중에 견디게 한 2-스파 박막외피구조이다. 외피로는 박막을 사용한다. 박막외피는 공기력만을 전달하기 때문에 스파와 일체가 되어 폐단면구조(torsion box)를 구성할 수 없으므로 2개의 스파가 상하 역방향의 굽힘(warping, differential bending)으로 비틀림 하중을 지지해야 한다. 이 양식으로는 굽힘, 전단하중은 견딜 수 있어도 비틀림 하중으로 인한 각변위가 크게 되므로, 속도가 100 kt (200 km/h)를 넘는 항공기에서는 대칭 익형이나 비틀림 하중이 작은 익형을 선정한다. 주로 중량이 1톤 이하의 항공기를 대상으로 하는 것이 바람직하다.

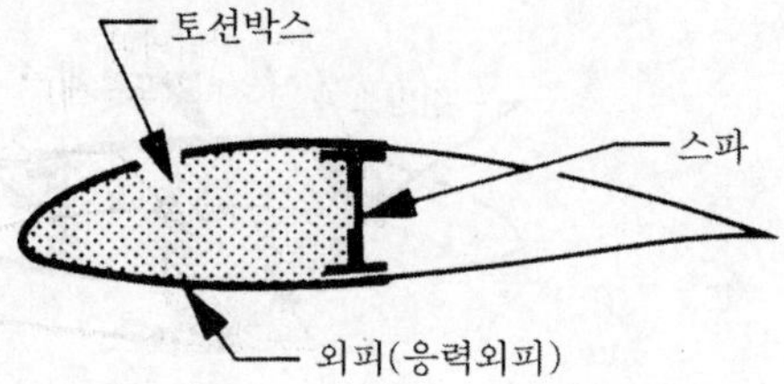

그림 4.16 단일스파 응력외피구조(경항공기)

4.3.2 응력외피구조

가. 단일스파 응력외피구조

금속외피와 스파를 조합시켜 토션박스(torsion box)를 구성시키는 것이 응력외피구조이고, 가장 간단한 형태는 그림 4.16에 보인 단일스파구조이다. 단일스파구조의 경우에는 스파를 공력중심에 두면 비틀림 하중이 작아지지만 현실적으로는 비틀림 하중이 늘어나더라도 굽힘모멘트를 고려하여 익형의 두께가 가장 두꺼운 위치에 배치한다. 특히, 최근에는 경항공기나 글라이더에까지 최대두께의 위치가 비교적 후방에 있는 층류익형을 사용하기 때문에 이러한 경향이 강하다.

단일스파구조의 장점은 익형의 두께가 최대인 위치에 스파를 배치할 수 있으므로 구조효율이 높다는 것이다. 2-스파구조나 3-스파구조에서는 모든 스파를 날개의 가장 두꺼운 부분에 집중할 수 없으므로 주스파 이외에는 아무래도 낮은 응력에서 사용되게 되어 구조효율은 저하된다. 게다가 전후스파의 하중부분에 대한 추정 오차가 생길 수 있다. 단일스파구조에서는 이와 같은 오차가 없으므로 쓸데없이 큰 안전율을 취할 필요가 없다. 외피의 두께는 강도보다 강성을 우선하여 결정한다. 제한하중 이하에서 외피에 “주름”이 발생해도 지장은 없으나, 강성저하에는 충분한 배려가 필요하다. 이러한 구조양식은 제2차 세계대전 중 메사슈미트 Me109, 포케볼프 FW190 을 비롯한 독일 공군의 주력기에 이용되었다. 한때는 일부 여객기에도 사용되었으나 대형여객기의 피로파괴에 의한 사고를 막기 위한 파손-안전(fail-safe) 설계개념의 도입으로 오늘날에는 소형기 이외에는 이용하지 않는다.

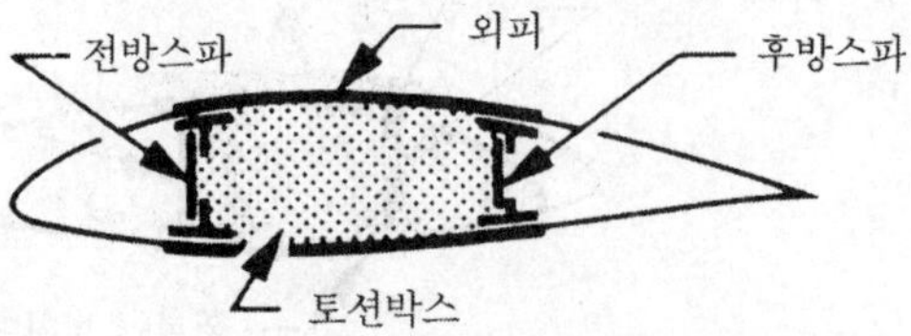

그림 4.17 2-스파 응력외피구조(경항공기, 중형기)

나. 2-스파 응력외피구조

2-스파 박막외피를 금속층으로 바꾼 것과 같은 2-스파 응력외피구조는 단일 스파구조보다 역사가 오래되었고 소형기에서 대형기까지 널리 이용되었다. 이 구조에서는 스파가 굽힘모멘트와 전단하중을 감당하고 외피와 스파 웹(spar web)으로 둘러싸인 상자형 단면이 닫힌 토션박스를 구성하여 비틀림 하중을 분담한다. 박막외피구조에서는 비틀림 하중의 크고 작음에 따라 스파 플랜지(spar flange)의 굽힘하중이 변화했지만 이 구조에서는 비틀림 하중이 변화해도 이론적으로는 스파의 굽힘하중에 변화는 없다. 비틀림 중심(탄성축)은 전후방스파의 중간에 위치한다.

이 방식에서는 스파를 최대 두께위치에 배치할 수 없기 때문에 구조효율은 단일스파구조에 비해 나빠지지만 스파 사이를 연료탱크로 이용하거나 앞전과 전방스파 사이에서 하나의 토션박스를 더 형성할 수도 있으므로, 토션박스의 일부를 잘라내고 스파를 나누거나 기총을 붙여도 비틀림 하중을 쉽게 분담할 수 있다. 토션박스를 형성할 수 없게 되어도 비틀림 하중을 워핑(warping)으로 감당할 수 있는 융통성 있는 구조이므로 미래에도 중형기급의 항공기에 널리 이용되리라 생각된다.

다. 3-스파 응력외피구조

단일스파구조의 특징에 2-스파구조의 특징을 조합시킨 것이 그림 4.18에 보인 3-스파구조이다. 중앙의 주스파를 최대두께 위치 부근에 두고, 전후에도 스파을 배치하기 때문에 3개 스파의 관성모멘트를 조절하여 탄성축을 압력중심에

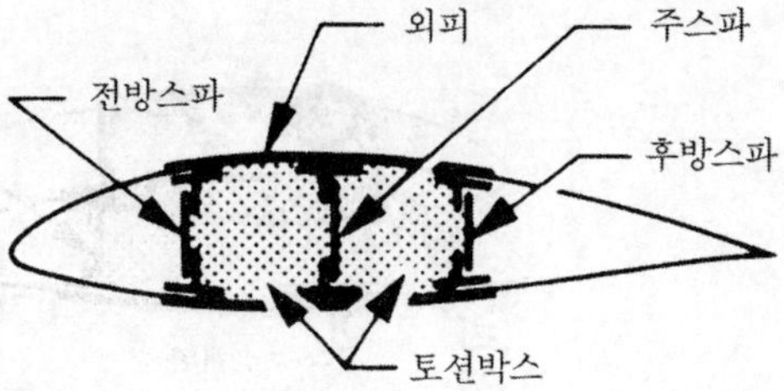

그림 4.18 3-스파 응력외피구조(소형, 중형 여객기)

가깝게 할 수 있다. 따라서 굽힘하중에 대하여 유효할 뿐 아니라 비틀림 하중에도 구조효율이 좋아진다. 만약 1개의 스파가 손상되어도 2/3의 굽힘강도가 남고 토션박스도 유지되기 때문에 파손-안전 구조 개념면에서도 뛰어나다. 유명한 여객기, DC-1에 사용된 것도 3-스파구조의 명성을 높인 한 요인이다.

스파의 수를 더욱 늘려 4개, 5개로 한 기체도 있지만 많다고 좋은 것은 아니다. 우선 스파 플랜지 부재의 제작능력이 향상되어, 굵고 긴 플랜지의 제작이 가능하여 하중을 여러 개의 스파에 분산할 필요가 없어졌다. 또한 날개의 도면이 많아지고, 날개 내에 연료탱크의 배치가 곤란할 뿐 아니라 부품이 많아서 제작비용이 증가하는 등 결점이 많아서 다중 스트링거 구조에 비해 이렇다할 장점이 없다.

라. 스트링거-외피 구조

현재, 여객기나 폭격기 등 중·대형기(YS-11: 23 톤, B-52: 220 톤, 보잉 747: 350 톤)에 널리 이용되는 것이 그림 4.19에 보인 다중스트링거(multi-stringer) 구조이다.

2-스파나 3-스파구조에서는 스파는 굽힘과 전단력을 지지하고 외피는 비틀림을 지지하였으나 다중 스트링거 구조는 스트링거와 외피도 굽힘하중을 분담하는 것이 큰 차이이다. 특히, 대형기에서 이와 같은 발상을 하게 된 것은 하중의 절대치나 비하중이 커져서 외피의 두께가 늘고, 스트링거의 단면적도 커졌기 때문이다.

소형기에서는 스트링거와 외피를 조합시킨 부재에 굽힘하중을 분담시키려 해도 두께가 0.5~1 mm로 너무 얇아서 조그만 하중에서도 찌그러지게 된다. 그러나 중·대형기, 예를 들면 보잉 727에서는 외피의 두께는 날개 루트부분에서

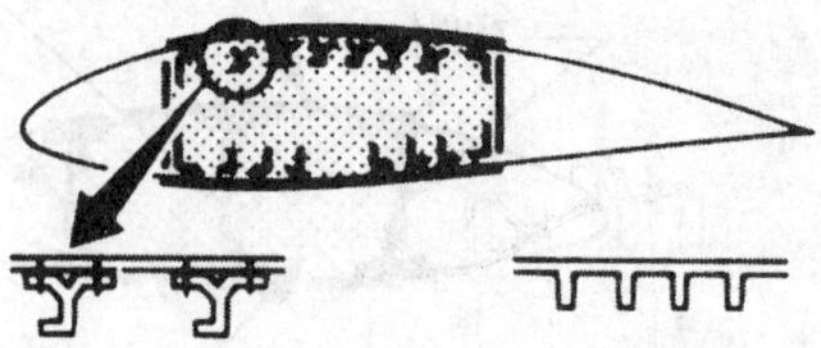

그림 4.19 다중 스트링거 2-스파 응력외피구조(소형, 중·대형 여객기)

는 상면 5.3 mm, 하면 5.8 mm 정도로 두꺼워 스트링거와 외피의 허용좌굴응력이 소형기의 스파 플랜지에 필적한다.

초기에는, 외피와 스트링거를 리벳으로 결합하였지만, 최근에는 두꺼운 판에서, 스트링거와 외피를 일체로 가공하는 일체형 외피구조(integral skin structure)가 이용되고 있다. 리벳으로 접합하는 것에 비해, 리벳에 의한 강도저하가 없고, 또 박판을 여러 장 겹치는 구조보다 두꺼운 한 장을 사용하는 것이 좌굴에 더 강하기 때문에 대폭적인 경량화가 가능하다. 날개 내부를 일체형 연료탱크로 이용할 때, 연료 누출의 원인이 되는 리벳이 없는 것도 강점이다.

실제의 구조에서는 그림 4.19와 같이 다수의 스트링거로 보강된 외피에 2개 혹은 3개의 스파를 병용하여, 상자형 폐단면(토션박스)을 형성하고 전단력이나 비틀림모멘트에 견딜 수 있게 한다. 이 경우는 스파 플랜지의 단면적은 스트링거보다 약간 큰 것이 좋다. 또한 이 경우에는 날개에 가해지는 굽힘하중의 대부분을 스트링거와 스트링거에 접한 외피가 감당하게 된다.

마. 두꺼운 외피-다중스파 구조

초음속기와 같이 두께비가 작은 기체에서는 굽힘에 대항하기 위해 대단히 큰 단면을 가진 스파 플랜지가 필요하다. 단면이 커지면 상하 플랜지 간의 유효높이가 급격히 감소하므로, 이 단면적을 모두 외피로 할당해버린다. 그렇게 하면 T-2 연습기급의 항공기에서는 날개 루트에서 평균 10 mm, 다음 단에서 2.5 mm 정도 두께가 된다. 이 경우 스파 플랜지나 스트링거 없이도 외피 자체의 압축응력을 50 kg/mm^2 정도까지 올릴 수 있다(그림 4.20 참조). 이러한 발상에서 생겨난 것이 그림 4.21과 같은 소형 초음속기의 다중스파구조이다.

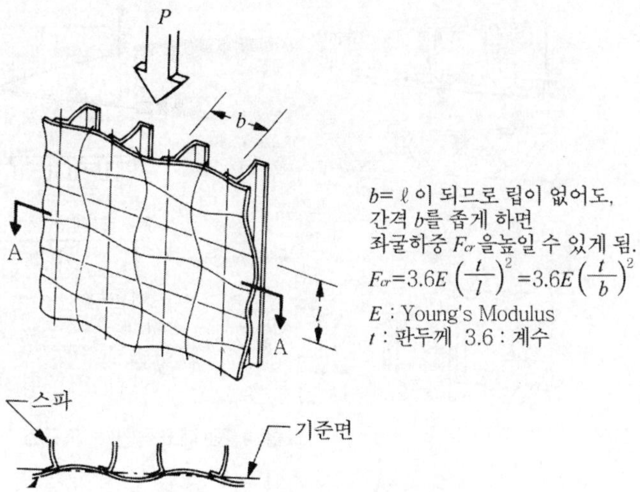

그림 4.20 다중스파 구조의 하중지지 원리

그림 4.21 초음속기용 두꺼운 외피-다중스파구조

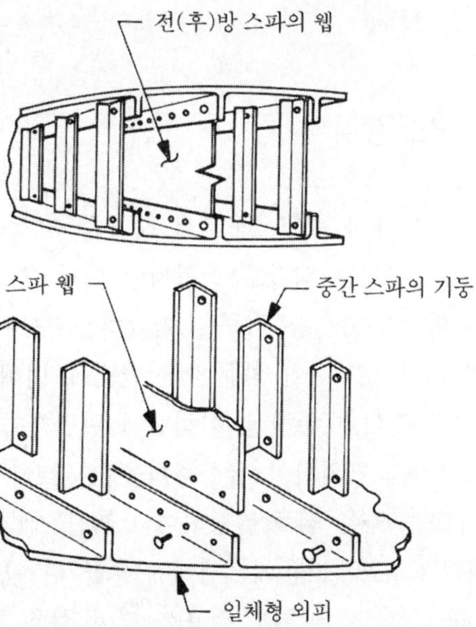

그림 4.22 초음속 전투기 F-4 팬텀의 중간스파구조

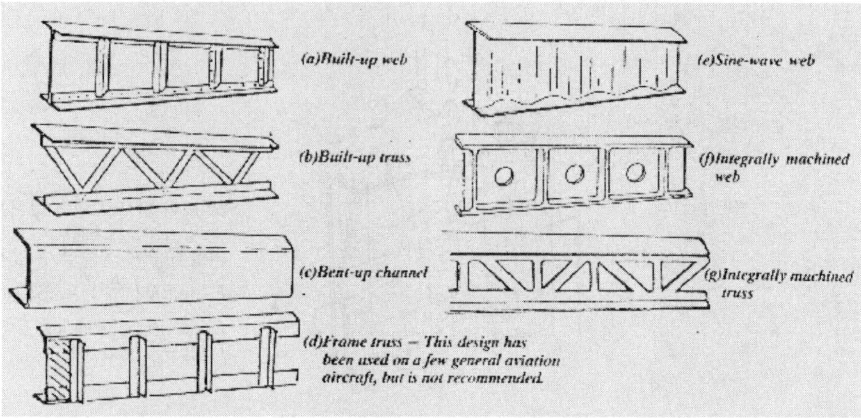

그림 4.23 대표적인 스파구조

이 경우, 전후스파에 전단력이나 비틀림 하중을 받게 하여, 중간 스파에는 외피를 지지하는 만큼의 강도만 주어도 된다. 따라서 중간 스파 대신에, 그림 4.22와 같이 직립한 봉상의 압축에 강한 부재(up right)를 좁은 간격으로 배치한 구조(F-4 Phantom, BAe 너트)를 사용할 수도 있다. F-100 수퍼세이버(super sabre)의 물결모양의 웹이나 AV-8B Harrier기의 싸인커브 웹(sine curve web)도 같은 발상에서 생겨난 것이다.

4.3.3 스파의 구조양식

스파는 날개의 주구조물로서 동체를 고정단으로 하는 외팔보이다. 예외적으로 지주로 받치는 외팔보도 있지만 이런 경우에도 지지점 바깥쪽은 외팔보 형태가 된다. 스파는 큰 하중을 감당하는 부재이나 날개의 두께에 의한 제약 때문에 높이가 낮다. 이 때문에 전단력에 비해 대단히 큰 굽힘축력이 발생한다. 이 하중에 견디기 위해서, 상하단에 단면적이 큰 부재 즉, 스파 플랜지(캡 붐이라고도 함)를 배치하여 굽힘축력을 분담시키고 그 사이를 전단력을 감당하는 트러스 또는 얇은 웹을 결합하여 스파를 구성하고 있다(그림 4.23 참조).

스파의 구조 가운데 웹에 "주름"의 발생을 허용하는 반장력장(semi-diagonal tension) 이론을 적용한 것이 실용기에서는 중량면이나 제작성 측면에서도 바람직하다.

트러스 구조는 부품수가 많아서 제작성이 나쁘지만 내부구조나 장비의 점검을 쉽게 할 수 있는 장점이 있다. 양자의 장점을 이용하여 그림 4.23(b)와 같이 장비가 통과하는 부분에만 트러스를 혼용하는 방법이 있다. 스파는 특별한 경우를 제외하고 개별적으로는 비틀림 하중에 견딜 수 없기 때문에 박막외피 날개에서는 2개 이상의 조합으로, 세미모노코크 구조에서는 토션박스 구조의 일부를 형성하도록 하여 사용한다. 싸인 웨이브 웹(sine-wave web)방식 스파는 CFRP(탄소섬유강화복합재료)를 이용하여 일체성형한 스파이다. CFRP구조에서는「주름」발생을 허용하지 않는 설계를 할 필요가 있어서 싸인 웨이브 방식이 도입되었다. 초음속기의 얇은 날개에서는 두께방향 압축하중(crushing load)에 견디는 부재를 배치할 필요가 있으므로 싸인 웨이브 스파는 웹으로 두께방향 수직하중을 견딜 수 있는 구조이다. 싸인커브 반파의 길이는 50 mm 정도가 일반적이다.

4.3.4 주구조물 형식의 선정

단일스파, 2-스파, 3-스파, 다중스트링거 구조는 각각 장단점이 있기 때문에 구조 형식을 선정하는 것이 간단치는 않다. 일반적으로는 소형기에는 단일스파 또는 2-스파, 중·대형기에는 2~3개 스파와 다중스트링거 방식의 조합을 사용하지만 날개에 장착되는 각종 계통과 부품, 보유한 생산설비, 항공기의 확장성 등을 고려한 선정이 필요하다. 가령 단일스파구조는 간단하지만 착륙장치를 위해 외피를 잘라내어 구멍을 내거나 고양력장치를 외피에 부착할 필요가 있을 경우 하중전달이 매우 어렵다.

또한 연료탱크를 어디에 배치할지도 고려하여 날개의 구조분할을 결정한다. 다중스파 구조를 채용하여 다량의 연료를 날개 내에 넣으려고 하면 탱크의 수만 늘어나고 연료계통의 설계 담당자는 물론, 조종사도 연료탱크의 교체조작이 어려워 불편할 것이다. 2-스파 응력외피구조는 비교적 융통성이 있는 무난한 배치이지만, 전후방스파의 위치, 하중의 배분 등에 대한 신중한 검토가 필요하다. 또, 주착륙장치를 앞전으로 끌어들일지, 스파 사이의 공간을 활용할 지에 따라 같은 2-스파구조라도 장착 부분의 구조는 크게 변화한다.

가령 영국의 Hawker Hurricane 전투기의 경우 초기에는 2-스파 박막외피 구조를 채택하였다. 그러나 비틀림 강성의 부족으로 인한 성능 저하로 제2차 세계대전이 한창일 때 금속 응력외피 2-스파 구조로 변경해야만 했다.

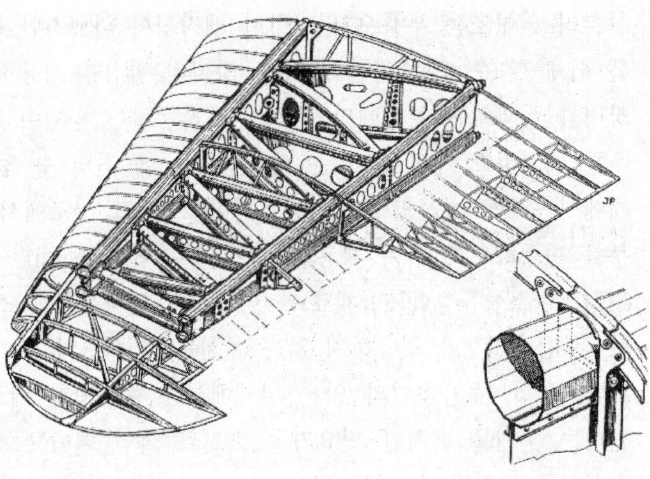

그림 4.24 날개구조의 예(Hawker Hurricane)

날개의 주구조물은 기체 구조물 중에서도 특히 높은 응력이 반복적으로 가해지므로 대형 부품이 많고 관련된 시스템도 많다. 따라서 일단 주구조물 형식을 결정하면 쉽게 변경할 수 없다. 무리하게 변경할 경우 많은 비용과 생산현장에서의 혼란이 크므로 불가피한 경우가 아니면 변경할 수 없다. 그러므로 제작설비의 장래를 전망하고 개발 항공기의 확장성을 충분히 고려하여 주구조물의 형식을 선정해야 한다.

4.4 주구조물 내의 하중전달과 강도

날개에 가해지는 굽힘모멘트나 전단력, 비틀림모멘트 등의 내부하중은 주구조물의 부재에 의해 분담되지만, 스파나 외피, 립으로의 하중 배분, 특히 비틀림모멘트에 의한 전후스파의 하중 배분과 립의 하중은 박막외피구조와 금속재 응력외피구조에서 크게 달라진다.

이 절에서는 특히 비틀림 하중을 중심으로 하여 구조물 내의 하중전달을 검토한다. 일반적인 익형에서는 25% 시위에서의 피칭모멘트 계수 $C_{m_{ac}}$는 받음각(양력계수)에 관계없이 일정하므로, 고속이 되면 큰 동압에 의해 날개에 기수내림 방향의 큰 비틀림 하중이 추가된다. 예를 들면 수직으로 급강하하고 있을 때에는 겉보기의 양력은 0이지만 날개의 공력분포는, 앞전에서는 하향, 뒷전에서는 상향이 되어 서로 어긋나면서 대단히 큰 기수내림의 비틀림모멘트를 발생하게 된다. 과거에 급강하시험에서 이 기수내림에 의해 날개와 동체가 떨어진 경우도 있었다.

4.4.1 2-스파 박막외피구조의 하중배분

앞에서 언급하였듯이 이 구조에서는 박막외피나 립은 공기력을 전후의 스파로 전달만 할 뿐 전단력을 분담할 수 없으므로, 비틀림모멘트에 대해 효율적으로 저항할 수 없다. 또 전후의 스파는 립으로 결합되어 있지만, 립만으로는 전후의 스파를 변형없이 구속할 수 없다. 이 때문에 날개에 부가되는 비틀림 하중은 전후의 스파를 상하 반대방향으로 굽히는 방식(differential bending)으로 지지하게 된다.

그림 4.25에서 보는 바와 같이 립에 가해진 공기력은 전후의 스파로 분산되어야 하지만 각 스파 사이가 충분히 결합되지 않았기 때문에 전방스파에 부가된 힘은 후방스파로 전해지지 않고, 후방스파에 부가된 힘은 전방스파로 전해지지 않는다. 이 관계는 작은 강 위에 2개의 통나무를 길게 걸쳐, 그 위에 판을 늘어놓은 다리와 같은 것이다. 이 경우 통나무는 스파에, 가로로 길게 뻗친 판이 박막외피와 립에 해당하고, 다리를 건너는 사람이 공기력에 해당한다. 사람이 중앙을 지나지 않고 한쪽 통나무 위를 통과하면 하중은 한쪽 통나무에만 집중된다.

항공기의 날개에 부가되는 공기력도 돌풍을 받거나 심한 운동을 하는 것처럼 큰 받음각일 때에는 전방으로 기울고, 급강하 시에는 후방으로 이동한다. 수직꼬리날개와 같이 방향타가 붙어 있으면 방향타를 조타했을 때에는 후방으로 이동하고, 옆으로 미끄러졌을 때에는 현저하게 전방으로 이동한다. 전후스파의 분담하중 R_F, R_R은 정정 계산으로 구할 수 있으므로 R_F, R_R을 각각 스팬 방향으로 적분하면, 전후스파의 전단력을 얻을 수 있다. 이 전단력을 다시 스팬 방향으로 적분하면 전후스파의 굽힙모멘트를 얻을 수 있다. 각 스파의 굽힘모멘트와 전단력을 얻을 수 있으면, 4.4.6절의 허용응력과 부재치수 계산 순서에 의해 부재의 치수를 결정할 수 있다. 이 경우 특히 주의할 필요가 있는 것은 그림 4.25(b)에서 보는 것처럼 압력중심이 현저히 전방으로 이동한 경우이다. 이때에 전방스파에 부가되는 하중은 모든 공기력의 합보다 커진다. 조타하중과 같이 공기력이 후방으로 이동할 경우에도 마찬가지로 후방스파에 많은 무리가 따른다.

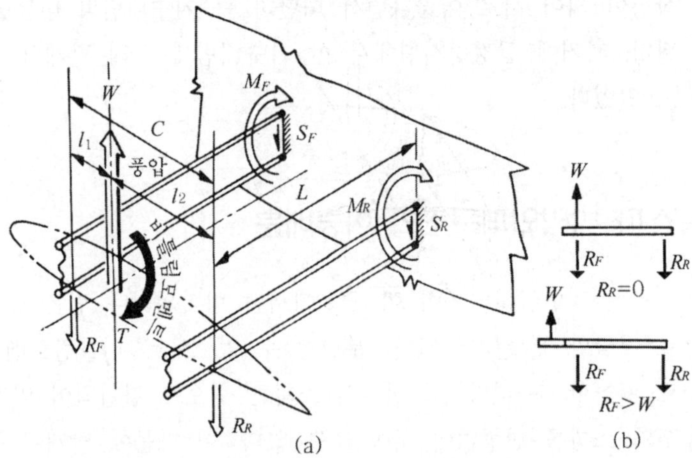

공기력 $= W$

전방스파 하중 $R_F = \dfrac{W \times l_2}{C} + \dfrac{T}{C} = S_F$

후방스파 하중 $R_R = \dfrac{W \times l_1}{C} - \dfrac{T}{C} = S_R$

전방 스파 $M_F = R_F \times L$

후방 스파 $M_R = R_R \times L$

그림 4.25 2-스파 박막외피구조에서의 하중전달

4.4.2 2-스파 응력외피구조의 하중배분

2-스파 응력외피구조에서의 굽힘모멘트는 스파 플랜지가 담당하고 비틀림모멘트는 외피와 스파 웹으로 이루어진 토션박스가 각각 담당한다. 압력중심이 전후로 변해도 스파가 받는 굽힘모멘트는 변하지 않는다. 이와 같은 가설이 성립하기 위해서는 상자형 단면의 형상이 비틀림을 받아도 변형하지 않는다는 조건이 필요하다. 직사각형 단면이 뒤틀려서 평행사변형이 되면 이 가설은 성립하지 않는다. 립은 전단력을 전후스파로 전달하고 비틀림모멘트를 외피와 스파 웹으로 전달할 뿐 아니라 상자형의 단면 형상을 유지하는 기능을 한다. 이 구조에서는 전후스파의 굽힘모멘트 분담은 스파의 굽힘관성모멘트에 비례하고 또 비틀림에 의한 전단흐름(shear flow)은 토션박스의 면적에 반비례한다(그림 4.26 참조). 설계에서 문제가 되는 것은 전후방 스파 위치와 이에 따른 하중배분이다. 스파 위치는 스파의 높이를 가능한 한 크게 할 수 있도록 날개 단면의 최대두께 지점에 가까운 것이 좋고 스파에 둘러싸인 부분의 단면적이 큰 것이 바람직하다. 실제로 후방스파는 조종면이나 고양력장치를 붙이기 위해 필요한 공간,

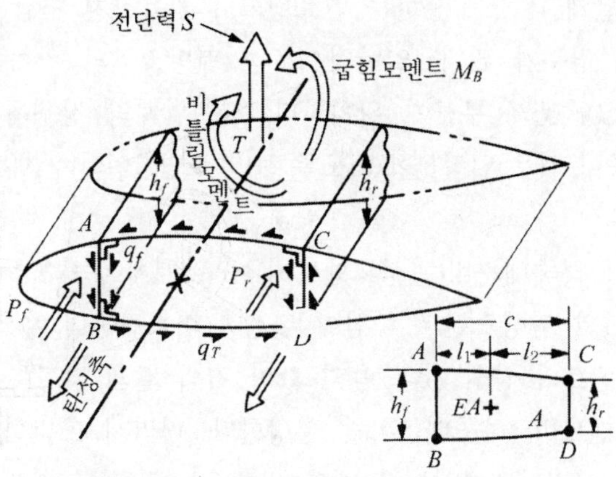

전후방 스파의 하중 분담비율 = $M_{Bf} : M_{Br} = I_f : I_r$
(I : 굽힘관성모멘트)
탄성축 위치 $l_1 : l_2 = I_r : I_f$
비틀림 전단흐름 $q_T = 1.5T/(2 \times ABCD)$ (비틀림 모멘트가 작을수록 좋음)
전방스파 전단흐름 $q_f = 1.5S \cdot \frac{l_2}{c} / h_f = 1.5S_f/h_f$
후방스파 전단흐름 $q_r = 1.5S \cdot \frac{l_1}{c} / h_r = 1.5S_r/h_r$
전방스파의 최종 전단흐름 $q_F = q_f + q_T$ (q_T 의 부호는 T쪽으로 정해짐)
후방스파의 최종 전단흐름 $q_R = q_r - q_T$
전방스파의 플랜지 축하중 $P_F = \frac{M_B \cdot l_2/c}{h_f} = \frac{M_{Bf}}{h_f}$
후방스파의 플랜지 축하중 $P_R = \frac{M_B \cdot l_1/c}{h_r} = \frac{M_{Br}}{h_r}$

그림 4.26 2-스파 응력외피구조의 하중전달

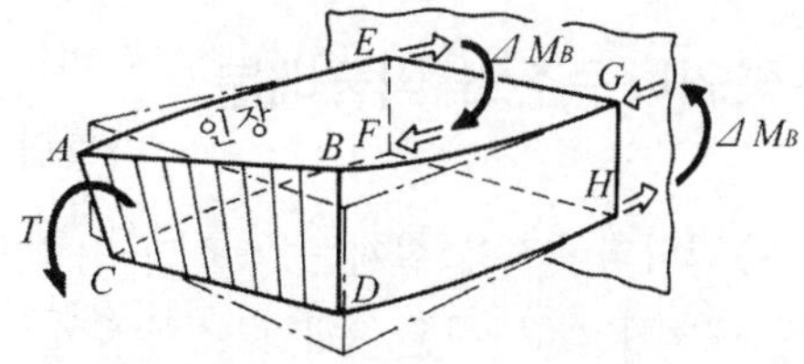

ΔM_B : 발생하는 굽힘모멘트 증가분
T : 비틀림 하중(외력)

그림 4.27 응력외피구조의 변형과 하중

전방스파는 날개 내에 수용하는 연료탱크나 착륙장치 수납 등의 요구조건에 의해 결정되는 경우가 많다. 일반적으로는 전방스파의 위치는 시위의 17~25%, 후방스파는 50~65% 부근에 위치한다. 직선날개의 경우에는 전방스파나 후방스파 중 한쪽이 좌우 일직선이 되도록 하면 도면작업이나 제작면에서 효율이 좋아진다.

전후스파의 하중배분비(관성모멘트비)는 날개에서는 8:2~7:3이 된다. 엄밀하게는 각 스파의 관성모멘트 중심이 탄성축(비틀림중심)이 되므로, 탄성축 주위의 비틀림모멘트의 양의 값과 음의 값이 거의 같게 되도록 탄성축 위치, 각 스파의 관성모멘트비, 하중배분비를 설정한다. 따라서 조타하중이 대표적인 하중인 소형기의 꼬리날개에서는 날개와 반대로 후방스파의 관성모멘트를 크게 하여, 4:6~5:5의 하중배분비로 한다. 대형기의 꼬리날개에서는 조타하중보다도 돌풍하중이 커지므로 전방스파를 크게 한다.

각 스파의 관성모멘트비, 굽힘모멘트 분담비, 탄성축 주위의 비틀림모멘트 선도를 얻을 수 있으면, 허용응력을 감안하여 각 부재의 치수를 결정할 수 있다. 2-스파 응력외피 구조의 이론이 성립하기 위해서는 비틀림을 받았을 때에 상자형 단면이 원래의 형태를 지킬 필요가 있지만, 날개가 붙은 끝부분이나 엔진나셀 부착부, 수상기의 플로트 시작부분 등에서는 비틀림 하중이 크기 때문에 이 조건이 성립되지 않아, 그림 4.27에서와 같이 스파에 2차적인 굽힘하중이 발생한다. 그러나 특수한 형태의 기체를 제외하고는 이 값은 날개의 굽힘모멘트보다 훨씬 작은 값이다.

4.4.3 3-스파 응력외피구조의 하중배분

3-스파 응력외피구조의 설계는 2-스파 응력외피구조와 마찬가지로 굽힘하중은 스파 플랜지가, 전단력은 3개의 스파웹이, 비틀림 하중은 외피와 스파웹이 분담한다고 생각하면 된다. 각 스파의 굽힘모멘트, 전단력의 배분은 스파의 관성모멘트에 비례한다. 문제는 비틀림모멘트에 의한 전단흐름이지만, 전후의 상자형 단면(셀: cell)의 크기, 두께에 큰 차이가 없으면 중앙스파의 비틀림모멘트에 의한 전단흐름은 매우 작으므로 계산할 필요가 없다. 중앙스파를 무시하고 전후스파와 외피에 둘러싸인 단일상자형 단면으로써 전단흐름(shear flow)을 구하면 된다(그림 4.28 참조). 전단흐름 계산방법은 "Bruhn"이 저술한 "Analysis & Design of Flight Vehicle Structures A.15.12"에 나와 있다.

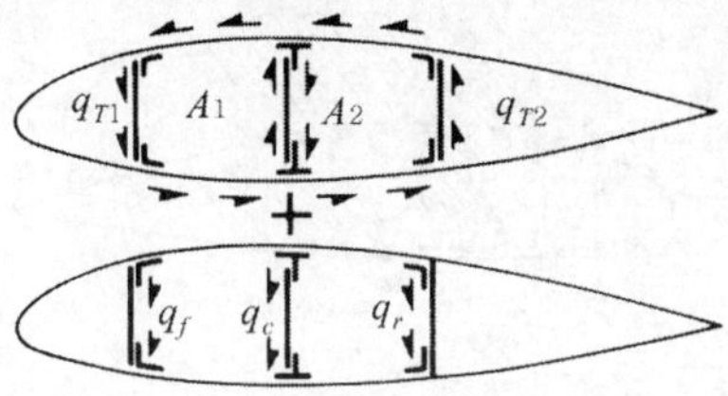

그림 4.28 3-스파 응력외피구조에서의 전단흐름

4.4.4 다중스트링거 구조의 하중배분

다중스트링거 구조에서는 외피와 스트링거(stringer)가 스파와 함께 굽힘모멘트와 전단력을 분담하고 외피와 스파로 구성된 토션박스가 비틀림모멘트를 지지한다. 굽힘하중의 분담을 계산하는 데는 상자형 구조의 관성모멘트 계산이 필요하지만 초기설계단계에서는 이 계산을 하는 것은 시간 낭비이며 다음과 같이 초기치를 결정하고 점차로 구체화시켜 나간다.

(1) 전체를 1개의 스파로 바꾸어 두고 플랜지 축력을 구해 플랜지의 단면적을 구한다(그림 4.29(a),(b) 참조).

(2) 스파의 전단흐름은 2-스파구조와 동일하게 구한다. 탄성축은 우선 스파간 구조의 중심으로 두어도 된다(그림 4.29(d) 참조).

(3) 이 구조에서는 외피에 전단흐름이 작용므로 외피의 두께는 스파 웹보다 두껍게 한다(그림 4.29(d) 참조).

(4) 압축의 경우, 소요 단면적을 외피의 유효폭(30t) 면적과 스트링거의 단면적을 합한 면적으로 나누면 필요한 스트링거와 플랜지의 수를 얻을 수 있다(그림 4.29(c) 참조).

(5) 인장의 경우, 요구되는 단면적에서 외피 전부의 단면적을 빼서 나머지를 스트링거와 스파 플랜지에 분산시킨다.

최종적인 파손이 토션박스의 네 모서리에 있는 스파의 플랜지에서 발생하는 것은 바람직하지 않기 때문에 스파 플랜지의 허용압축응력이 스트링거의 허용압축응력보다 작지 않게 스파 플랜지의 단면형상을 설정한다. 그림 4.27의 비틀

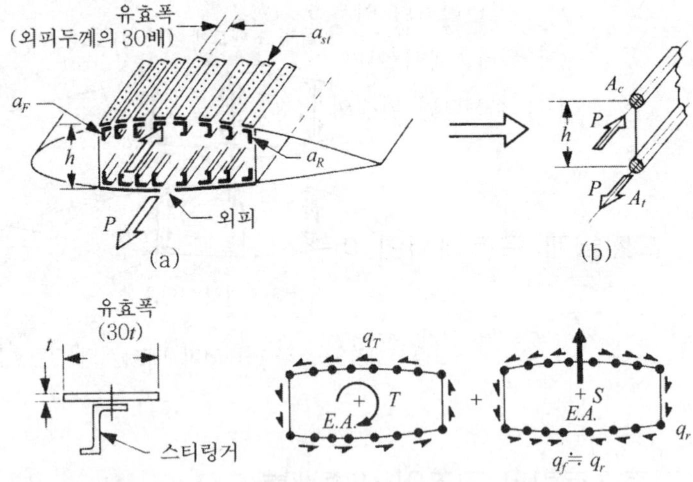

(c) 압축부 스트링거의 유효단면적　　(d) 전단흐름의 분포

그림 4.29 다중스트링거 구조의 하중전달방식

림에 의한 축력의 증가를 고려하여 스파 플랜지의 단면적은 날개부착부위에서 약간 더 크게 해 둘 필요가 있다.

다중스트링거 구조에서는 비틀림 하중이 없어도 외피에 전단흐름이 작용하므로 전단흐름의 양을 줄이기 위해서도 스파 플랜지의 단면적이 스트링거보다 큰 것이 좋다. 이러한 고려를 하면서 스파 플랜지나 스트링거의 단면적, 외피 두께를 결정하고 설계가 어느 정도 진행한 상태에서 다시 스팬 방향의 각 단면에 대해 소요 관성모멘트를 계산하여 설계를 수정한다. 관성모멘트의 계산법을 간단히 소개하면 다음과 같다.

$$I = \sum ar^2 + \sum i \tag{4.5}$$

여기서

a : 스트링거와 외피 등의 면적 (a_F, a_R, a_{st})
r : 중립축에서 부재의 중심까지의 거리
i : 각 부재 자체의 중립축에 대한 관성모멘트

굽힘모멘트와 소요관성모멘트의 관계는 다음과 같다.

$$I_{req} = M \cdot y / F_c \tag{4.6}$$

F_c : 스트링거의 허용압축응력
y : 중립축에서 가장 먼 스트링거까지의 거리
M : 계산단면 위치의 굽힘모멘트 (극한하중)

4.4.5 후퇴날개 루트에서의 하중

날개의 주구조물에 후퇴각(sweepback angle: Θ)을 주어도 공기력과 관성에 의한 기체 구조 등의 중량의 총합은 직선날개와 다르지 않다. 그러나 주구조물에 후퇴각을 주면 같은 날개폭의 기체에서도 구조의 길이는 $1/\cos\theta$만큼 길어지게 되어 굽힘모멘트도 그만큼 커진다. 따라서 굽힘모멘트나 비틀림모멘트 계산은 탄성축을 후퇴각 방향으로 직선이라 가정하고 계산하면 된다. 이 경우 날개 루트 부분의 굽힘모멘트의 개략적 계산식은 다음과 같다.

$$M = \frac{[\text{식 (4.4)에 의한 굽힘모멘트}]}{\cos\theta} \tag{4.7}$$

한편 동체 내의 중앙날개(캐리쓰루)에는 기축에 직각인 좌표계에서 굽힘모멘트와 비틀림모멘트가 추가되므로 중앙날개의 굽힘모멘트는 식 (4.4)로부터 구한 직선날개와 같은 값이 아니면 안 된다. 후퇴각으로 인해 날개루트에서 추가적으로 발생하는 비틀림모멘트 T는 다음과 같다.

$$T = M \times \sin\theta \tag{4.8}$$

여기서 M은 식 (4.7)에 의해 계산되는 굽힘모멘트이다(그림 4.30).

실제 구조에서는 주구조물이 동체에 기울어져 장착되어 있으므로 후방스파쪽이 압력중심으로부터의 거리가 짧아서 날개루트 부분에서는 그림 4.31(a)에 보인 바와 같이 후방스파쪽으로 하중이 집중된다. 이러한 하중의 집중은 비틀림모멘트가 굽힘모멘트로 변환되는 과정이며 립의 배치에 의해서도 변하게 된다.

후퇴익기의 립 배치는 그림 4.32(a)와 같이 후퇴각에 직각으로 배치하는 방법과 그림 4.32(b)와 같이 기류에 평행하게 배치하는 방법이 있는데 전자를 구조방향의 립 배치라고 하고, 후자를 기류방향의 립 배치라고 부른다. 구조방향에 배치하면 날개의 비틀림 강성은 높아지지만 날개루트에서 후방스파로의 하중집

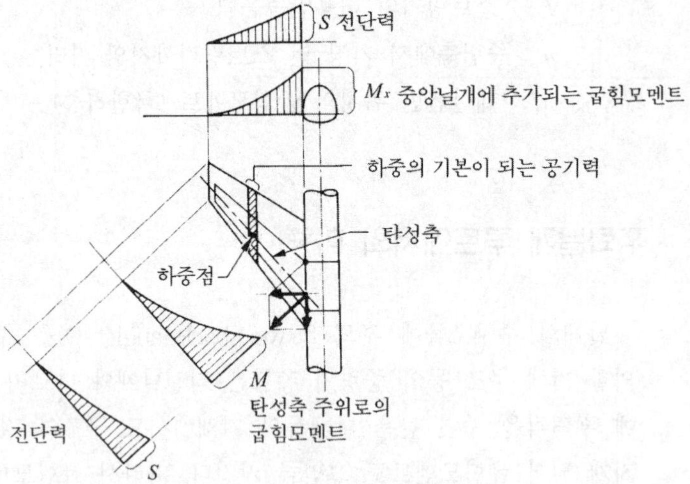

그림 4.30 후퇴날개의 굽힘모멘트

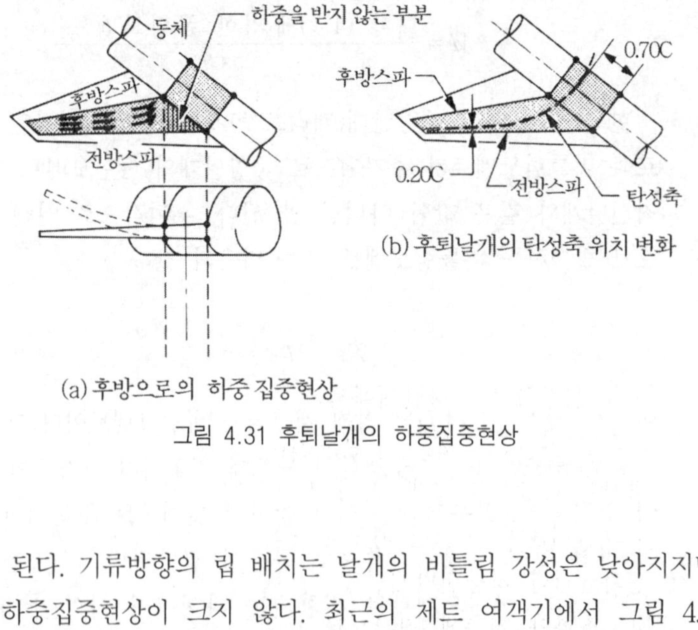

그림 4.31 후퇴날개의 하중집중현상

중이 크게 된다. 기류방향의 립 배치는 날개의 비틀림 강성은 낮아지지만 후방스파로의 하중집중현상이 크지 않다. 최근의 제트 여객기에서 그림 4.32(c)와 같이 실제의 탄성축에 맞춰 날개루트에서는 기류방향으로 배치하고 외부날개로 향해 서서히 구조방향으로 변화시키는 예가 많다.

이러한 날개루트 부분에서의 하중의 이동은 복잡한 계산과 실험에 의한 확인이 필요하지만 경험이 많은 항공사의 자료를 사용하는 것도 하나의 방법이다. 예를 들면 바깥쪽에서는 스파 간격을 7 : 3 혹은 8 : 2로 나누는 위치에 탄성

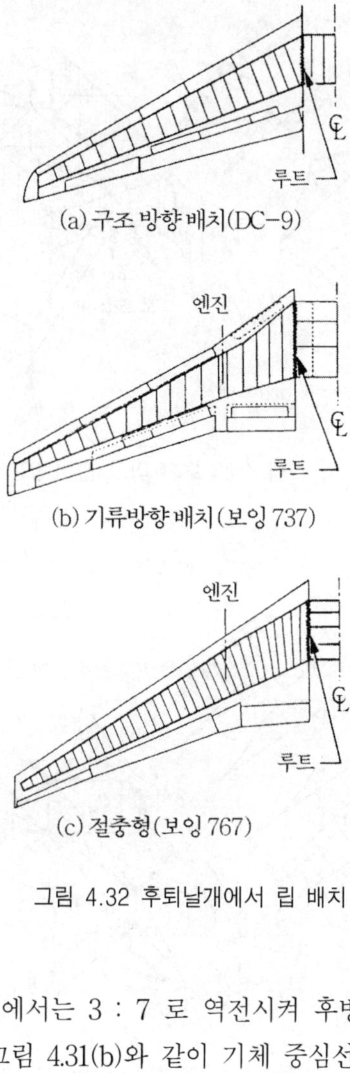

그림 4.32 후퇴날개에서 립 배치

축을 설정하고 중앙날개에서는 3 : 7 로 역전시켜 후방스파쪽으로 이동시킨다. 그리고 이러한 이동은 그림 4.31(b)와 같이 기체 중심선에서 날개루트까지의 거리만큼 후방스파 날개루트에서 바깥으로 싸인커브 형태로 하면 된다.

그림 4.33은 구소련 최고의 후퇴익 전투기 미그 15기에 사용된 단순스파구조 후퇴날개의 하중전달개념을 나타내는 그림이다. 이 항공기는 앞 열에 배치된 보조스파와 기축에 직각으로 배치된 주스파라는 독특한 구성으로 되어 있다. 더구나 날개루트에서는 스파 사이에 주착륙장치를 끌어들이는 부분에 있어서 토션박스가 구성되지 않고 비틀림 하중은 전방스파와 보조스파의 굽힘으로 전달된다. 굽힘모멘트는 날개루트에서 기축에 직교하는 주스파로 이동한다. 비틀림모멘트는 전방스파와 보조스파로 이동한다.

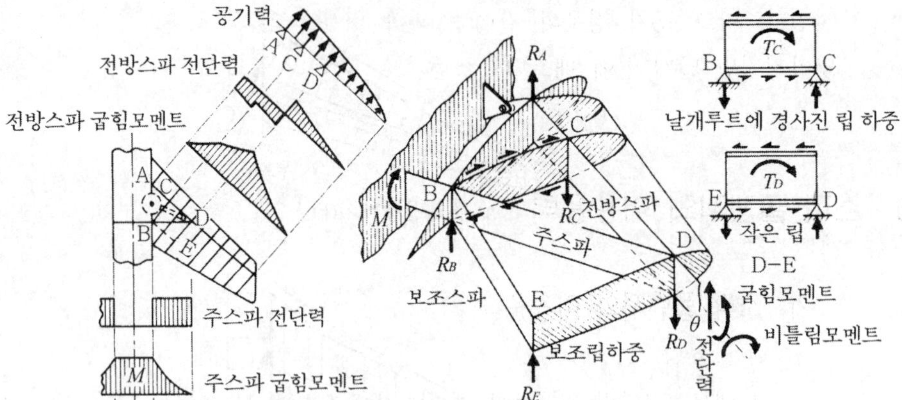

그림 4.33 초기 미그 전투기의 후퇴날개

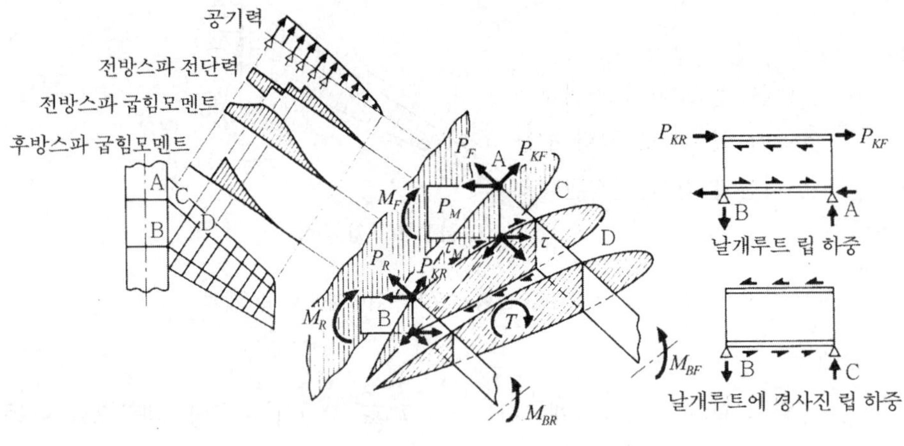

그림 4.34 2-스파 응력외피구조의 후퇴날개

그림 4.34는 전후방스파와 후퇴각을 가진 전형적인 2-스파 응력외피구조의 하중전달방식을 나타낸 것이다. 날개루트에서 경사지게 립에 비틀림 하중이 집중되고 날개 루트의 립은 플랜지의 후퇴각에 의한 킥오프 하중에 의해 립 플랜지에 축력이 가해지고 웹(web)에는 큰 전단력이 추가된다. 이 경우 주착륙장치는 후방스파의 뒤로 들어가게 되어 토션박스는 절단되지 않는다.

같은 시대에 등장한 후퇴익 전투기로서 그림 4.48에 보인 미국, North American사의 F-86에서는 날개루트 부위에서 6 mm 이상의 외피를 밀링으로

깍아낸 테이퍼 외피를 사용하여 외피와 스트링거에 굽힘과 비틀림 하중을 분담시킨다. 미그 15기 경우와 같이 스파와 얇은 외피 구조에서는 비틀림 강성이 낮아지지만 날개 끝에 매스밸런스를 붙여 플러터를 막고 있다.

4.4.6 스파 플랜지의 허용응력

가. 스파 플랜지의 허용응력

굽힘모멘트, 전단력, 비틀림모멘트의 분포와 각 스파의 분담하중이 결정되면 부재의 허용응력과 비교하여 각 부분의 크기를 결정할 수 있다. 재료역학에서 보의 굽힘응력은 다음과 같다.

$$f_b = M_n \cdot y \; / \; I$$

얇은 웹을 가진 스파구조에서는 웹은 두께가 얇아서 굽힘모멘트에 대해 거의 효력이 없으므로 그림 4.29(b)와 같이 바꿔서 스파 플랜지의 인장, 압축축력 P 는 다음과 같이 결정된다.

$$P = \frac{M_n}{h} \qquad (4.9)$$

여기서

M_n : 구하는 단면의 굽힘모멘트

h : 스파 플랜지의 중심거리

이 축력을 허용인장응력 F_t 로 나누면 인장 플랜지의 단면적을 얻을 수 있고 허용압축응력 F_c 로 나누면 압축 플랜지의 단면적을 얻을 수 있다.

$$\text{인장 플랜지면적} = P \times \frac{1.5}{F_t} \qquad (4.10)$$

$$\text{압축 플랜지면적} = P \times \frac{1.5}{F_c} \qquad (4.11)$$

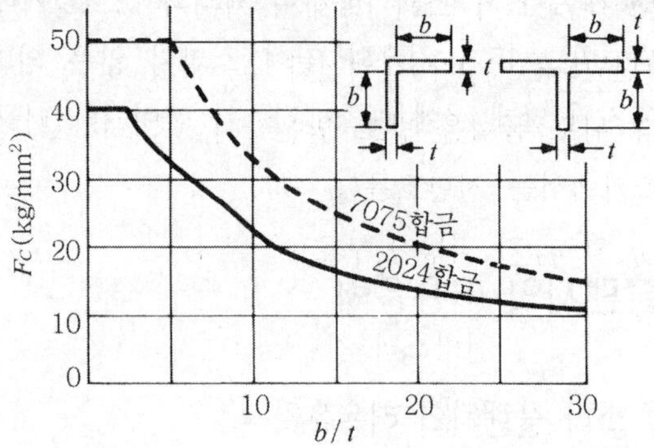

그림 4.35 스파 플랜지의 허용압축응력

여기서 1.5는 안전계수이다.

보통의 비행에서 스파는 상측이 압축, 하측이 인장력을 받지만 지상주행, 이착륙, 배면비행이나 하향돌풍을 받으면 아래측이 압축을 받게 된다. 하향하중에 대해서도 계산하고 큰 단면적을 취한다.

스파 플랜지의 허용응력은 인장력에 대해서는 재료규격에 있는 인장강도 F_t 까지 이용할 수 있지만 압축에 대해서는 외피와 스파 웹에서 지지되어 있어도 두껍고 짧은 부재가 아니면 장주좌굴이나 국부좌굴을 일으키며 규격의 압축강도 F_c 의 1 배까지 사용할 수 없다. 그림 4.35는 T형과 L형단면의 국부좌굴응력을 나타낸 그래프이다. 단면의 긴 변의 길이(b)와 두께(t)의 비(b/t) 가 5 이상이 되면 국부좌굴에 의해 허용압축력은 저하된다. 스트링거는 지지하고 있는 립 간격을 기준으로 하여 장주좌굴에 대해서도 검토할 필요가 있다.

나. 스파 웹의 허용전단응력

스파 웹의 두께를 결정하기 위해서는 우선 웹의 전단흐름(shear flow, q)을 구한다. 전단흐름을 구하는 방식은 이미 4.4절의 각 항에서 설명했지만 긴 날개 구조에서는 각 스파의 전단력 S를 스파의 높이 h로 나누면 전단흐름을 얻을 수 있다.

$$\text{전방스파 전단흐름 } q_f = S_f / h_f \text{ (kg/mm)} \tag{4.12}$$

$$\text{후방스파 전단흐름 } q_r = \frac{S_r}{h_r} \text{(kg/mm)} \tag{4.13}$$

응력외피구조의 스파 웹에는 전단력에 의한 전단흐름 q_f, q_r 외에 비틀림에 의한 전단흐름 q_T가 겹쳐진다. q_T와 q_f, q_r은 같은 방향이 아니다. 예를 들면 날개가 위로 굽힘을 받고 받음각이 증가하는 방향으로 비틀림을 받을 때에는 전방스파에서는 전단흐름 q_f와 q_T가 모두 동일방향(부호)이 되고 후방스파에서는 q_r와 q_T가 역방향(부호)이 된다.

전방스파 전단흐름 $q_F = q_f + q_T$ (4.14)

후방스파 전단흐름 $q_R = q_r - q_T$ (4.15)

$q_T = T/2A$ (A는 상자형 구조 단면적) (4.16)

스파 웹의 요구두께는 다음과 같이 계산할 수 있다.

$$t = q \times 1.5 / F_S \quad (4.17)$$

여기서

F_S : 허용전단응력

1.5 : 안전계수

표 4.1 판재의 허용전단응력 기준

(단위: kg/mm^2)

판 두 께		외 피	웹	
in	mm	2024C-T3	2024C-T3	7075C-T6
0.016	0.4			
0.020	0.5		10	(일반적으로
0.025	0.6	7	10	사용하지 않음)
0.032	0.8	7	10	15
0.040	1.0	7	10	15
0.045	1.2	8	12	15
0.050	1.3	9	13	16
0.056	1.4	9	14	17
0.063	1.6	10	15	18
0.071	1.8	11	16	19
0.080	2.0		18	21
0.090	2.3			
0.102	2.6	11	18	21

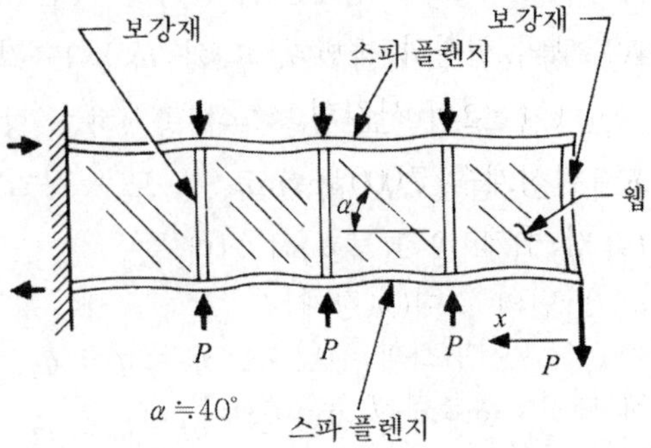

그림 4.36 장력장 구조의 스파에 추가되는 힘과 변형

얇은 웹의 허용전단응력은 전단좌굴에 의해 정해지므로 재료규격에 있는 전단강도 F_S 를 그대로 사용할 수 없다. 항공기 구조에서는 얇은 판을 이용하여 주름 발생을 전제로 한 설계를 하기 때문에 허용응력은 좌굴응력보다는 높은 값이 된다. 표 4.1은 초기설계단면에 사용되는 허용전단응력의 기준이다.

다. 장력장 이론과 와그너 보

항공기 스파의 설계에서는 경량화와 부품 수의 감소를 위해 웹에 발생하는 주름에서의 장력장을 이용한 와그너 보가 널리 사용된다.

전단하중에 의해 웹에 주름이 발생해도 상하의 스파 플랜지 사이를 튼튼한 보강재로 묶어 두면 큰 하중을 견딜 수 있다. 이러한 사고방식이 와그너(Wagner)에 의해 제안된 장력장(tension field) 이론이다.

와그너 보(tension field beam: Wagner beam)에서 스파의 웹에 전단력이 가하여졌을 때 전단좌굴이 발생하기까지는, 전단력이 45°방향으로 직교하는 인장력과 압축력의 형태로 지지되지만 일단 주름이 발생하면 웹은 압축성분을 지지할 수 없게 된다. 따라서 상하의 스파 플랜지를 고정한 보강재를 이용하여 웹의 주름 방향, 즉 경사진 방향으로 발생하는 인장력을 보강재에서의 압축력으로 변환하는 구조이다. 전단력을 웹 대각장력으로 분담하게 되므로 이 상태를 장력장이라 부른다. 보강재 간격은 날개 루트에서는 스파 높이의 1/2, 바깥에서는 1 : 1, 날개 끝단에서는 높이의 2배 정도로 한다.

$$\text{웹의 전단좌굴응력 } F_{scr} = KE(t/b)^2 \tag{4.18}$$

여기서

K : 웹의 형상과 주변의 고정조건으로 결정되는 상수

(1 : 2의 사각형, 반고정경계일 경우 $K=8$)

E : 탄성계수, 7,000 kg/mm^2

t : 웹 두께

b : 단변의 길이(보강재 간격)

웹의 대각인장응력 $f_t = (2Q/ht)(1/\sin 2\alpha)$ (4.19)

보강재에 가해지는 압축력 $V = 0.9Q(b/h)$ (4.20)

상하 스파 플랜지에 가해지는 힘 $P_c, P_t = \pm Qx/h - 0.6Q$ (4.21)

여기서

Q : 전단하중(그림 4.36에서는 P가 됨)

h : 웹의 높이

t : 웹 두께

α : 주름 방향 (40 ~ 42°)

식 (4.20)과 (4.21)에서 각각 계수 0.9와 $0.6Q$는 생략해도 된다.

이들 힘이 가하여지는 장력장(와그너 빔)의 상태를 과장하여 그리면 그림 4.36과 같이 된다.

완전 장력장이 되면 웹은 인장응력에서 파단하기까지 견디게 되는데 이 때 주변의 구조는 그림 4.36과 같이 변형하며 발생한 주름이 깊어져 원래로 돌아가지 않는다. 따라서 적어도 제한하중까지는 영구변형을 남기지 않도록 응력 크기를 줄여서 설계해야 한다.

또 주름이 발생하면 구조의 강성은 0.7배로 줄게 된다. 보통 계산식은 주름이 발생하지 않는 상태에 대한 것이기 때문에 이 강성저하를 고려하지 않으면 예상치 못한 결함에 빠지게 된다. 강성저하는 보조날개의 효과 저하와 조종면 역전 현상을 초래하고 외피의 주름은 실속성능의 저하로 이어진다. 또 주름의 발생은 일체형 연료 탱크에서 연료의 누설을 유발한다. 따라서 여객기의 날개에서는 2g, 전투기 등에서도 제한하중의 일정한 비율까지의 하중에서는 주름이 발생하지 않도록 설계하는 것이 일반적이다.

4.5 날개와 동체의 결합

4.5.1 날개와 동체의 분할

날개와 동체는 서로 교차하는 구조물이다. 따라서 날개와 동체의 결합부에서는 하중이 서로 교차되고 조립을 위한 공장의 면적도 커지게 되며 동시에 작업할 수 있는 사람의 수도 제한된다. 어떠한 형태이든 동체와 날개는 일단 분할하여 제작한 후 조립할 수밖에 없다.

또 손상을 입었을 때에도 구조에 연결부가 있으면 거기서 교환이 가능하다. 요즘은 국제적인 협력 하에 항공기를 생산하기 때문에 항공기 구조를 어떻게 분할할 것인가는 설계상의 중대한 요소가 된다. 구조분할에서 우선 고려해야 하는 것은 날개와 동체의 분할 및 결합이다. 백화점이나 모형가게에서는 모형비행기(프라모델이 아닌)의 키트를 얇고 긴 꾸러미나 상자에 넣어 판매하고 있는데 이것도 날개와 동체를 분할하였기 때문에 가능한 것이다

날개와 동체의 결합부는 항공기의 구조에서 가장 큰 내부하중이 발생하는 부분이다. 절대로 날개와 동체의 결합부에서 초기파손이 발생해서는 안되지만, 그렇다고 안전여유를 크게 취하면 현저한 중량초과를 초래하므로 정확한 설계가 요구된다.

4.5.2 결합부에서의 하중전달

날개와 동체의 분할·결합 구조는 크게 날개를 좌우로 분할하여 동체에 결합하는 분할방식과, 좌우일체로 제작하여 동체에 결합하는 단일날개구조의 두 가지 방식이 있다. 이 두 가지 방식의 가장 큰 차이는 결합부에 추가되는 하중이다. 그림 4.37에 보인 바와 같이 단일날개 위에 동체를 얹는 방식은 좌우 날개의 굽힘모멘트가 날개 내에서 사라지므로 동체의 좌우로 날개를 분할하는 경우에 비해 결합부에 부가되는 하중이 줄어들고 구조가 가벼워진다. 날개를 분할하면 굽힘모멘트에 의한 플랜지의 큰 축력을 동체로 전달해야 하므로 큰 피팅이 필요하게 되어 구조중량이 증가한다. 반면에 작업성, 운반성 등을 생각하면 분할방식이 더 유리하므로 항공기의 특성에 맞는 설계가 필요하다.

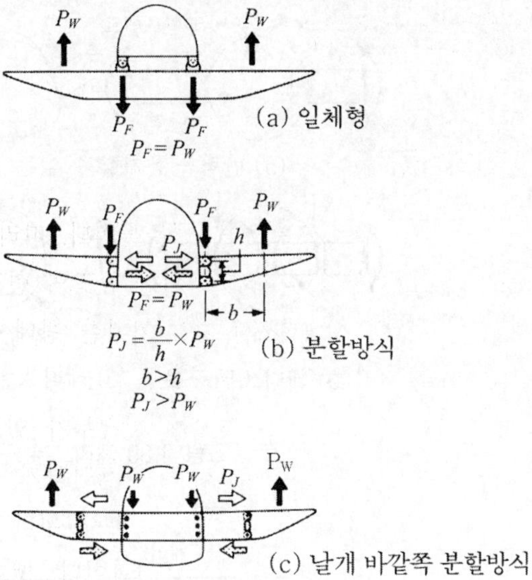

그림 4.37 동체와 날개의 결합 및 하중전달 방식

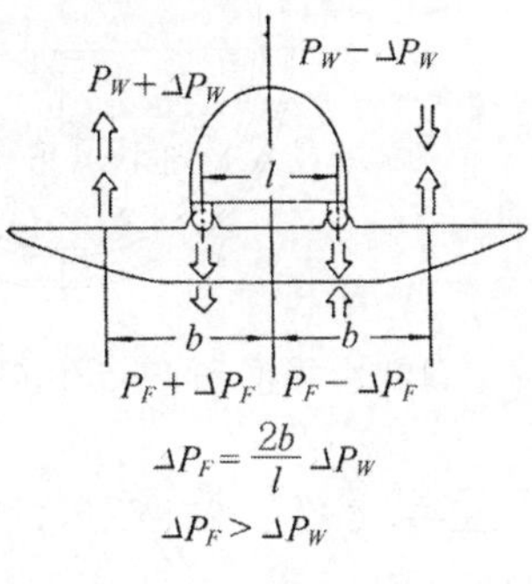

그림 4.38 비대칭하중이 가해질 경우의 동체-날개 결합부 하중

일체형 날개의 경우 날개와 동체 결합부의 구조에서 특히 주의할 필요가 있는 것은 비대칭하중이다. 비대칭하중은 항공기가 옆으로 미끄러지거나 보조날개를 조작할 때 혹은 돌풍을 받았을 때에 발생한다. 그림 4.38에서 보듯이 좌우 날개에 발생하는 공기력은 작아도 날개와 동체 결합부에 큰 하중이 생기기 때문이다.

좌우로 분할된 날개를 동체에 결합하는 경우에 그림 4.39(a)에서 보듯이 단순 쉘 동체에 날개를 결합할 경우 하중이 부과되면 쉽게 파손된다. 이 때문에 그림 4.39(b)에서와 같이 동체 내에 날개의 스파에 필적하는 강도를 갖는 구조 즉, 캐리쓰루(carry-through)를 설치하고 캐리쓰루를 매개로 하여 날개의 하중

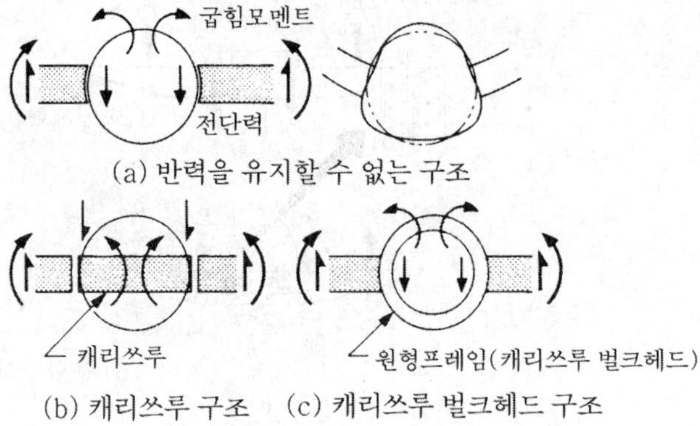

그림 4.39 캐리쓰루 구조

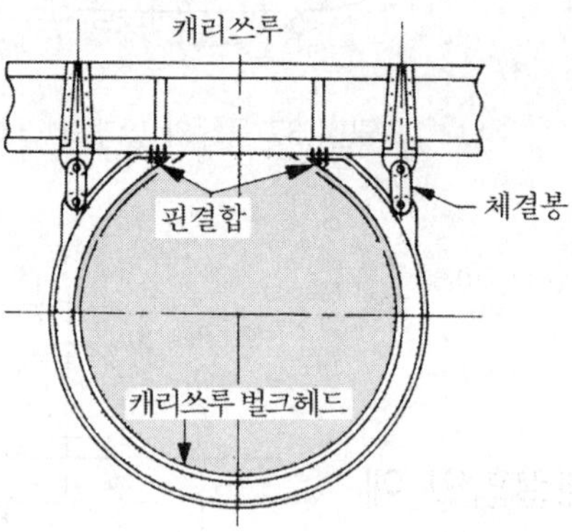

그림 4.40 C-1 수송기(고익기)의 캐리쓰루 구조

이 동체로 흐르도록 한다. 캐리쓰루는 날개에서 들어오는 내부하중에 견디는 강도를 갖는 구조면이 된다. 또한 날개의 비틀림 하중, 전후방향의 공력하중에 의한 전단력은 날개의 외피에서 동체 외피로 직접 흐르는 것이 가능하므로, 날개의 굽힘하중과 비대칭하중으로 인한 전단력에 잘 견디는 것이 중요하다.

일반적으로 날개를 좌우로 분할하는 구조에서는 캐리쓰리 구조가 불가피하지만 초음속 전투기(F-104, F-15, F-16)의 경우에는 캐리쓰루 구조를 갖지 않는 것이 있다. 이들 항공기의 경우 그림 4.39(c)에 보인 바와 같이 스파가 체결되는 벌크헤드를 튼튼하게 만들어 캐리쓰루의 역할을 하게 한다. 이러한 벌크헤드를 캐리쓰루 벌크헤드라고 한다.

그림 4.40은 C-1 수송기 등, 중대형 고익기에 일반적으로 사용되는 구조이다. 이 구조에서는 체결봉(tie rod)을 사용하여 동체를 날개에 매다는 형태로 되어 있다. 원주와 날개의 결합은 날개 좌우의 흔들림과 동체 원주의 변형을 막기

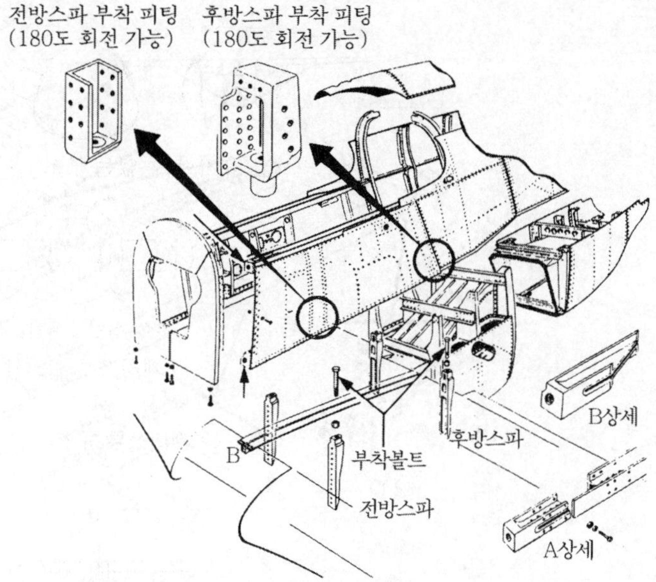

그림 4.41 P-51의 동체-날개 결합 구조

위해 이중으로 되어 있다.

4.5.3 날개와 동체결합의 예

가. 일체형 날개의 부착(소형기)

날개를 분리하지 않고 한 개로 만들어 동체에 결합하면, 결합부에 부가되는 하중이 작아지므로 구조의 무게를 줄일 수 있다. 제2차 세계대전의 걸작 전투기로 불리는 P-51, Fw 190 등이 전부 일체형 날개구조를 사용한 것은 우연이 아니다. 과거 일부 항공기의 경우, 중량절감을 위해 날개와 동체를 피팅없이 영구결합으로 한 일체구조로 하고, 날개의 바로 뒤에서 동체를 분할하는 방식을 취한 경우도 있었다.

그림 4.41은 제2차 세계 대전에서 사용된 전투기 North American P-51의 날개-동체 결합구조이다. P-51은 좌우 각각 만든 날개의 스파를 스파부착용 피팅에인장볼트를 사용하여 반영구적으로 결합하고, 이 피팅을 네 개의 볼트를 사용하여 동체에 결합시킨다. 날개와 동체는 분리 가능하다. 날개부분의 굽힘강성이 높고, 거기에 비해 동체측의 횡강성이 낮은 것이 구조를 단순하게 한다. 이

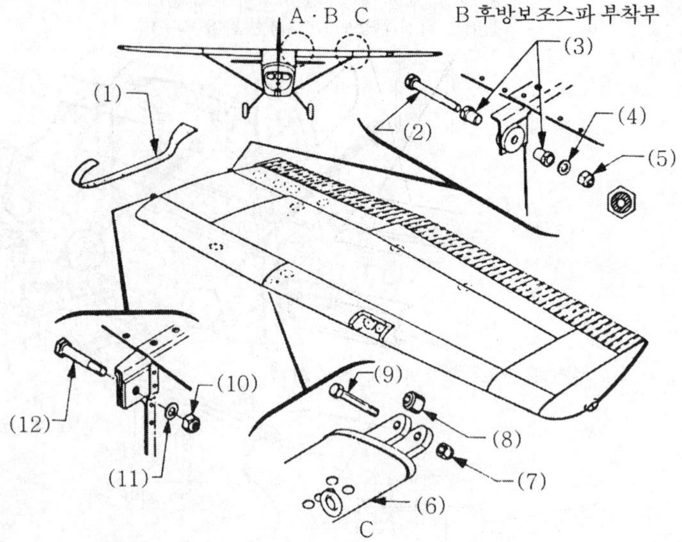

(1) 페어링 (2) 볼트 (3) 편심 부싱 (4) 와셔
(5) 너트 (6) 날개지지대 (7) 너트 (8) 스페이서
(9) 볼트 (10) 너트 (11) 와셔 (12) 볼트

그림 4.42 Cessna 170 계열의 날개와 동체 결합

방식은 저익배치의 경우에 특히 유리하고 피팅도 작은 것이면 된다. 오늘날에도 중·소형기에 충분히 활용할 수 있다.

나. 지주부착식 일체형 날개(소형기)

그림 4.42는 대표적인 경항공기 Cessna L-19, 170 시리즈의 날개-동체 결합부이다. 이 기체는 지주부착식 날개이므로, 좌우 날개 전후의 부착부는 1개의 볼트 핀 결합으로 되어 있다. 따라서 굽힘모멘트는 없고, 부착부의 핀은 전단력과 비틀림 하중을 전후부의 상하하중으로 분해하여 지지하고 있다.

다. 분할날개의 부착

그림 4.43은 Cessna 170 계열과 거의 같은 규모의 경비행기인 PA-28-140의 반외팔보식 응력외피 보강재 구조로, 앞뒤에 보조 보강재가 있다. 주보강재는 많은 볼트를 사용하여 캐리쓰루에 반영구적으로 결합된다. Cessna 170 계열과 비교해서 볼트의 수가 대단히 많은 것이 특징이다. 결합부가 없으므로 비

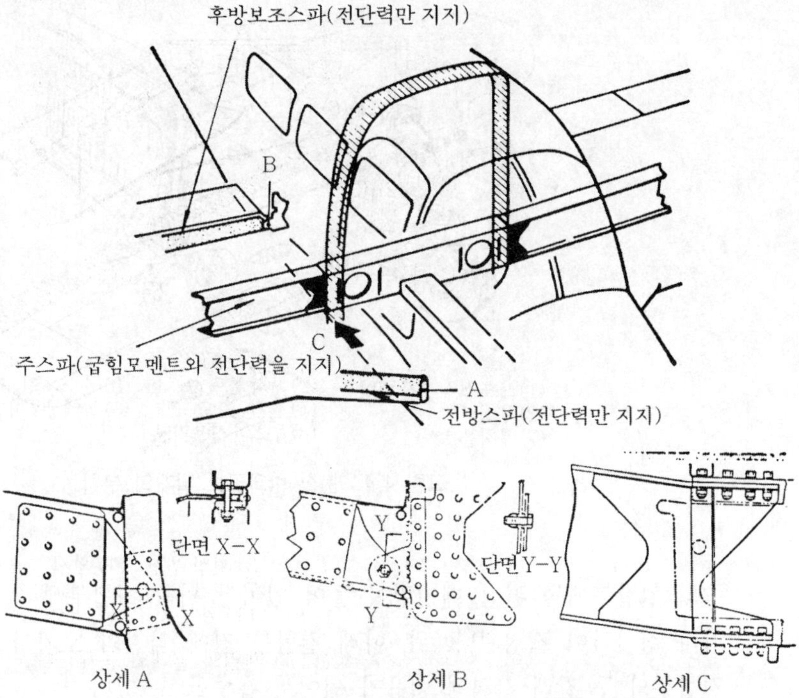

그림 4.43 Piper PA-28-140(분할날개)의 날개와 동체 결합

용을 줄일 수 있지만 호환성이 떨어진다. 또 하중이 커지면 플랜지의 중량이 커져서 효율이 떨어진다.

라. 분할 반외팔보 날개의 부착(전단볼트방식)

그림 4.44는 제2차 세계대전 당시의 전투기에 사용된 날개와 같은 형식의 구조이다. 경항공기는 총중량이 1 t 정도이지만, 이 기체는 3 t 정도이고 과격한 기동을 행하기 때문에 제한설계하중은 경항공기의 5배 정도에 이른다.

이 방식은 전단력을 지지하는 볼트에 의해 하중전달이 이루어지므로, 전단볼트방식이라고도 일컬어진다. 주스파의 아래쪽 결합부는 전단력과 축력을 지지하고, 위쪽 결합부는 축력만을 지지한다. 비틀림 하중은 주스파의 아래쪽 결합부와 보조스파의 결합부가 지지한다. 주스파 결합볼트의 방향이 상하에서 다른 것은 동체 결합부와 날개 결합부 간의 공차를 피하기 위해서이다. 날개와 동체의 상하·전후 위치는 주스파의 아래쪽 결합부에 의해 결정된다. 이 경우, 날개

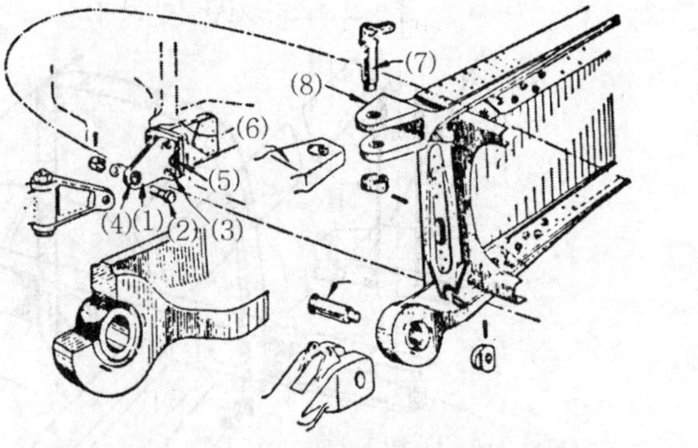

(1) 보조스파 부착 피팅 (2) 부착볼트 (3) 볼트와 긴 구멍
(2) 부싱 (5) 돌기 (6) 동체상부피팅
(7) 부착볼트 (8) 주스파 상부피팅

그림 4.44 분할 반외팔보 날개의 부착

쪽의 결합부에는 편심 베어링이 들어 있어서 위쪽 결합부에 의해 날개의 부착각과 상반각이 결정된다. 위, 아래 결합부 간에 약간의 오차가 있더라도, 위쪽 결합부의 두 갈래 간격에 여유가 있어서 흡수할 수 있다.

전방의 작은 결합부는 날개에 작용하는 항력에 의한 날개면의 전후 굽힘하중과 비틀림모멘트를 담당한다. 주스파 결합부와의 간격 오차와, 상하방향 오차는 결합부 부착면에 설치되는 돌기를 이용하여 조정한다. 따라서 세 개의 결합부에 다소의 오차가 있어도 날개와 동체를 결합할 수 있다.

오늘날의 항공기 제작사, 특히 대형 항공사에서는 치공구를 정교하게 제작하고 호환성 확보를 위해 온도관리도 엄밀하게 하므로 구조의 호환성이 유지된다. 그러나 과거 제2차 세계대전 당시에 1만대 이상을 짧은 시간동안 대량 생산하기 위해 채택된 이 방식은 불필요한 곳에 정밀한 치공구를 사용하지 않아도 되므로 오늘날에도 충분히 참고할만한 개념이다.

전단볼트 결합의 경우 볼트와 결합부의 구멍사이가 헐겁다면 피로강도가 저하된다. 이 때문에 볼트와 구멍의 직경 공차를 엄격히 하든지, 테이퍼진 볼트나 슬리브를 응용한 볼트를 사용한다. 그림 4.45는 수직꼬리날개 전방 보강재 부착부의 예이다. 하중이 큰 경우의 전단볼트 결합에서는 볼트의 두께를 늘리지 않고, 결합부의 치수를 늘려서 이중, 사중전단을 받게 하여 구조를 가볍게 한다. 그림 4.46은 주스파의 아래쪽 결합부를 사중으로 한 예이다.

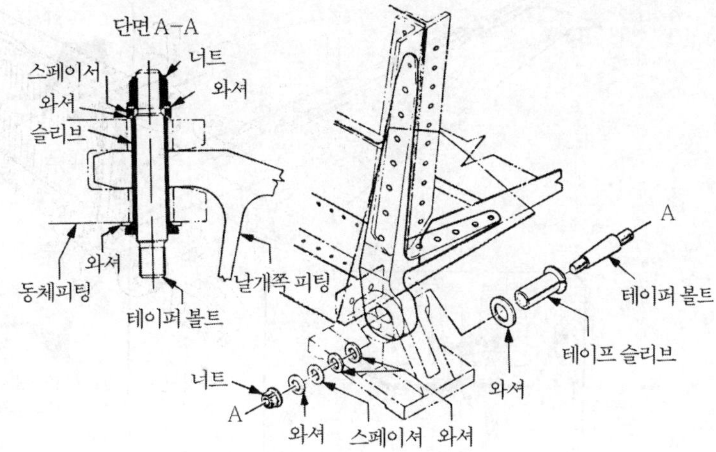

그림 4.45 테이퍼진 볼트와 슬리브를 사용한 날개-동체 결합

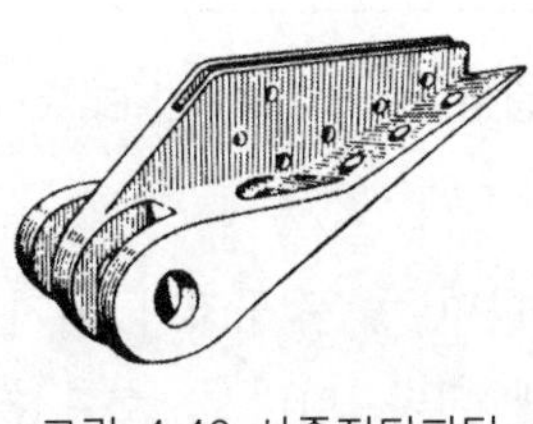

그림 4.46 사중전단피팅

마. 분할 외팔보 날개의 설치(인장볼트 방식)

그림 4.47은 Beachcraft/Bonanza에 이용되는 결합 방식이다. 좌우의 날개는 각각 시위(chord) 방향의 4개의 볼트로 결합되어 있다. 이 방식은 스파 플랜지에 부가되는 인장하중을 볼트의 인장력으로 전하기 때문에 인장볼트(tension bolt) 방식이라고 부른다. 제2차 세계대전 이전에는, 볼트에 큰 인장 하중이 부가되면, 피로강도가 저하되기 때문에 이와 같은 결합 방식을 사용하지 않았다. 그러나 단조에 의한 볼트 머리의 성형과 주조에 의한 나사 가공 기술의 발달에 의해 피로에 강한 볼트를 제작할 수 있게 되면서 실용화되었다.

인장볼트 구조에서는 스파의 전단력도 잘 전달되어야 한다. 그런데, 볼트를 정밀 공차 볼트로 하고, 피팅에도 정밀한 구멍을 뚫어, 볼트에 인장하중과 전단

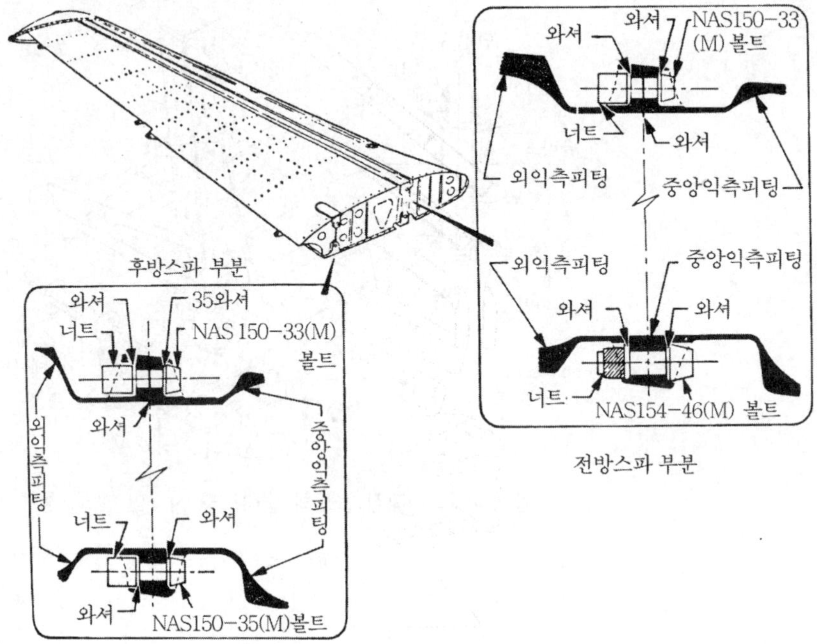

그림 4.47 비치/보난자(Beachcraft/Bonanza)의 날개-동체 결합

하중을 받게 한다면 좋은 구조가 되기 어렵다. 볼트가 꽉 끼어서 흔적이 남고 탈착이 곤란하게 된다. 따라서, 호환성 유지를 위해 일반적으로, 인장 볼트 구멍을 약간 크게 하고 스파의 웹 부분을 여러 개의 볼트로 함께 묶어 전단력을 받도록 한다. Douglas DC-6, DC-7 등의 꼬리날개에서는 볼트 구멍을 약간 크게 하고, 피팅과 피팅 사이에 정밀한 구멍을 뚫어 두 개의 평판을 삽입하고, 이 평판을 각각 관통시켜 날개의 스파에 장착함으로써 전단력을 전달하고 있다.

Beachcraft/Bonanza, T-34 등에서는 날개와 동체 피팅의 접촉면에 동심원 모양의 돌기(0.5 mm 정도의 높이의 날카로운 각 단면을 한 돌기)를 가늘게 설치하고 피팅 사이에 알루미늄 박판으로 만든 와셔가 끼워져 있다. 볼트를 세게 조이면 돌기가 와셔에 파고 들어가 전단력을 전달하도록 되어 있다. 그러나 이와 같은 구조를 사용해도, 인장하중이 부가되어 피팅과 피팅 사이에 틈이 벌어지면 전단력이 전달될 수 없기 때문에, 볼트가 극한 인장력을 받아도 피팅 사이에 틈이 발생하지 않아야 한다. 볼트의 인장력을 크게 하여도 피팅이 정밀하면 볼트에 부가되는 하중은 내력의 균형으로 흡수될 수 있다.

인장볼트 방식은 하중이 크게 되고 볼트의 길이가 38 mm 전후를 넘게 되면 피로강도를 높이기 어렵고 조립할 때에 너트를 조이는 것도 곤란하게 되므로,

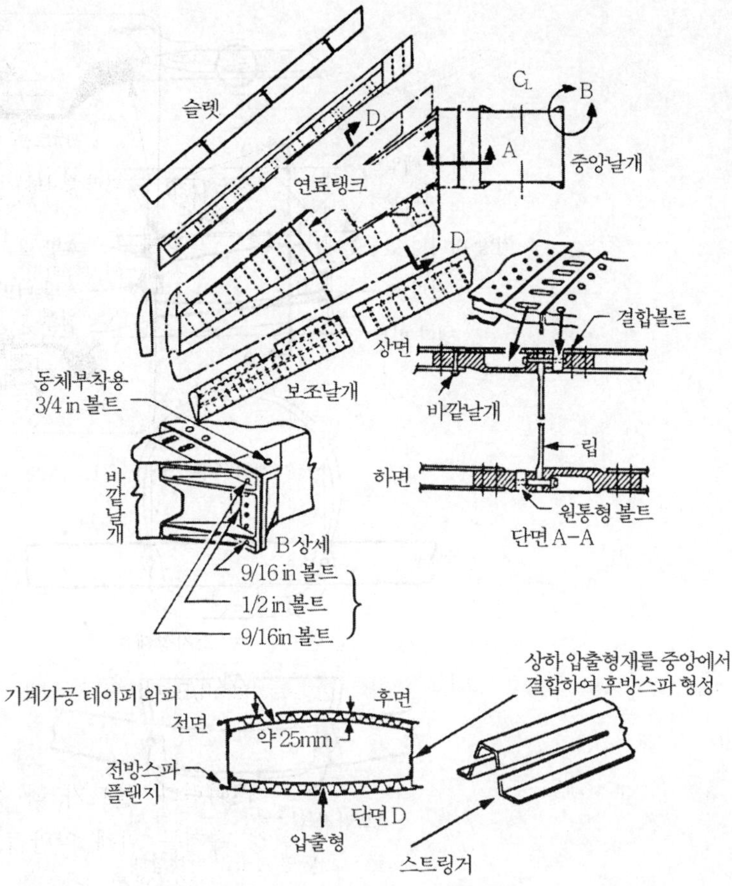

그림 4.48 North American F-86 Sabre의 날개-동체 결합부

38 mm가 인장볼트 길이의 한계라고 볼 수 있다. 그림 4.48은 North American F-86 Sabre의 날개 구조이다. 여러 개의 볼트를 사용하여 날개 부착 부위를 분할하고, 그 분할된 자리에 연료탱크를 삽입하고 있기 때문에 날개에 큰 구멍이나 점검창 등이 없으며, 경량이고 강성이 높은 구조로 되어 있다.

인장볼트 방식에서는 다음의 사항을 엄수할 필요가 있다.

(1) MS2000X 계열의 고피로강도 볼트의 사용
(2) 극한하중에서도 입구가 열리지 않는 조임 토크의 설정
(3) 볼트의 길이 방향으로 두꺼운 접촉면을 갖는 피팅
(4) 볼트머리 피팅의 가공한도 R 1.6 mm 이상

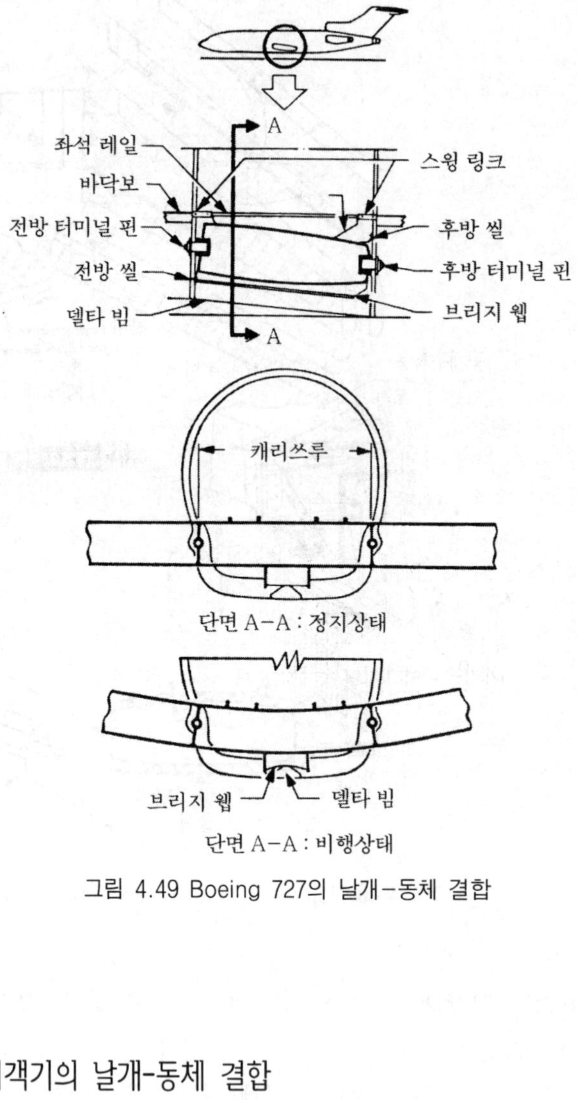

그림 4.49 Boeing 727의 날개-동체 결합

바. 제트 여객기의 날개-동체 결합

그림 4.49는 Boeing 727 여객기의 날개-동체 결합 방식을 도시한 것이다. 날개와 동체의 앞뒤를 4개의 핀으로 결합하고 있다. 이 핀은 날개의 중립축 부근에 있고, 날개는 이 핀을 중심으로 회전, 변형할 수 있으므로, 날개의 휨에 의해 동체에 고정적인 굽힘모멘트가 발생하지 않는다. 이 구조는 세계 최초의 후퇴익 제트 전략 폭격기인 B-47 이후 사용되고 있는 Boeing의 전통적인 구조였다.

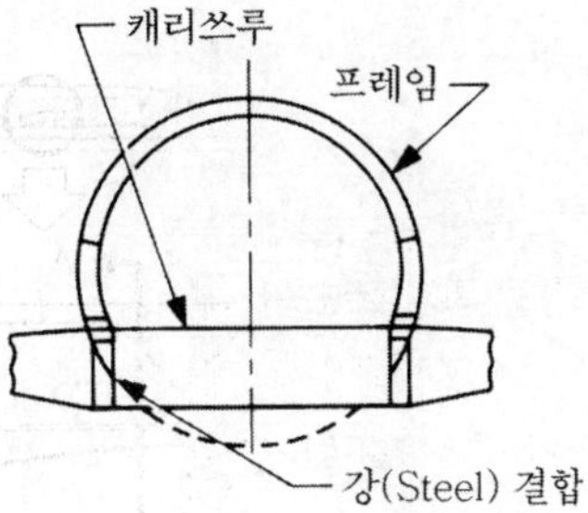

그림 4.50 Boeing 737의 날개-동체 결합

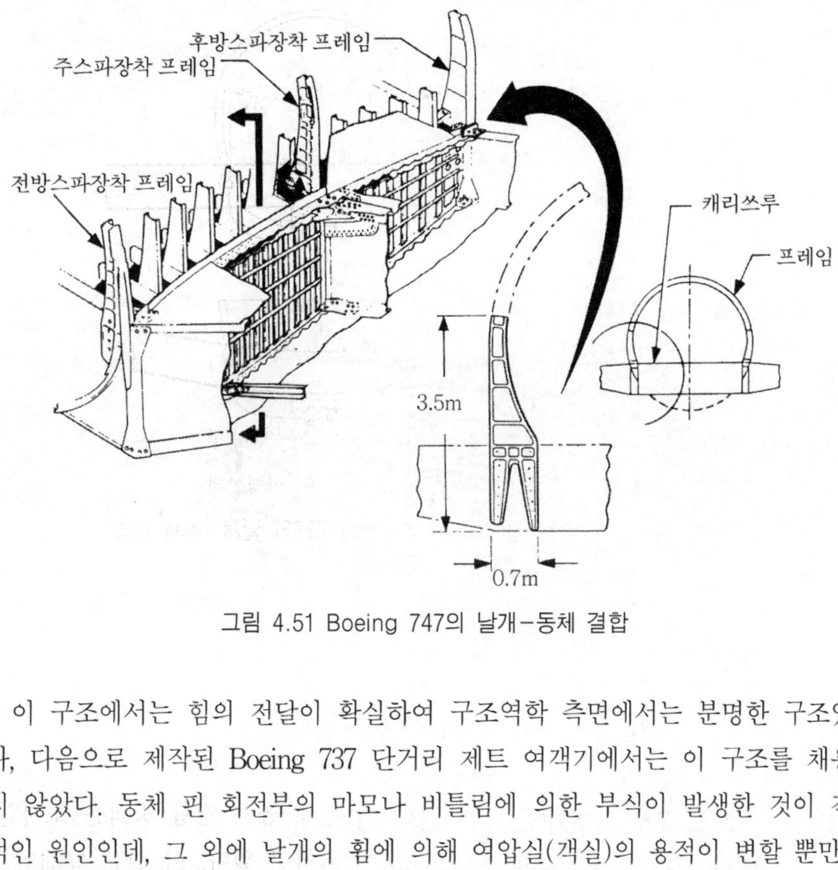

그림 4.51 Boeing 747의 날개-동체 결합

이 구조에서는 힘의 전달이 확실하여 구조역학 측면에서는 분명한 구조였으나, 다음으로 제작된 Boeing 737 단거리 제트 여객기에서는 이 구조를 채용하지 않았다. 동체 핀 회전부의 마모나 비틀림에 의한 부식이 발생한 것이 직접적인 원인인데, 그 외에 날개의 휨에 의해 여압실(객실)의 용적이 변할 뿐만 아니라 이것에 의해 객실의 기압이 변하는 것을 보정해야 하고, 일차 구조물과의 결합이 어려운 점 등이 이 구조를 채택하지 않은 원인이다.

Boeing 727과 같은 원리의 구조는 Northrop F-5 제트 전투기에도 사용되고 있다. 소형 전투기는 Boeing 727 여객기와는 달리, 비행시간도 짧고, 여압 상의 문제도 없기 때문에 이러한 방식을 계속해서 사용할 수 있을 것으로 판단된다.

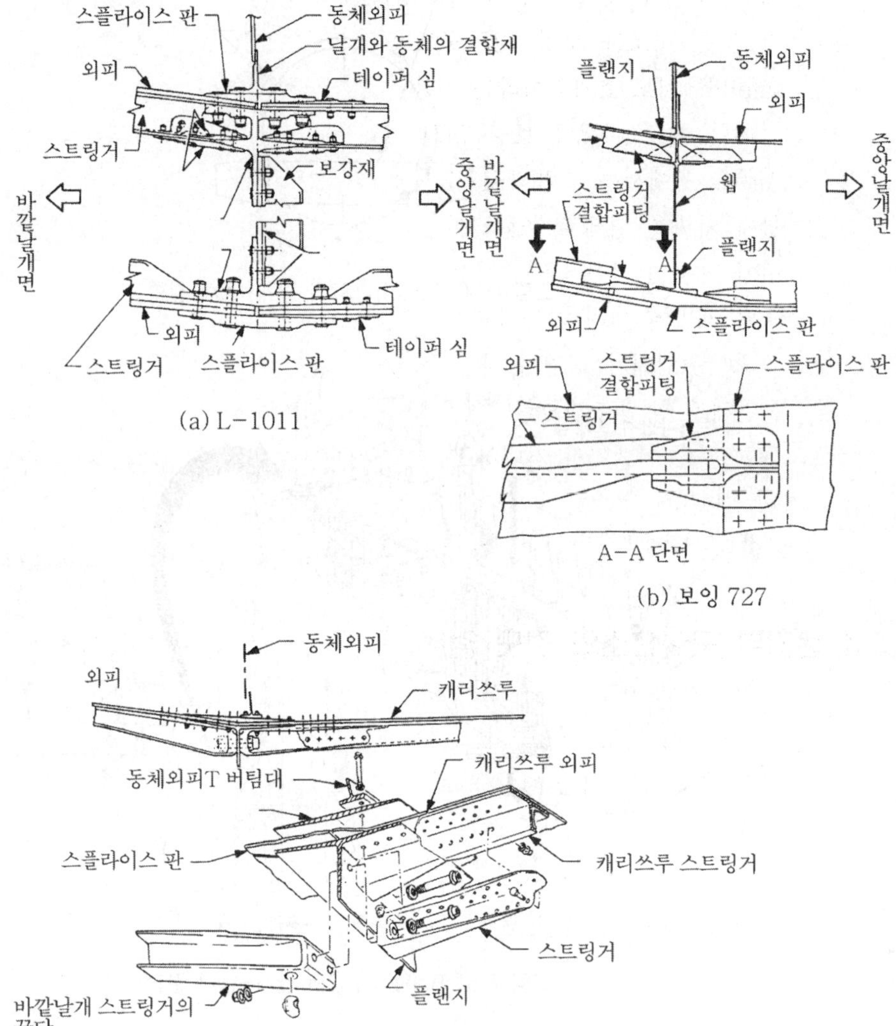

그림 4.52 제트 여객기의 날개와 동체의 결합 구조 사례

보잉 737 여객기에서는 그림 4.50에서 보인 바와 같이 날개와 동체는 여러 개의 원주형 프레임이(굽힘모멘트를 받도록) 캐리쓰루(carrythrough)와 영구 강결합되어 있다. 보잉 727 여객기에서 보잉 737로의 구조 양식 변경이 아무 렇지 않은 듯 보이지만, 구조설계의 개념으로서는 대단한 변혁이다. 종전에는 구조를 정정(statically determinate)으로 하면 분명한 해석이 가능하여 그만큼 경량으로 제작할 수 있으므로, 해석하기 쉬운 정정 구조를 많이 사용하였다.

그러나, 고성능 컴퓨터가 등장하고 차수가 높은 부정정 구조도 매우 정확하게 해석할 수 있게 되면서 설계개념은 급변했다. 보잉 737과 같이 부정정 차수가 높은 구조는 보잉 727 구조의 단점을 없앨 뿐만 아니라, 파손-안전(fail-safe)면에서도 효과적이라는 것을 알았기 때문이다.

대형 제트 여객기 보잉 747과 Lockheed L-1011, Douglas DC-10, MD-11, Airbus 등에서는 그림 4.51, 4.52에서와 같이 모두 보잉 737과 같은 영구 강 결합에 가까운 형태로 조립되어 있다. 이것은 초대형기일수록 중량을 줄이고 동시에 파손-안전개념을 중시할 필요가 있기 때문이다. 또한, 이것은 정밀한 치공구의 개발에 의해 가능하게 된 기술이라고도 할 수 있다. 군용기와 같이 손상을 받을 염려가 있거나, 혹은 소형기와 같이 수출할 때 선박이나 트레일러로 운반해야 할 필요가 있는 경우에는 이러한 설계가 곤란하다. 대형 단조품을 사용한 대형 여객기의 거대하고 정밀한 구조는 오늘날 항공기술의 상징이라고 할 수 있다.

4.5.4 결합부 구성요소의 강도 검토

지금까지 설명해 왔듯이 날개와 동체의 결합 등에는 여러 가지 설계가 고려되고 있다. 여기서는 날개-동체 결합볼트의 강도에 대한 기본적인 사항을 설명한다.

가. 인장볼트의 강도

인장볼트 구조에서는 볼트로 죄었을 때, 토크에 의해 볼트에는 인장력이, 피팅에는 초기 압축력이 발생한다. 이 인장력과 설치부의 특성이 볼트의 강도에 큰 영향을 준다. 볼트의 조임 토크(T)와 인장력(Q)의 관계는 다음 수식으로 주어진다.

$$T = Q\left[\frac{d}{2}tan(\rho+\beta)+\gamma_n \cdot \mu_n\right] \tag{4.22}$$

여기서

d : 나사의 유효길이 　　γ_n : 너트 외면의 평균 반경

ρ : 나사면의 마찰각 　　μ_n : 너트의 접촉면의 마찰계수

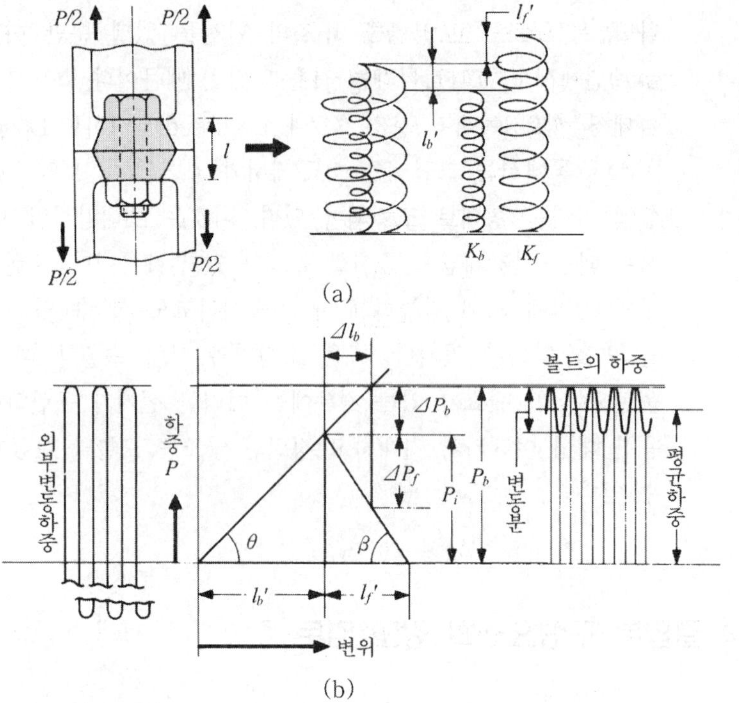

그림 4.53 인장 볼트에 부가되는 하중의 메커니즘

β : 나사의 리드 μ : 나사면의 마찰계수

$\rho = \tan^{-1}(\mu/\cos\alpha')$ $\alpha' =$ 프랭크 각도(나사산의 경사)

그러나, 실제로는 마찰이 일정하지 않으면 계산의 정확도가 향상되지 않으므로, 계산대로의 인장력이 걸려있는지가 문제이다. 이 때문에 하중으로 찌그러지는 응력 와셔를 사용하기도 하지만 최근에는 초음파 등으로 직접 볼트의 응력을 측정하는 장치도 개발되었다.

볼트를 조이면, 볼트와 피팅에 약간의 변형이 생긴다. 따라서, 그림 4.53(a)에서 볼 수 있듯이 피팅과 볼트는 탄성계수가 다른 2개의 용수철의 조합으로 대체할 수 있다.

볼트의 탄성계수 $K_b = P_i/l_b' = \tan\theta$ (4.23)

피팅의 탄성계수 $K_f = P_i/l_f' = \tan\beta$ (4.24)

볼트의 인장력 $P_i = \Delta l_f' \times K_f = \Delta l_b' \times K_b$ (4.25)

그림 4.53(b)의 B점의 상태에 있는 피팅에 외력 P가 부가되어 Δl_b만큼 늘어나면, 볼트에는 ΔP_b 만큼 하중이 증가하고, 피팅의 압축력은 ΔP_f 만큼 감소하게 된다. 이 내력의 평형상태의 변화와 외력은 같아야 하므로 다음과 같은 관계가 성립한다.

$$P = \Delta P_b + \Delta P_f \tag{4.26}$$

$$\Delta P_b = \Delta l_b \times \tan\theta = \Delta l_b \times K_b \tag{4.27}$$

$$\Delta P_f = \Delta l_b \times \tan\beta = \Delta l_b \times K_f \tag{4.28}$$

식 (4.27)과 식 (4.28)을 식 (4.26)에 대입하면 다음의 두 식을 얻는다.

$$P = \Delta l_b \times K_b + \Delta l_b \times K_f = \Delta l_b (K_f + K_b) \tag{4.29}$$

$$\Delta l_b = P/(K_f + K_b) \tag{4.30}$$

다시 식 (4.30)을 식 (4.27)에 대입하면 식 (4.31)을 얻는다.

$$\Delta P_b = [P/(K_f + K_b)]K_b \tag{4.31}$$

따라서 볼트에 부가되는 하중은 다음과 같다.

$$P_b = P_i + \Delta P_b = P_i + P\left(\frac{K_b}{K_f + K_b}\right) = P_i + \frac{P}{\left(1 + \frac{K_f}{K_b}\right)} \tag{4.32}$$

피팅의 입구가 열리는 하중은 ΔP_f 가 P와 같아질 때의 하중이므로 다음의 관계가 성립한다.

$$\Delta P_f = P_i$$

따라서 식 (4.26)으로부터 다음의 관계를 얻는다.

$$P - P_i = \Delta P_b$$

식 (4.31)로부터 피팅의 입구가 열리는 하중 P_{open}은 식 (4.33)과 같이 계산된다.

$$P_i = P - \Delta P_b = P - P\left(\frac{K_b}{K_f + K_b}\right) = P\left(\frac{K_f}{K_f + K_b}\right)$$

$$P_{\text{open}} = P_i\left(1 + \frac{K_b}{K_f}\right) \tag{4.33}$$

같은 방법으로 피팅의 접촉면에서의 압력은 다음과 같이 계산된다.

$$P_f = P_i + P\left(\frac{K_f}{K_f + K_b}\right) = P_i + \frac{P}{\left(1 + \frac{K_b}{K_f}\right)} \tag{4.34}$$

여기서

$$K_b = \frac{\text{볼트의 탄성계수} \times \text{단면적}}{\text{조임부의 길이}}$$

$$K_f = \frac{\text{피팅의 탄성계수} \times \text{부하면적}}{\text{조임부의 길이}}$$

이 수식에서 알 수 있듯이, 외부에서 하중이 부가되어도 볼트의 K_b 값이 피팅의 K_f 값보다 높은 경우에는 볼트의 하중(응력)은 거의 변화하지 않는다. 외부 하중에 인장이 중복하여 볼트에 걸리는 것은 피팅이 열린 후가 된다.

따라서, 인장볼트에 높은 인장력을 부가해 두면 외부의 하중이 변해도 볼트의 응력이 거의 변화하지 않으므로 피로에 강한 구조가 된다. 반면에 탄성계수가 낮은 재료나 완충 고무나 스프링을 조인 볼트에는 인장력에 외부로부터의 하중이 중복하여 걸리므로, 피로에 대한 주의가 필요하다.

나. L형재로 인한 인장결합강도

L형 단면의 압출 형재를 잇기 위한 목적으로 6 mm 전후의 인장볼트를 25 mm 정도의 간격으로 사용한 결합 방식이, douglas C-3을 대표로 하여 그 후로 많은 중·소형기의 날개와 중앙날개의 결합에 사용되고 있다. L형재와 볼트를 조합하였을 때의 강도에 관해서는 그림 4.54와 같은 설계자료가 각 항공기 제

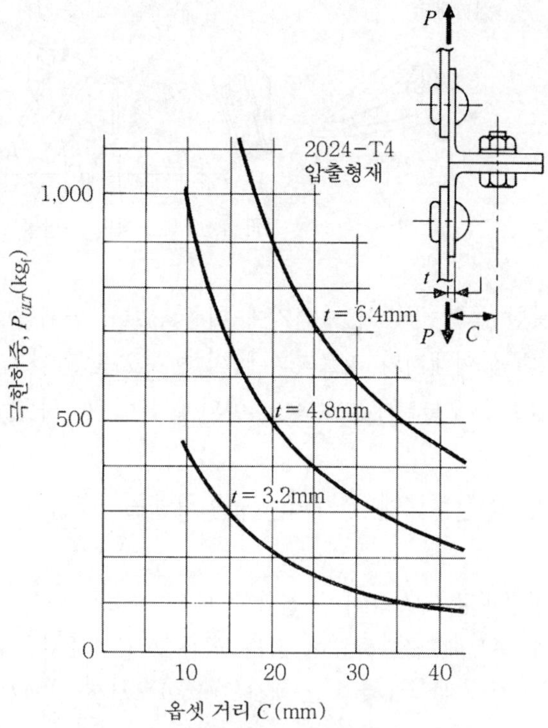

그림 4.54 L형태의 인장 볼트결합 강도

작사의 정비 메뉴얼에 있으므로 그것을 이용하면 된다. 예를 들면 5 mm 정도의 두께와 25 mm 정도의 폭을 갖는 2024-T4 L형 압출형재에 6 mm의 볼트를 조합시키면 1 톤에 가까운 제한하중에 대응할 수 있다.

그림 4.54의 도표의 전제사항은 다음과 같다.

(1) 볼트 간격은 25 mm 이하이다.

(2) 2024-T4 이외에 사용할 때는 F_{ty} 의 비로 P를 증감한다.

(3) P_{ULT}는 허용할 수 있는 영구변형 하중의 1.5배로 되어 있다.

다. 인장피팅의 주요 치수

인장볼트를 사용할 때의 피팅의 기본명칭 및 치수는 그림 4.55에 제시하였다. 이러한 구조양식은 제2차 세계대전 중 메사슈미트 Me109, 포커 울프 FW109를

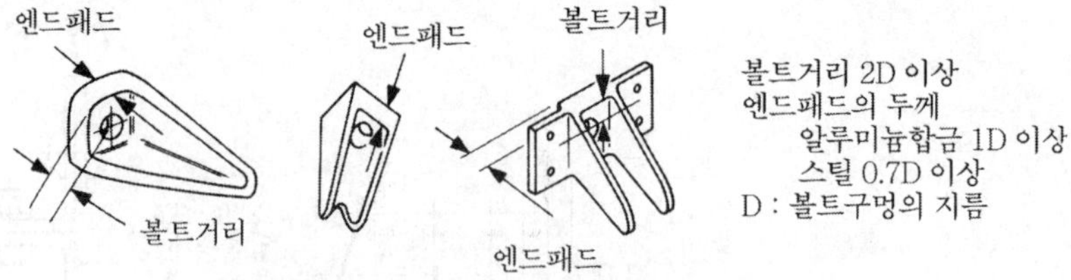

그림 4.55 대표적인 인장볼트 피팅

비롯한 독일 공군의 주력기에 이용되었다. 한때는 일부 여객기에도 사용되었으나 대형 여객기의 피로파괴에 의한 사고를 막기 위하여 파손-안전설계 개념의 도입으로 오늘날에는 소형기 이외에는 이용하지 않는다.

라. 전단볼트에 부가되는 굽힘모멘트

전단피팅을 사용하여 결합할 때는 결합볼트나 핀의 전단강도에 대한 검토와 함께 볼트에 굽힘하중이 걸려 있음을 간과해서는 안 된다. 이 때 반력을 피팅에 일정한 분포하중으로 계산하면 안전성을 간과할 수 있다. 볼트 굽힘의 계산방법으로서 오래 전부터 사용되어 온 것이 그림 4.56의 방법이다. 항공사에 따라 하중을 분담하는 축의 산출에는 약간 다른 방법을 사용하기도 하지만 기본적인 개념은 같다. 굽힘 응력이 최대가 되는 단면과 전단이 걸리는 단면은 위치가 다르므로 중복하여 생각할 필요가 없다. 굽힘하중과 전단하중을 균형있게 작용하도록 하여 경량화를 위해 심을 뽑아 중공으로 한 볼트(중공볼트)를 사용하는 항공기도 있다.

마. 피팅의 파손형태와 강도

피팅의 파손형태는 그림 4.57에 나타나듯이 면압에 의한 베어링(bearing), 인장파단(tension failure), 전단파손(shear-out) 등을 생각할 수 있는데, 전단파손이 발생하는 단면이 2개인 점을 주의해야 한다. 볼트 중심에서 비스듬한 방향으로 발생하는 파손 형태에 대하여 중심에서 40°방향에서 검토하는 경우도 있다. 모든 것을 컴퓨터를 사용하여 유한요소법에 의해 계산을 행하기 전에 이러한 계산법으로 조기에 기본적인 형태를 설정하는 것이 구조설계에서는 중요하다.

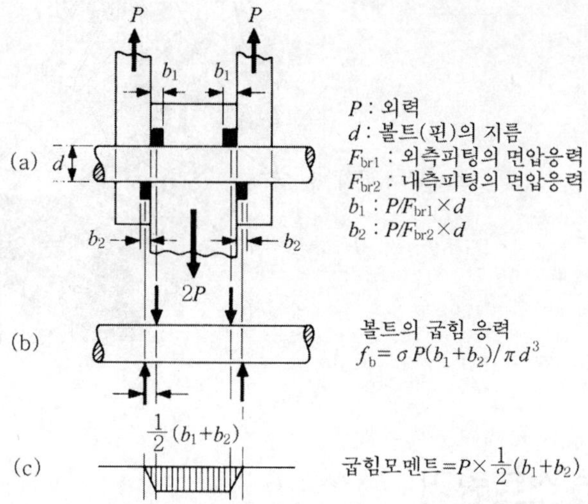

그림 4.56 전단볼트에 부가되는 굽힘모멘트

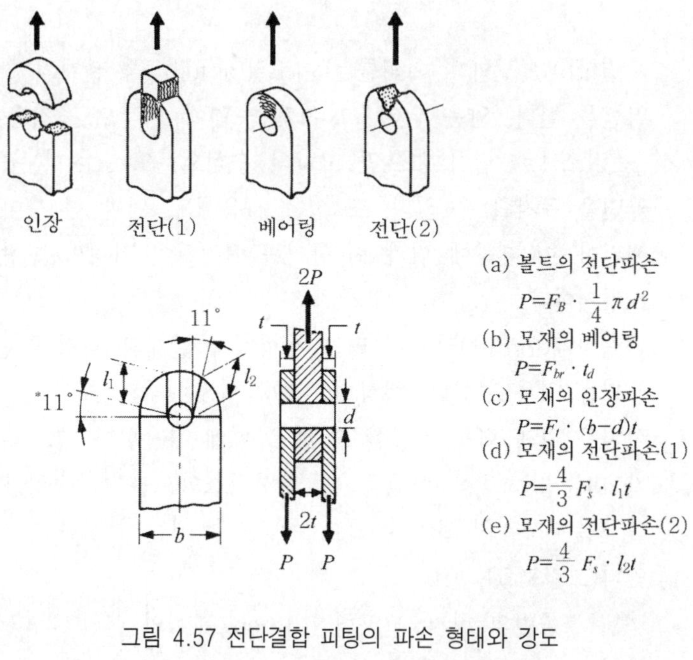

그림 4.57 전단결합 피팅의 파손 형태와 강도

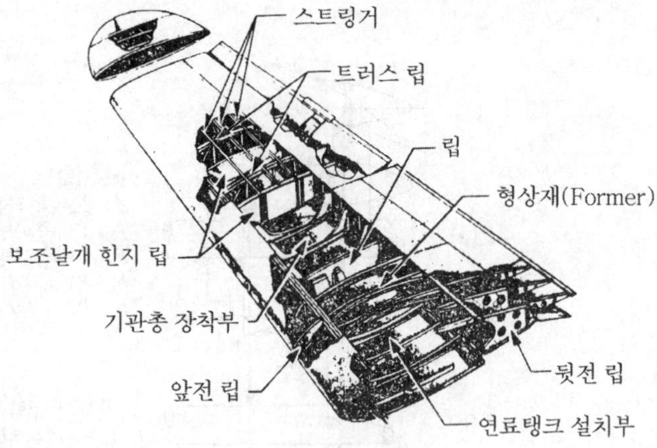

4.6 립과 스트링거

4.6.1 립

립(rib)은 날개의 외피를 에어포일(airfoil), 즉 날개의 형상을 따라 유지시키는 역할을 한다. 얇은 외피 그 자체는 면에 직각으로 작용하는 공기력에 저항할 수 없으므로 립이 없으면 고차의 수식으로도 표현할 수 없는, 날개의 독특한 곡면을 유지할 수 없다. 또 립을 사용해도, 립과 립 사이에서는 외피의 변형이 생긴다. 이 때문에 립과 립 사이를 연결하여 외피의 변형을 작게 하는 것이 스트링거이다.

형상재(former)라고 불리는 정형재가 날개의 외피 곡면을 유지하기 위해 사용되는 경우도 있다. 형상재는 그림 4.58에서와 같이 날개 내에 연료탱크 등의 설치를 위해 립을 사용할 수 없을 때에 사용한다. 그러나 형상재만으로는 구조가 비틀림 하중을 받았을 때, 토션박스의 단면이 평행사변형으로 변형되는 것을 막는 작용을 하지 못하므로 날개 내에는 적절한 간격으로 립을 둘 필요가 있다(그림 4.59 참조).

또 조종면의 힌지, 고양력장치(flap, slot)의 레일, 착륙장치 등의 부착 부분에 부가되는 집중하중을 날개 구조 전체로 분포시키는 것도 립의 중요한 역할이다. 이와 같이 집중하중을 받는 립은, 통상의 립보다 강해야 한다.

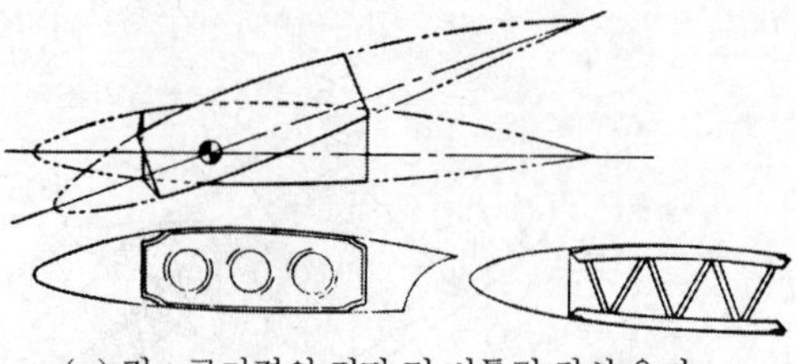

(a) 립 : 공기력의 전단 및 비틀림 강성 유지

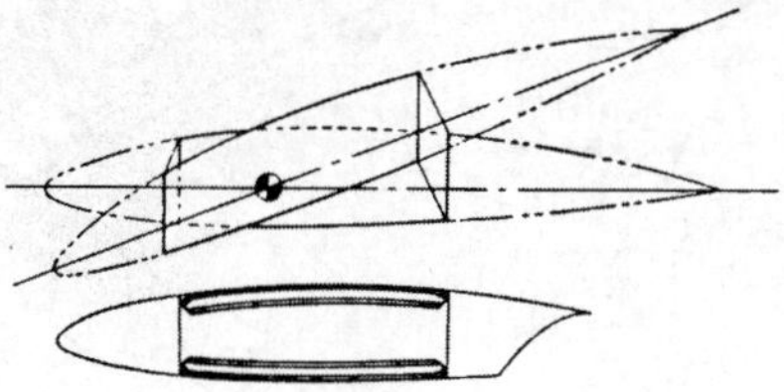

(b) 형상재 : 공기력은 전달하지만 전단에 대한 저항능력 없음

그림 4.59 립의 역할

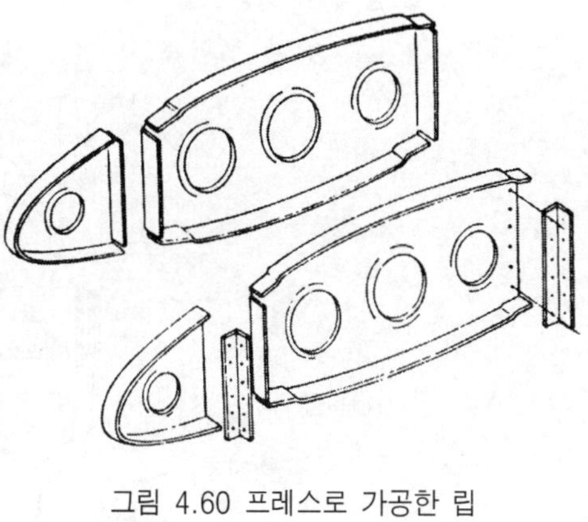

그림 4.60 프레스로 가공한 립

립의 간격은 외피의 두께, 스트링거의 배치와도 관련되지만 보통 고양력 장치, 보조날개 사이에서는 경항공기(외피 두께 0.5~0.8 mm)인 경우, 250 mm 전후, 소형 비즈니스기(외피 두께 0.8~1.4 mm)인 경우, 400 mm 전후로 배치한다. 400 mm 이상의 립 간격은 외피와 스트링거의 보강에 필요한 중량과, 립 수의 증가에 의한 중량 증가의 효과를 충분히 비교할 필요가 있다. 립의 수를 줄여 스트링거로 보강하는 방식은, 치구가 간단하지만 중량에 비해 비틀림 특성이 증가하지 않기 때문에 조심해야 한다. 외피의 두께가 2 mm를 넘거나 익면 하중이 큰 항공기를 제외하고는 위의 원칙을 따르는 것이 일반적이다. 날개의 앞전에

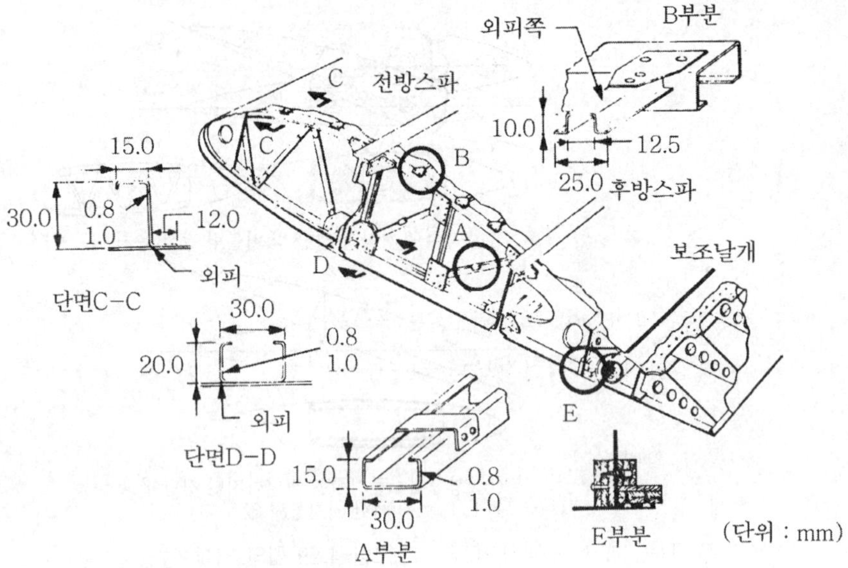

그림 4.61 항공모함용 전투기의 트러스 구조 립

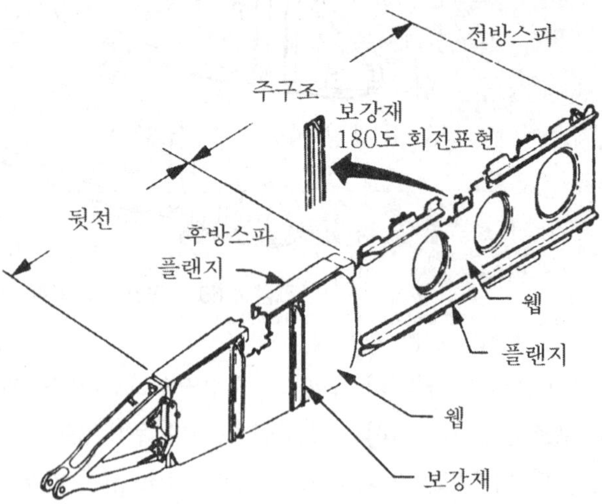

그림 4.62 DC-8 승강타 힌지 부착부의 립

그림 4.63 립 경감구멍의 간격 기준

서는 큰 공기압이 부가되고, 또 날개의 외형이 설계된 날개형에서 벗어났을 때의 악영향이 특히 커지므로 립 간격을 다른 부분의 절반, 혹은 250 mm 전후로 한다.

립의 일반적인 구조는 그림 4.60에 보이듯이 경합금 판을 프레스를 사용하여 일체 성형한 것이다. B-17 등에서는 그림 4.61에서와 같이 상하에 날개형에 따른 부재를 두고, 그 사이를 트러스 구조로 구성하는 립이 사용되었다. 이 방식을 사용하면 중량은 가벼워지지만 생산성이 떨어진다. 그러나 소규모의 설비로 소량을 생산하는 글라이더나 개인 제작기에는 오늘날에도 사용되고 있다.

집중하중을 지지하는 립은 한 장의 판을 프레스 성형하면 강도에 불균형이 발생하므로, 그림 4.62에서와 같이 플랜지, 웹, 보강재의 조립구조로 한다.

초음속 전투기에서는 기계가공으로 일체 구조로 만드는 일도 있다. 일반의 프레스 성형의 립에서 외피와의 정밀한 결합이 필요한 경우에는 외피와 같은 두께로 두면 강도나 강성상의 큰 문제는 없다. 립의 경감구멍(lightening hole)의 간격은 그림 4.63에 보인 바와 같이 인접하는 구멍간 접선의 기울기가 45도 이하가 되도록 한다. 경감구멍을 뚫으면 허용전단응력이 내려갈 것 같지만 1 mm 전후의 박판에서는 구멍의 주변을 접어 구부리면 그림 4.64에 보인 바와 같이 강성이 올라가므로 구멍이 있는 판의 허용전단응력은 저하되지 않는다.

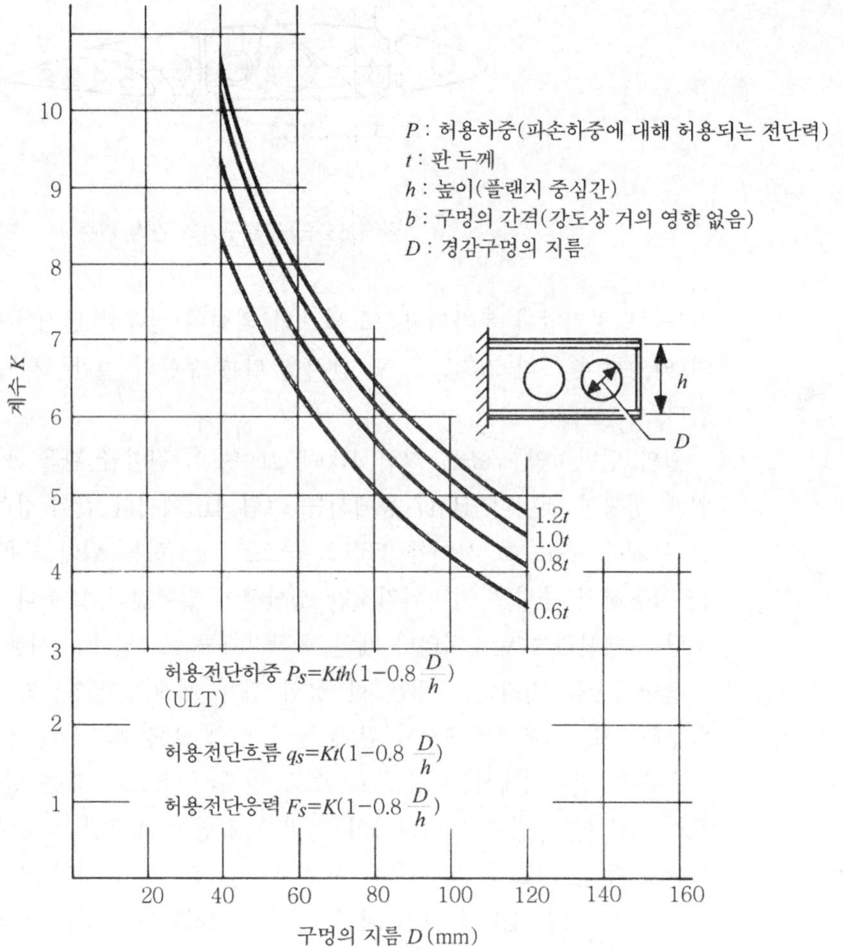

그림 4.64 경감구멍을 갖는 판의 전단강도

4.6.2 립의 강도

립은 각 립 사이에 작용하는 압력에 견디도록 만들어야 한다. 각 립에 부가되는 공기력의 크기는 스팬 방향과 시위 방향의 공기력 분포를 사용하고, 여객기 이외의 소형기에 대해서는 근사적인 공기력 분포를 이용하면 된다.

2-스파 박막외피구조의 립은 전방스파와 후방스파를 연결하는 보로 생각하여 전단력, 굽힘모멘트를 계산하고 부재의 크기를 결정하면 된다(그림 4.65 참조).

응력외피구조에서는 스파의 반력이 스파의 관성모멘트 비율에 따라 분배되어 평형이 이루어지지 못한 모멘트는 외피의 비틀림 응력에 의해 지지된다. 따라

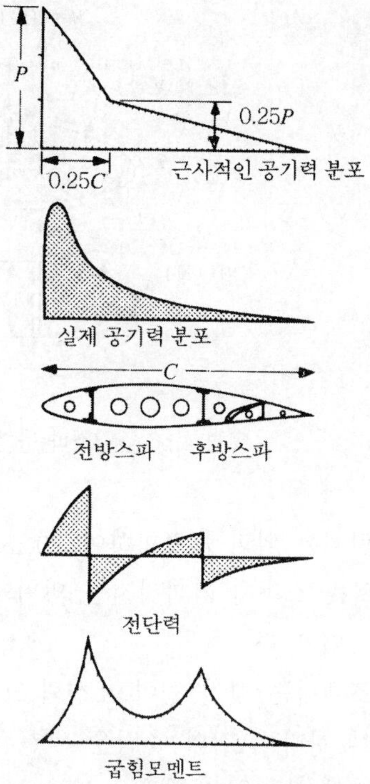

그림 4.65 일반적인 립이 받는 전단력과 굽힘모멘트

서 일반 립에서는, 립의 두께를 외피 이상으로 설정하여 두면 굽힘강도가 부족한 경우는 없다.

그림 4.66에 보인 단일스파 응력외피구조의 앞전 립의 예를 들어보자. B점 주위의 모멘트 평형으로부터 다음과 같은 식을 얻을 수 있다.

$$400 \times 0.075 - 2 \times 0.06 \times q_T = 0$$

$$q_T = 250 \text{ kg/m} = 0.25 \text{ kg/mm}$$

립 웹의 전단흐름은 400/170= 2.3 kg/mm, 두께가 0.5 mm이므로 전단응력은 4.6 kgf/mm^{2}이고 경감구멍을 설치해도 8 kgf/mm^{2}의 응력에 견딜 수 있으므로 문제는 없다. 립의 플랜지 하중은 단면 Y-Y에서 최대가 되어 다음과 같이 계산되고,

$$P = \frac{2A_x \times q_r}{h_x} = \frac{2 \times 0.048 \times 234}{0.170} = 132 \text{ kg}$$

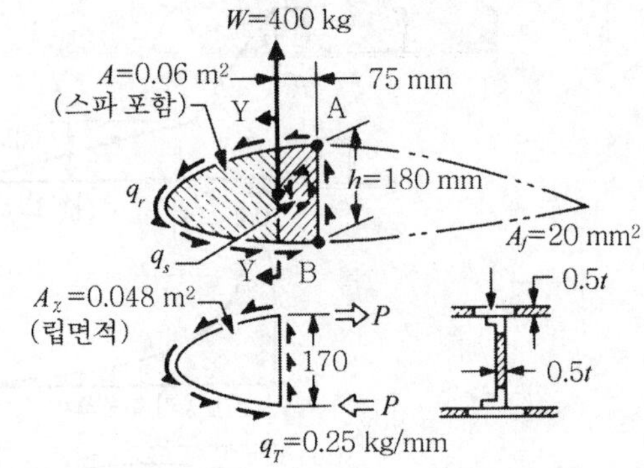

그림 4.66 단일스파 응력외피 날개 립의 내부하중

플랜지 면적은 외피를 포함하여 20 mm^2 정도이므로 충분히 하중에 견딜 수 있다. Y에서는 스파에 가까워지면 외피와 반력이 서로 반대가 되므로, A점에서는 축력이 0이 된다.

실제 구조에서는 뒷전 립이 토션박스에 부가적으로 부착되므로, 그 고정반력도 고려해야 한다. A점의 축력은 뒷전 립의 축력에 균형을 맞추게 되는데, 여기서는 외피의 작용을 이해하기 위하여 하중을 단순화하고 있다.

4.6.3 스트링거의 단면 형태

립, 외피, 스파로 날개의 외형은 만들어지지만, 그것만으로는 비행 중에 하중을 받아 스파가 휘면 외피에 주름이 생긴다. 이러한 현상을 막기 위해 날개의 상·하 외피의 내측에 날개길이 방향으로 가는 부재를 배치하는데 이것을 스트링거(stringer)라고 한다. 스트링거는 외피와의 결합을 적절하게 하면 다중스트링거 구조로서 외피와 일체가 되며 외형의 유지와 동시에 날개의 굽힘강도를 분담할 수 있다.

그림 4.67에서 1~8번 스트링거는 박판을 접어 만든 부재이며, 굽힘응력이 비교적 낮다. 1, 5, 6, 8이 일반적으로 사용된다. 3, 4는 압출형재를 사용하는 편이 좋다. 9~15는 경합금을 다이스에서 밀어내어 만든다. 하중이 큰 곳에서는 9, 10과 같은 폐단면을, 하중이 낮은 곳에는 11과 같은 단면을 사용한다. 12, 13은 중간 정도의 하중이 작용하는 곳에 사용 가능하지만 압축하중이 높아지면 비틀림 좌굴(torsion instability)을 일으키기 쉽다.

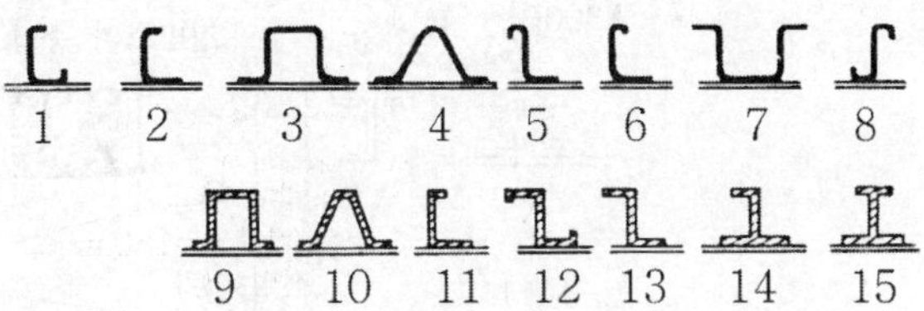

그림 4.67 스트링거의 여러 가지 단면

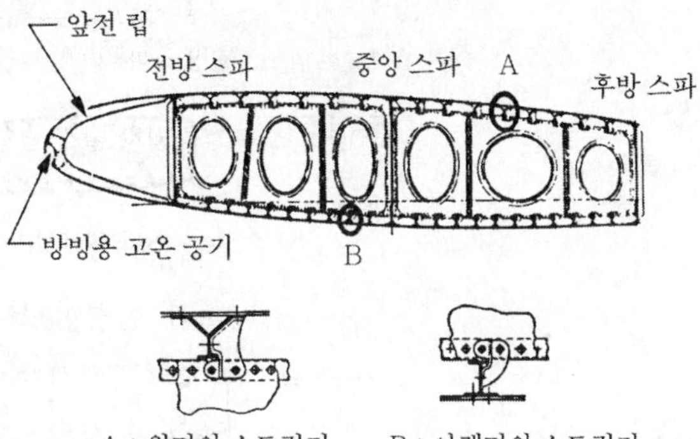

그림 4.68 Douglas DC-8 여객기 날개의 구조 단면

스트링거의 제작을 위해서, 소형기에서는 J형 단면을 한 경합금에 대하여 판굽힘, 혹은 인발공정 (두께 0.8~1.27 mm 정도)을, 중 · 대형기에서는 J, Y, Hat 등의 단면을 한 알루미늄 합금에 대하여 압출공정(extrusion) (두께 2~3 mm)을 사용한다.

스트링거의 허용 압축력은 스트링거의 압축 좌굴하중(P_{cr})과 비틀림 좌굴(torsional instability)에 의해 결정된다. 각각에 대한 이론식과 경험식을 이용한 식이 참고문헌이나 설계 메뉴얼에서 사용되고 있는데 오늘날에도 최종적으로는 부품시험에 의해 설계허용하중을 구하는 것이 통례이다.

Hat 형(그림 4.67의 3 참조)은 폐단면 스트링거로서, 국부좌굴응력, F_{cc}를 높이 취하면서 b/t를 작게 유지, 단면의 이차관성모멘트를 크게 할 수 있으므로 압축부재로서의 효율이 크다. 그러나 이런 종류의 단면을 갖는 스트링거의 단점은, 제작성이 나쁘고, 내부 점검이 어려운 것이다. 일체형 연료탱크 등에 사용하면 기밀이 어렵고, 일단 누출이 생겼을 때의 보수가 극히 어렵다.

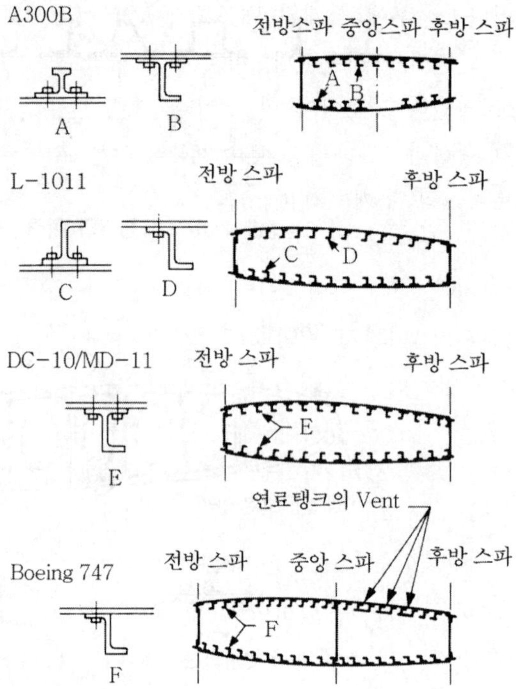

그림 4.69 대형 여객기의 다중스트링거 날개 단면형상

한편 I-, J-, Z-자 형태의 개단면(open section)을 가진 스트링거는 가공이 용이하기 때문에 많이 사용되는데 국부좌굴하중(local buckling load)을 높이기 위해 b/t를 작게 하면 단면의 2차 관성모멘트가 감소하여 전체좌굴하중이 감소한다. 반대로 전체좌굴하중을 높이려 하면 국부좌굴하중이 감소된다. 그 외에도 L-, J-, Z-자 형태의 비대칭 단면을 가진 부재는 하중이 커지면 비틀림을 일으키므로 각별한 주의가 필요하다.

개단면과 폐단면(closed section) 부재의 특성을 혼합한 것으로 Y-단면을 들 수 있다. Y-단면의 부재는 구 MD 사의 여객기인 DC-8, DC-9에 사용되었다. b/t를 작게 하면서 큰 관성모멘트를 얻을 수 있고 단면의 대칭성이 좋으며 비틀림에도 강한 것이 Y-단면 부재의 특징이다.

날개의 구조는 일반적으로 위쪽으로의 굽힘하중이 크고 아래쪽으로의 굽힘하중은 돌풍이나 배면비행을 할 경우에만 나타나므로 위쪽으로의 굽힘하중의 절반 정도에 지나지 않는다. 따라서 DC-8에서는 그림 4.68에서 보듯이 윗면에는 압축하중에 강한 Y-단면 스트링거를 사용하고 아랫면에는 구조적 효율성이 약간 떨어지더라도 가공성이 좋은 I-단면의 스트링거를 사용하고 있다.

그러나 그 후에 설계된 DC-10과 MD-11에서는 더 이상 Y-단면을 사용하지 않고 I-단면만을 사용했다. 이것은 제작성 뿐만 아니라 정비 및 검사의 편리함이 고려되었다고 보아야 할 것이다. 그림 4.69는 최근 개발된 제트 여객기의 스트링거 형상과 그 배치를 보여주고 있다.

스트링거의 두께는 립(rib)의 간격과 밀접한 관련이 있다. 립의 간격을 좁게 하면 공기력에 의한 스트링거의 하중을 줄일 수 있고 좌굴하중 또한 높아진다. 립의 간격을 넓게 하면 스트링거에 걸리는 굽힘하중이 커지고 좌굴하중은 급격히 저하된다. 따라서 립의 간격을 넓게 하면 립 자체의 중량과 부품의 수를 줄일 수는 있지만 스트링거의 좌굴하중은 립 간격의 제곱에 반비례하기 때문에 립 간격을 잘못 증가시킬 경우 항공기의 중량이 오히려 증가할 수도 있다. 스트링거의 전체 표면적은 외피의 면적에 가까울 정도로 크기 때문에 항공기의 중량에서 스트링거가 차지하는 비중은 의외로 크다. 가령 스트링거의 두께를 1게이지 증가시키는 것은 외피의 두께를 1게이지 증가시키는 것과 같은 효과를 내는 것이다. 따라서 외피의 휨을 막기 위해서라면 차라리 립의 간격을 줄이는 것이 중량절감의 측면에서 더 유리할 수도 있다.

스트링거가 주 하중을 지지하도록 설계된 다중스트링거 구조에서는 설계의 초기단계에서부터 스트링거에 걸리는 응력을 검토하여 설계하기 때문에 문제는 없다. 그러나 스파가 모든 하중을 지지하고 외피는 단순히 공기력만을 지지하는 구조에서는 스트링거는 단지 외피의 변형 방지만을 위해 사용되므로 종종 스트링거에 대한 검토가 지연되어 허용응력이 날개의 굽힘변형을 수용할 수 없게 되는 경우가 있다. 이러한 경우 추가적인 보강을 해야 하는데 이러한 사태는 결국 중량증가로 이어지므로 피해야 한다. 그림 4.13과 4.15에서와 같이 모든 하중을 스파가 지지하는 구조에서는 스트링거를 모두 없애고 선회할 때 외피에 주름이 발생하지 않을 정도로 설계하면 중량을 줄일 수 있다.

스트링거의 설계에서 문제를 일으키는 것은 끝단 처리와 립과의 체결 문제이다. 날개의 안쪽에서 바깥쪽으로 감에 따라 필요한 스트링거의 수가 감소하므로 중간에서 스트링거를 제거할 경우가 있다. 이 때 스트링거의 끝단은 그림 4.70에 보인 바와 같이 반드시 립에 체결하고 비스듬하게 잘라내어 가능한 한 스트링거의 단면적이 서서히 줄어들게 하는 것이 좋다. 큰 하중이 작용하는 날개의 루트(root) 근처에서 스트링거를 제거할 경우에는 날개의 바깥쪽에서부터 비스듬히 잘라내어 신중하게 처리할 필요가 있다. 루트 근처에서 스트링거를 제거하거나 점검창 등의 확보를 위해 스트링거를 절단해야만 한다면 이것은 설계자가 사전에 여러 가지 상황을 고려하지 않았다는 증거이며 이러한 일이 생

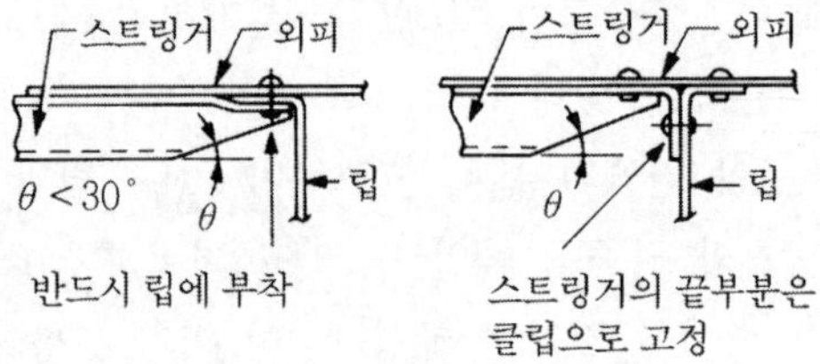

그림 4.70 스트링거의 끝단 처리

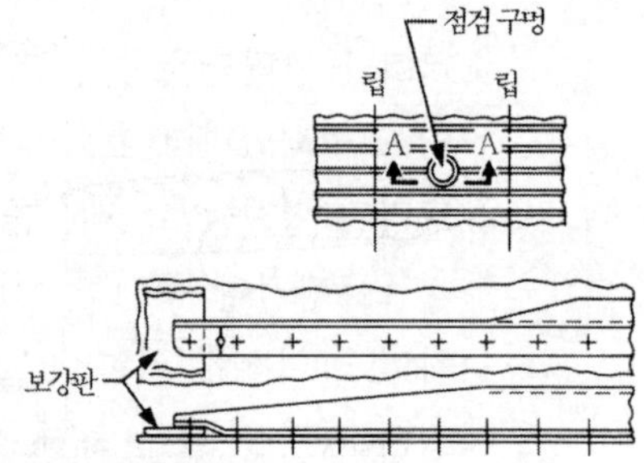

그림 4.71 스트링거의 절단

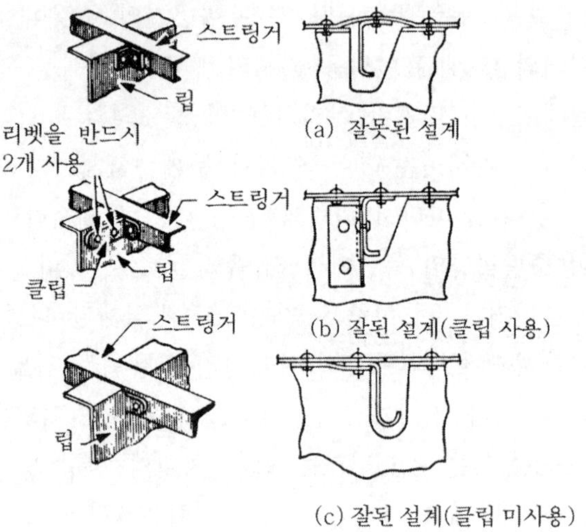

그림 4.72 립과 스트링거의 체결

겨서는 안된다(그림 4.71 참조). 이러한 경우 응력집중현상에 의해 강도가 크게 저하되고, 설사 정적강도시험을 통과했다 할지라도 결코 좋은 설계라고는 할 수 없다.

스트링거와 립의 체결은 그림 4.72에 제시된 바와 같이 이루어져야 한다. 스트링거를 클립(clip)으로 립에 체결하는 작업은 번거롭기 때문에 작업자들이 좋아하지 않는다. 그러나 이것을 확실히 하지 않으면 운용시간이 증가함에 따라 외피가 느슨해지게 된다.

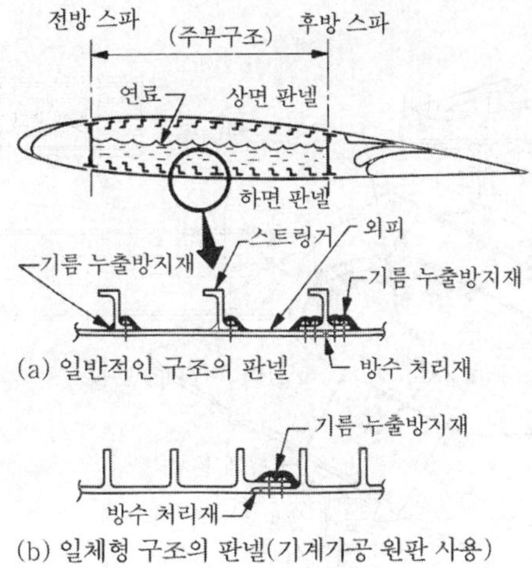

그림 4.73 일체형 연료탱크의 구조

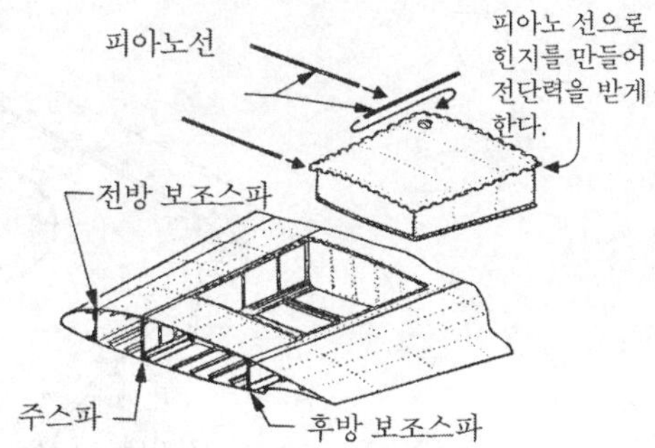

그림 4.74 반일체형 연료탱크의 구조

4.7 날개 구조와 연료탱크

항공기에서 무게중심(c.g.)의 위치가 흐트러지면 안정된 비행을 할 수 없다. 항공기는 일반적으로 이륙중량의 30~50 %에 가까운 연료를 싣고 있고 목적지에 도착했을 때 연료는 거의 바닥 상태가 된다. 따라서 연료탱크는 가능한 한 무게중심의 근처에서 균형을 생각하여 배치하여야 한다. 그렇지 못할 경우 비행 중에 무게중심이 크게 이동하여 위험한 상태가 된다. 전투기 등에서는 무게중심 앞 뒤 동체에 주연료탱크를 배치하지만 민항기에서는 동체는 객실이나 화물칸으로 사용해야 하므로 주로 날개에 연료탱크를 두게 된다. 장거리를 비행해야 하는 항공기의 경우 날개의 면적이 연료탱크에 의해 결정되는 경우도 적지 않다.

연료탱크를 날개에 두는 데에는 몇 가지 고려되어야 할 사항이 있다. 스파가 두 개나 세 개인 응력외피 구조에서는 외피는 굽힘모멘 감당하지 않으므로 탱크 부분의 외피를 탈착식으로 해도 스크류를 사용하여 전단력이 전달될 수 있도록 잘 고정시키면 된다. 물론 외피의 안쪽은 보강재로 보강해야 한다. 제2차 세계대전 이전에는 스크류가 느슨해져 비행 중 기체가 공중분해된 것으로 추정되는 사고도 있었다. 다중 스트링거 구조의 날개에서는 날개의 외피와 스트링거가

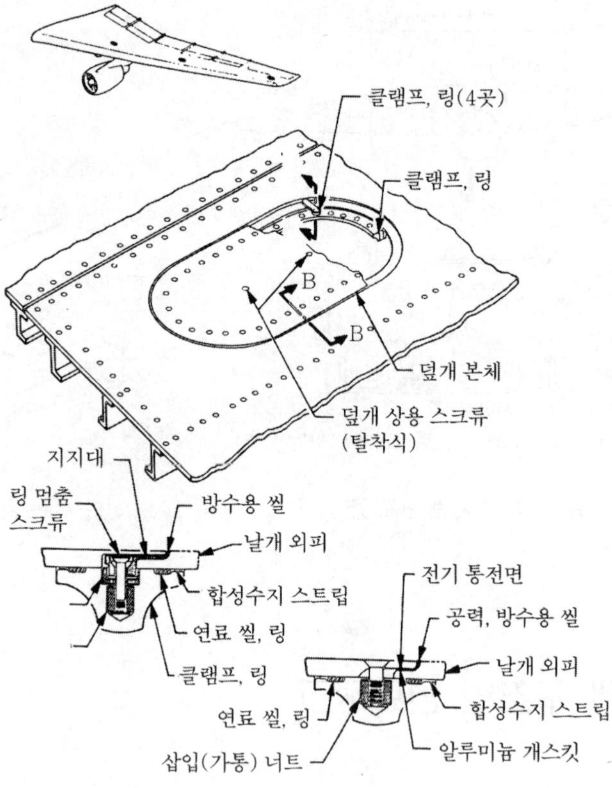

(a) 윗면 점검창

굽힘하중를 감당하고 있어서 함부로 외피를 잘라내어서는 안 된다. 따라서 날개를 안쪽과 바깥쪽으로 분할하여 분할면에서부터 연료탱크를 설치한다. DC-3나 F-86 등의 항공기는 이러한 구조를 사용한 대표적인 항공기이다.

그러나 금속재료 등으로 연료탱크를 만들어 날개 내부에 장착하는 구조에서는 연료탱크와 구조물 사이에 틈이 생겨 날개 내부의 공간효율을 좋게 하기 어렵다. 따라서 그림 4.73에 보인 바와 같이 날개의 구조에 밀폐재(sealant)를 사용하여 연료가 새지 않도록 하여 직접 연료를 보관하는 일체형 연료탱크(integral fuel tank) 방식이 고안되었다. 그러나 일체형 연료탱크의 밀폐는 대단히 중요함에도 불구하고 날개의 내부가 좁기 때문에 작업이 어려우므로 연료가 새는 경우가 있다. 따라서 그림 4.74에 보인 바와 같이 반일체형(semi-integral) 연료탱크 방식을 고안하여 제2차 세계대전 중에 널리 사용되었다. 현

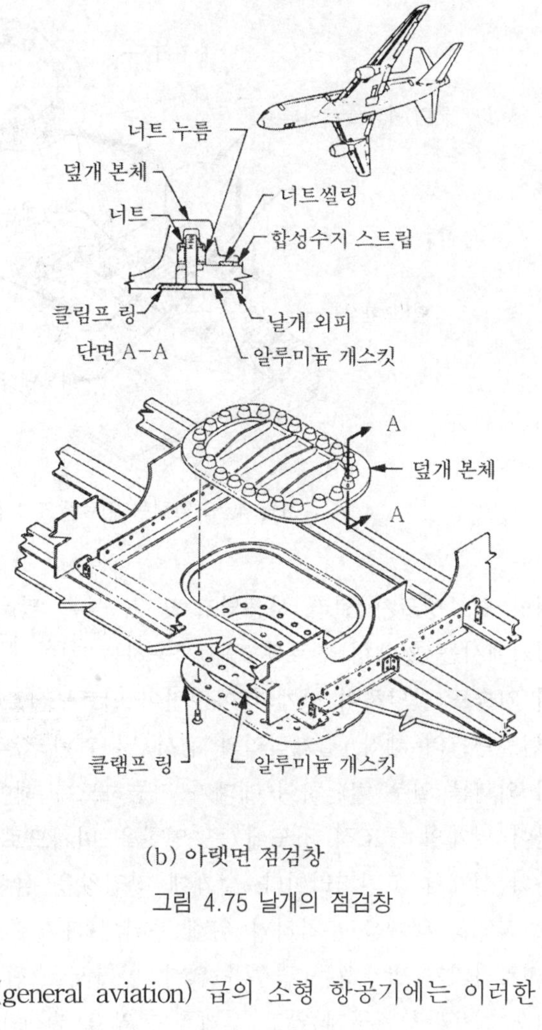

(b) 아랫면 점검창

그림 4.75 날개의 점검창

재에도 일반항공(general aviation) 급의 소형 항공기에는 이러한 방식이 사용되고 있다.

제2차 세계대전 후 보급된 것으로서 얇은 고무로 만든 연료탱크가 있었다. 비교적 작은 구멍을 통해 접혀져 있는 연료탱크를 밀어 넣고 중간에서 펴서 구조물에 고정시킨다. 이러한 방식은 복잡한 형상을 만들 수 있으므로 금속 연료탱크에서는 불가능했던 스트링거나 프레임 사이까지 연료탱크로 이용할 수 있기 때문에 효율이 높다. 귀찮은 밀폐작업도 필요 없으므로 일반항공급 항공기나 군용기의 동체 내부 연료탱크로 사용된다.

일체형 연료탱크의 단점은 방탄이 불가능하기 때문에 실제 전투에서 공격을 당할 경우 쉽게 화재가 발생하여 큰 피해를 입기 쉽다는 것이다. 그러나 오늘날에는 기관포나 유도탄이 발달하여 어차피 방탄탱크라는 것이 의미가 없어졌다. 따라서 현재의 군용 항공기에서는 일부분만을 방탄특성을 갖도록 보강한

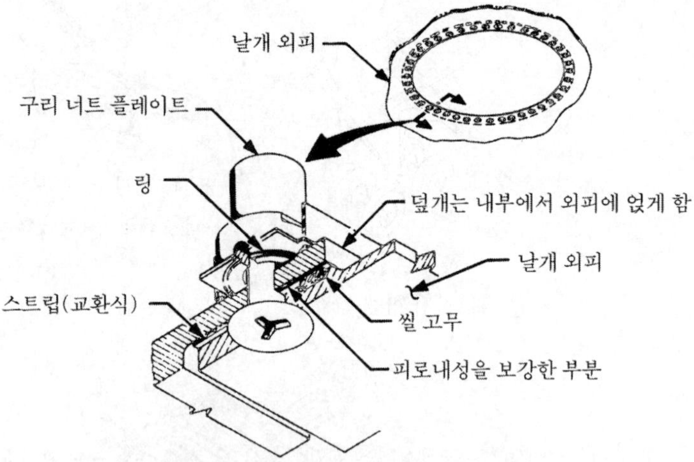

그림 4.76 일체형 연료탱크의 점검창

일체형 연료탱크가 널리 사용되고 있다. 물론 많은 양의 연료를 필요로 하는 여객기에서는 일체형 연료탱크를 사용하는 것이 상식처럼 되어 있다. 연료 밀폐의 기술도 발달하여 날개의 아랫면이 연료누설로 젖게 되는 일도 없다. 일체형 연료탱크의 제작, 밀폐작업과 검사 및 관련 장비의 부착 등을 위해서는 날개의 외피를 일부 절단하여 개폐가 가능하도록 해야 한다. 그러나 이러한 외피 절단이 날개의 구조적 강도에 큰 영향을 미치므로 항공기 제작사들로서는 이 부분의 설계가 고민거리이다. 날개에 작업창을 설치하는 것은 어쩔 수 없다고 해도 작업창 덮개를 부착하기 위해 주위에 체결재용 구멍을 뚫게 되면 여기에서 피로파괴가 발생하는 경우가 많다. 따라서 그림 4.75에서와 같이 날개의 외피에 구멍을 직접 뚫지 않고 덮개를 끼워서 부착하는 방식을 사용하기도 한다. 그러나 이러한 방식을 사용할 경우 기체가 낙뢰를 맞았을 때 덮개와 외피 혹은 스크류의 끝단과 외피 사이에서 스파크가 발생하여 기화된 연료가 점화되어 폭발할 수 있으므로 각별한 주의가 필요하다. 그림 4.75의 예에서는 덮개와 외피의 접촉면 처리를 위해 애노다이징(anodizing)을 사용하지 않고 아로진 처리를 하여 전도성을 향상시킨다. 또한 스크류의 끝을 구리로 처리하여 스파크가 튀는 것을 막기도 한다.

그림 4.76은 대형 여객기에 사용되는 연료탱크 점검창의 구조를 보여준다. 이 경우에는 스크류를 사용하여 점검창의 덮개를 날개의 외피에 확실히 고정시킨다. 물론 피로시험을 통해 피로강도를 검증하여야 한다. 항공기의 제작사에 따르면 피로강도 유지를 위한 보강으로 인해 중량은 다소 늘어나지만 스크류로

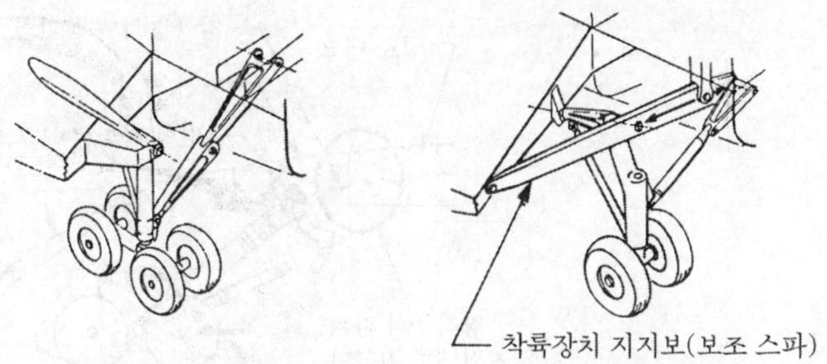

(a) 직접지지 형식 (b) 보조스파 형식

그림 4.77 대표적인 주착륙장치 구조

확실히 고정시키는 것이 날개의 비틀림 강성을 높이고 강도 역시 향상시킬 수 있으므로 전기체 중량의 관점에서는 오히려 가벼워지게 된다. 또한 금속재료로 체결되므로 전기적인 문제도 사전에 제거할 수 있고, 덮개와 외피의 마찰에 의해 형상이 변하는 것도 방지할 수 있다. 그러나 이 점검창을 인장하중이 작고 피로문제가 적은 상부 외피에 설치하는 것이 좋은지, 혹은 공기역학적 특성에 덜 민감한 하부 외피에 설치하는 것이 좋은지에 대한 의견이 크게 다른 점으로 미루어 볼 때 아직 세계적으로 통일된 의견은 없다고 보아야 할 것이다. 일본의 C-1 수송기에서는 날개의 상부에 설치하였고 스크류로 고정시켰다. 기술진의 비교 검토에 의하면 두 방식은 모두 장단점이 있으며 강도와 강성을 동일하게 하면 중량도 거의 같아지는 것으로 알려져 있다. 단 모형시험 결과 응력을 지지하지 않는 점검창 구조에서는 점검창에 인접한 스트링거가 횡방향 파손을 일으키는 것으로 밝혀져 내력형 즉, 하중을 지지하는 점검창 방식을 채택하였다. 따라서 스파 사이의 상부외피가 압축하중을 지지할 수 있도록 점검창 사이에도 스트링거를 배치하고 스트링거의 하중을 전달할 수 있도록 주위를 보강하였다. 또한 덮개를 스크류로 고정시켜 덮개가 인장, 압축하중 모두에 견딜 수 있도록 하였다. 물론 점검창 하부외피에 배치하였다면 결과는 달라졌을 것이다.

최근의 여객기에서는 연료를 날개의 내부에 싣고 착륙장치(landing gear)도 날개에 부착하는 것이 일반적이다. 이러한 경우 항공기가 착륙할 때 착륙장치에 설계하중 이상의 하중이 걸리게 되어 착륙장치가 파괴되면서 연료탱크가 파손되고 연료가 누설되는 일이 없도록 해야 한다(그림 4.77, 4.78 참조). 또한 동체착륙 사태가 발생했을 경우에도 연료탱크는 지면에 닿는 일이 없도록 중앙날개의 아랫쪽에 킬빔(keel beam)을 설치하거나 엔진 나셀(nacelle)이나 착륙장치의 부착 설계에 주의가 필요하다.

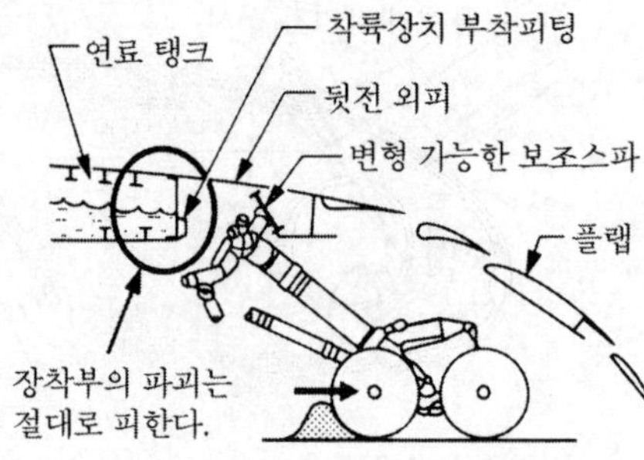

그림 4.78 주착륙장치 장착부와 일체형 연료탱크

4.8 앞전구조와 뒷전구조

전방스파(단일 스파구조에서는 주스파) 앞쪽의 구조를 앞전구조, 후방스파 뒷쪽의 구조를 뒷전구조라 한다. 그러나 뒷전은 날개에서는 보조날개(aileron)와 플랩(flap)이 차지하고 있고, 꼬리날개에서는 방향타나 승강타가 위치하므로, 뒷전구조라는 것은 오늘날 기체에서는 후방스파와 조종면 혹은 고양력 장치 사이의 구조를 말한다.

4.8.1 앞전구조

날개 앞전부에는 토션박스의 몇 배에 해당하는 압력이 작용한다. 또한 형상이 조금만 일그러져도 공력특성, 특히 실속특성에 영향을 주기 때문에 주구조와는 다른 고려가 필요하다. 또 앞전은 비행 중에 조류 등에 부딪히는 일도 있고, 프로펠러에 생긴 얼음이 부딪히는 일도 있다. 꼬리날개의 앞전에는 날개의 제빙장치에서 떨어진 얼음이 부딪치는 일도 있다. 이 때문에 앞전구조는 다음과 같은 사항을 지켜 설계해야 한다.

(1) 주구조의 1/2 정도로 립 간격을 좁게 한다.
(2) 외피는 비교적 두꺼운 판을 사용한다.
(3) 점검·수리를 위해 탈착을 용이하게 한다.
(4) 점검구의 설치는 피한다.

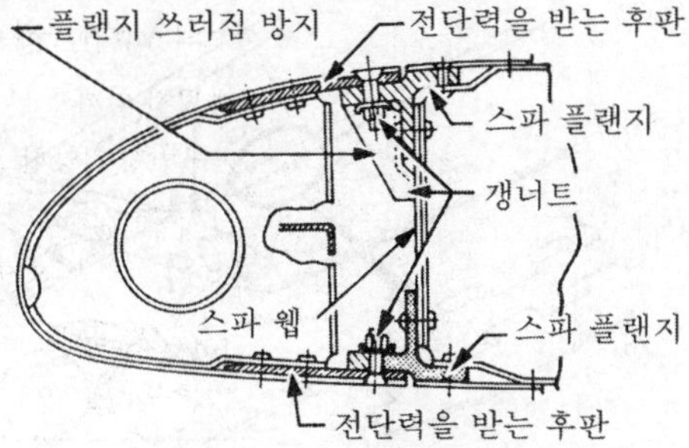

그림 4.79 갱너트를 사용한 앞전의 부착법

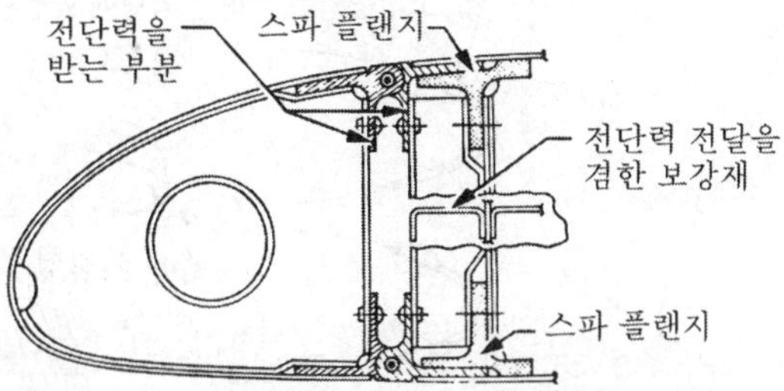

그림 4.80 피아노 힌지를 응용한 앞전의 부착

앞전구조의 설계에서 특히 고려할 사항은 스파와의 부착방법이다. 상기의 (3), (4)항의 요구를 충족시키기 위해서는 앞전 전체를 날개박스 조립 후 스파 플랜지에 붙이는 것이 바람직하다. 이를 위해서는, 그림 4.79와 같이 너트가 부착된 갱너트(gang nut)를 스파 플랜지쪽에 두고 밖에서 스크류로 조이는 것이 일반적이지만, 그림 4.80과 같이 피아노 힌지(piano hinge : 피아노의 건반과 같이 보이는 힌지)를 사용하는 기체(T-34, F-86 등)도 많다. 이것은 피아노 힌지 쪽이 가볍고 탈착이 용이하기 때문이다. 위의 2가지 방식 모두 스파 플랜지로의 축력의 전달은 그다지 어렵지 않지만, 전단력의 전달에는 주의가 필요하다.

그림 4.79는 스크류로 앞전을 고정하는 방식인데 앞전쪽에 충분히 두꺼운 판을 사용하여, 두꺼운 판의 굽힘으로 전단력을 전한다. 그림 4.80에서는 전단력은 피아노 힌지의 압출형재를 매개로 하여 전달된다. 앞전에 슬렛(slat)이나 크루거 플랩을 설치하는 기체에서는 앞전에 집중하중이 부가되기 때문에 탈착식으로는 하중을 다 받을 수 있는 메카니즘을 만들기 어려우므로 앞전을 고정식으로 만드는 경우가 많다.

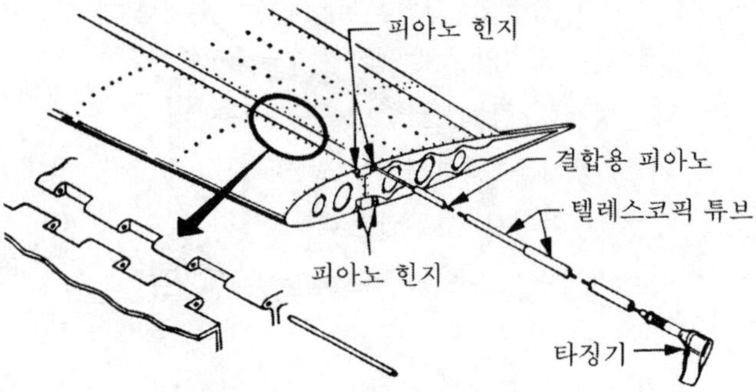

그림 4.81 피아노 힌지식 앞전의 부착

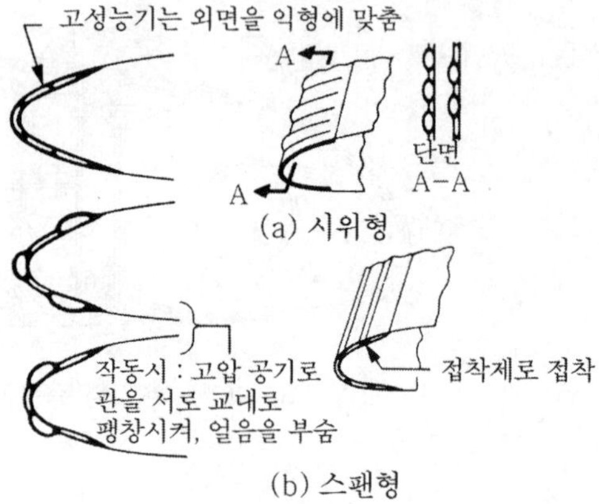

그림 4.82 고무 부츠식 제빙(De-ice) 장치

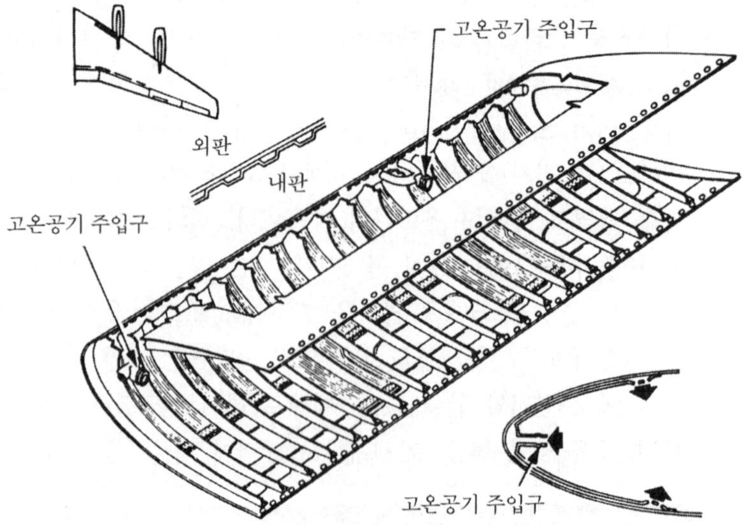

그림 4.83 가열공기식 방빙장치의 앞전구조

앞전구조의 특유한 기능으로 제빙·방빙(de-ice, anti-ice) 기능이 있다. 중·소형기에서는 공기압으로 팽창·수축을 반복하여 부착한 얼음을 깨뜨리는 고무 부츠 제빙방식(그림 4.82 참조), 중·대형기에서는 외피를 이중으로 하고 그 사이에 가열 공기를 통과시키는 방빙식(그림 4.83 참조)이 일반적으로 사용된다. 고무 부츠는 편평한 고무관으로 구성되어 있고, 이 고무관에 교대로 고압공기를 들여보내지만, 고무관의 부착방향에 따라 그림 4.82와 같이 시위 방향과 스팬 방향의 2종이 있다. 가능하면 시위방향을 사용하는 쪽이 좋다. 모든 상황에서 그 작동은 조종자가 감시할 수 있어야 한다. 이 고무 부츠를 사용하는 경우, 앞전 외피를 익형대로 만들고 그 위에 부츠를 붙이듯이(그만큼 선도에서 돌출한다.) 하는 것과 부츠 표면을 익형선도에 맞춰 앞전구조를 부츠만큼 움푹 패이게 만드는 방식이 있다. 전자의 경우에는 고무 부츠를 부착했을 때에 실속속도가 높아지고 후자의 경우에는 부츠를 떼었을 때에 실속속도가 높아진다. 따라서 제빙 부츠의 부착이 선택 사양이 되는 중형기에서는 전자의 형태를, 전천후로 운용하는 기체에서는 후자의 형태를 취한다.

4.8.2 뒷전구조

뒷전구조는 하중이 비교적 작고, 타면과 주구조의 간격을 유지하는 역할만 하면 된다고 생각하여 간단한 구조라고 오해하기 쉽다. 그러나 뒷전구조를 구체적으로 설계하려고 하면, 조종계통, 엔진 조작, 조종면의 상하조작, 유압배관, 전기배선, 고양력장치의 작동기구 등을 잘 알고 그 좁은 공간에 효율적으로 나누어 구조물을 배치해야 한다. 뒷전구조에서 특히 주의해야 하는 것은 강성이다. 공기력이 작다고 함부로 경량화하면 실패하기 쉽다. 강성이 낮기 때문에 조종면과 간극치수에 제작 오차가 커지기도 하고 정비중에 변형되거나, 공기력에 의해 관련 치수의 변화가 생기면 기체의 조종성에 적합하지 않은 영향을 준다. 그림 4.84에 나타나듯이 각 부분의 치수가 정확하게 유지되도록 할 필요가 있다.

또한 뒷전구조는 주구조의 변형을 따라갈 수 있도록 강성에 주의할 필요가 있다. 전기체 강도 시험에서는 뒷전구조가 주구조의 변형을 따라갈 수 없게 되어, 외피 접합 리벳이 파손되는 일이 종종 있다. 이와 같은 경우 강성을 내려 리벳에 하중이 걸리지 않도록 할 것인지, 리벳을 두껍게 보강할 것인지는 주구조의 처짐량을 기준으로 하여 판단해야 한다.

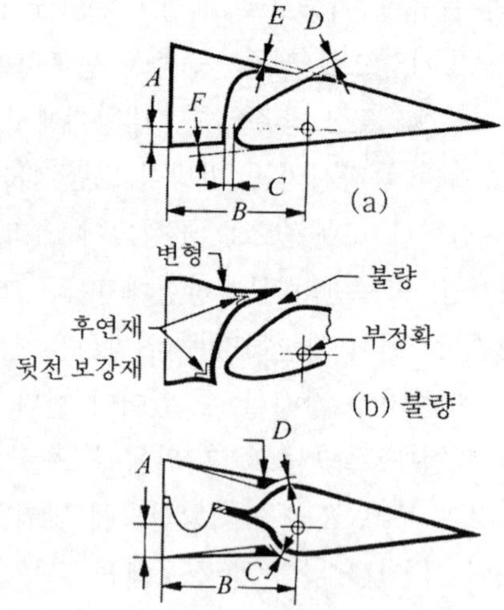

그림 4.84 뒷전구조의 개요

4.9 보조날개와 스포일러

4.9.1 보조날개

보조날개(aileron)와 스포일러는 기체의 횡방향의 기동에 사용되는 조종면이다. 라이트 형제가 처음 동력비행에 성공한 비행기는 좌우의 날개를 반대로 뒤틀어서 기울기를 수정(조정)했는데 이와 같은 방식은 현재에는 전혀 사용되지 않는다.

보조날개는 현재 가장 널리 사용되는 횡방향 조종면이고, 날개 끝단의 뒷전구조에 부착되어 있다. 보조날개의 뒷전을 내리면 양력이 늘고, 올리면 양력이 감소해서, 좌우의 보조날개를 반대로 조작하여 횡방향의 조종을 수행한다.

보조날개도 꼬리날개의 승강타나 방향타와 같이 조종면으로서의 구조는 기본적으로 동일하다. 단, 보조날개는 위의 3개의 조종면 중에서도 가장 가볍게 작동하도록 만들 필요가 있다. 그러나 힌지의 헐거움이나 마찰을 극도로 줄여야 하면서, 치수적으로는 가장 단면이 작고, 길고, 가늘기 때문에 스파의 높이를 충분히 확보할 수 없고, 부착되어 있는 날개 쪽도 공압으로 휘어져버리므로 하중이 부가되면 삐걱거리거나 작동이 나빠진다. 가볍게 작동하며 효과가 좋은

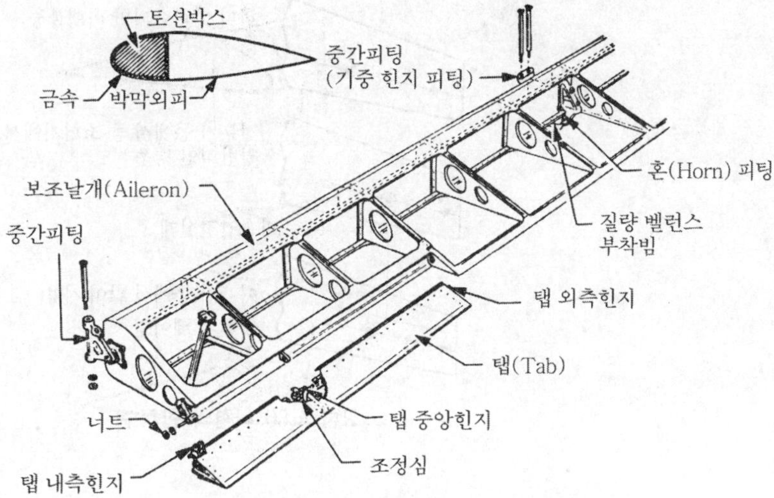

그림 4.85 박막외피 구조의 보조날개

보조날개의 설계는 공력적으로나 구조적으로나 의외로 어렵다. 보조날개 본체의 구조는 힌지 피팅 부분을 제외하면 기본적으로는 단일스파구조의 작은 날개로 생각하면 된다. 단일스파구조의 파손안전성은 오로지 힌지의 다수화와 작동기구의 확실성에 의해 유지하도록 한다.

조종면에는 플러터(flutter)를 막기 위해 전면에 매스밸런스를 붙인다. 매스밸런스를 포함한 구조 중량을 가볍게 하기 위해서는 조종면의 뒷전구조를 가볍게 하는 것이 효과적이다. 이 때문에 과거에는 뒷전은 박막외피구조로 하고, 앞전부를 금속의 토션박스로 하는 구조가 널리 사용되었다(그림 4.85 참조). 그러나 이 구조는 고속에 의한 공기력을 받으면 외피가 내측으로 빨려들어, 단면이 찌그러지게 된다. 이것은 조종력을 무겁게 하고 결과적으로 횡방향 회전성능을 저하시키게 된다. 영국의 Spitfire 전투기는 이 현상에 눈을 뜬 최초의 기체이고 제2차 세계대전 후기부터 후속 기종과 연합군의 전투기 보조날개는 전금속제 응력외피구조로 바뀌었다.

근래의 여객기 등에는, 가볍고 강성이 높은 보조날개를 만들기 위해 하니콤 코어 샌드위치 구조나 복합재 보조날개가 사용되는데, 이와 같은 구조에서는 보조날개의 굽힘강성이 날개에 비해 높아져서 날개의 변형으로 힌지에 비틀림 하중이 생기거나, 보조날개에 큰 굽힘응력이 발생하기도 하므로 설계시 충분한 주의가 필요하다.

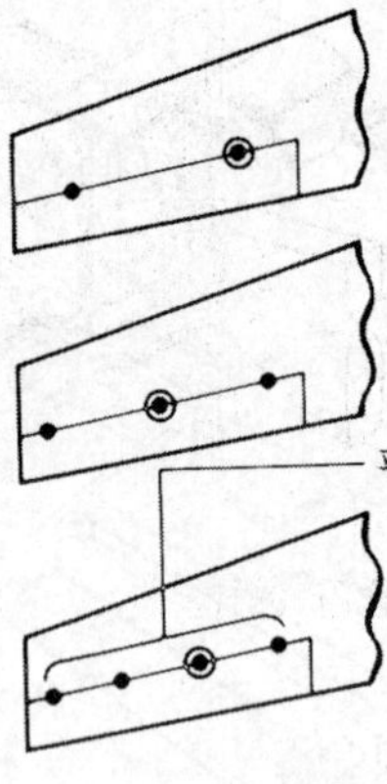

그림 4.86 타면의 힌지수

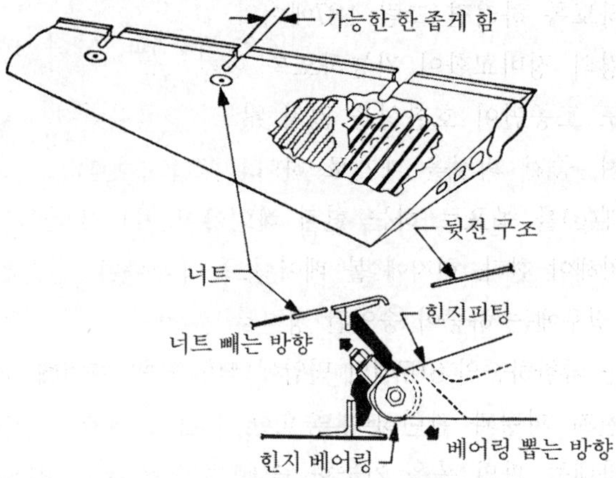

그림 4.87 MD사의 전통적 힌지구조를 사용한 타면구조

조종면의 힌지수는 원칙적으로 타면당 3곳 이상으로 한다(그림 4.87 참조). 2곳으로 하면 힌지 라인의 일치(alignment)라는 귀찮은 문제는 없어지지만, 만일 1점의 힌지가 파손되면, 그것만으로 조종불능이 되어버린다. 또한 날개의 주구조와 조종면의 공압에 의한 휨의 방향이 크게 달라 조종면의 공력특성이 하중에 의해 미소하게 변화하기도 하고, 심한 경우에는 조종면과 뒷전구조가 합쳐지는 경우도 있다. 최신의 여객기에서는 1타면당 4곳 이상의 힌지를 설치하고, 어느 1점이 파괴되어도 파손-안전 하중에 견디는 것을 강도계산과 하중시험에 의해 보장하고 있다.

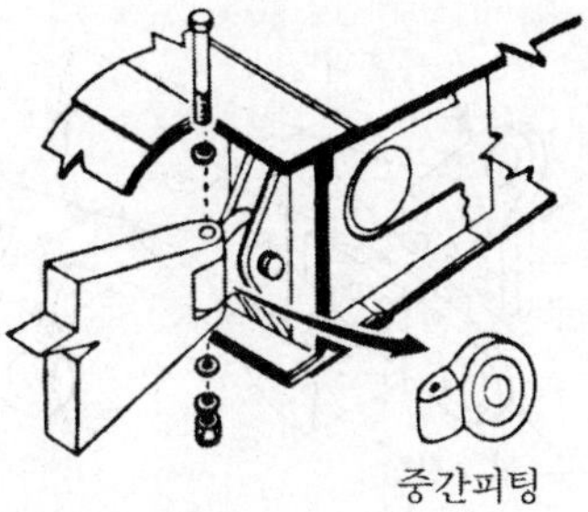

그림 4.88 중간 피팅을 사용한 힌지 피팅

힌지를 4곳 이상으로 하는 것은 3곳으로는 어떤 한 개의 힌지가 파손될 경우 파손-안전 하중에 견디기 어렵기 때문이다. 조종면의 힌지에는, 비집는 하중을 피할 수 있는 자동조심형의 볼 베어링을 사용한다. 볼 베어링의 정비교환이 가능하도록 하려면 그림 4.87에서와 같이 기체에 힌지피팅을 부착한 상태에서 베어링의 정비교환이 가능하도록 한다. 또 힌지피팅의 간격에 약간의 오차가 있어도 조종면이 호환성을 잃지 않도록, 힌지피팅의 스팬 방향의 강성을 낮게 하든지, 중간 피팅을 매개로 하여 타면을 부착하도록 한다. 이 경우, 구조중량의 12배(g)를 목표로 하는 힌지 라인에 평행한 하중(추력하중)을 받는 피팅을 1곳 설치해야 한다. 힌지에 볼 베어링, 롤러 베어링 혹은 윤활제 내장식 베어링을 사용할 경우에는 하중이 승인된 정격치 이하가 되도록 설계하면 되는데, 평면 베어링일 때는 극한하중의 6.67배의 면압에 견디도록 설계해야 한다.

힌지 피팅과 관련하여 중요한 것은, 조종면의 힌지 피팅과의 간섭으로 인해 잘라내는 판의 폭을 가능한 좁게 하는 것이다. 힌지 볼트의 부착 · 탈착이 용이하도록, 조종면의 앞전을 폭 넓게 자르면, 기류가 흐트러져 조종면의 작동과 조타 감각의 밸런스가 무너질 뿐 아니라 타면의 진동을 발생하는 원인이 된다.

베어링의 교환, 힌지 피팅 간격의 어긋남, 혹은 피팅부의 절단축소를 한번에 해결하기 위해서는 그림 4.88과 같이 중간피팅방식을 채용하면 된다. 이러한 중간피팅방식은 제2차 세계대전 중의 일본 기체와 전후의 North American F-86 등에 사용되었다.

중간피팅방식에 다른 의견을 갖는 설계자도 있다. 이 방식은 힌지 피팅에 있는 이음이 증가하기 때문에 정밀하게 가공하지 않으면 변형이 생기기 쉽고, 진동을 발생하는 원인이 된다는 것이다. 그러나, MD사의 방식은 중간피팅방식을 사용하지 않으면 절단부가 커지고, 베어링의 교환이 곤란하며 힌지 피팅 간격의 어긋남에 대한 대책을 세워야 할 경우, 중간피팅을 추천한다.

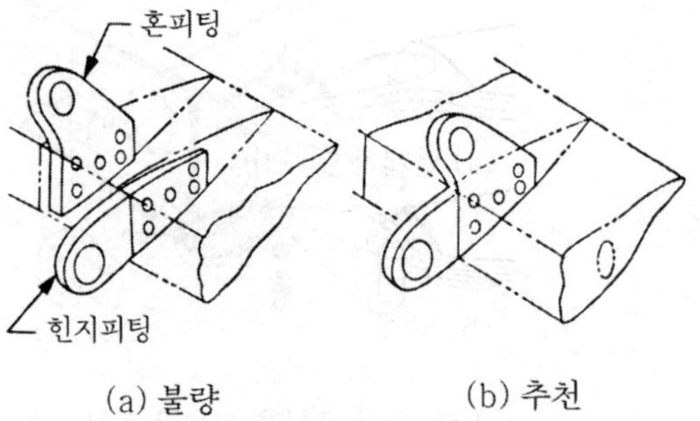

그림 4.89 혼 피팅과 힌지 피팅

조종면을 조작하는 혼 피팅은 원칙적으로 조종면의 힌지 피팅과 일체로 만든다. 조종력의 반력은 힌지 피팅이 받으므로, 이와 같이 하면 하중의 흐름은 최단 거리를 지나므로 구조는 가볍고 강성이 높아진다(그림 4.89 참조). 혼 피팅이 기체 밖으로 돌출할 때는 반드시 페어링(fairing)을 부착한다. 이 페어링은 공기저항의 감소에도 도움이 되지만, 가장 중요한 역할은 결빙의 방지이다.

4.9.2 앞전 공력밸런스

과거에는 보조날개의 조종력을 경감시키기 위해 그림 4.90에 제시된 것과 같은 단면이 사용되었다. 오늘날에도 경비행기 등에 사용되는 이 형식은 앞전부가 예민하게 작용한다. 거꾸로 말하면 앞전형상이 조종력에 민감하게 반응하므로 개발초기단계에서 한번에 형상을 결정하기는 어렵다.

이 때문에 시제기에서는 이 부분을 강목으로 만들고, 필요에 따라 목공공구로 절삭하여 최종 형상을 구하는 것도 생각할 필요가 있다(그림 4.91 참조). 또 양산기에서는 모든 기체가 정확하게 설계요구를 재현할 수 있는 구조와 제작법을 생각해야 한다.

최신의 고속기(아음속)에 자주 사용되는 것은 그림 4.92에 보인 내부밀폐 방식이다. 이 방식은 앞전부가 기외에 돌출되지 않아서 공력 특성이 우수하다. 다만 보조날개를 탈착할 때마다 이 밀폐막을 탈착해야 하기 때문에 그것이 가능하도록 뒷전 구조를 만든다. 밀폐막의 장착이 귀찮다고, 어려운 설계나 가공을 하면 공기의 누설이 생겨 밀폐효과가 없어진다. 특히 힌지 피팅 주변에 주의하여 물도 새지 않도록 세심하게 밀폐막을 부착할 필요가 있다.

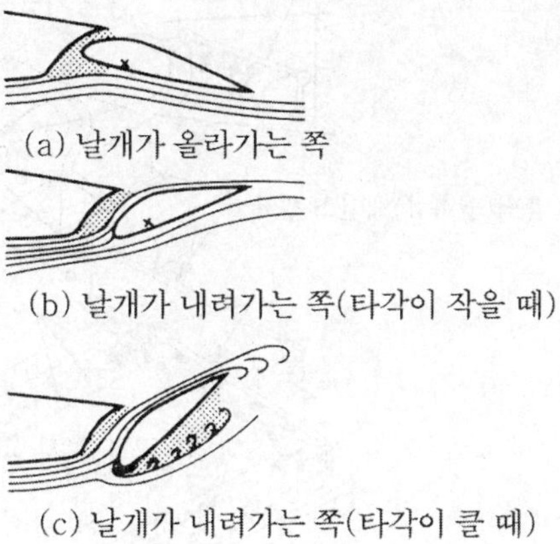

그림 4.90 조종력 경감을 위한 보조날개의 작동원리

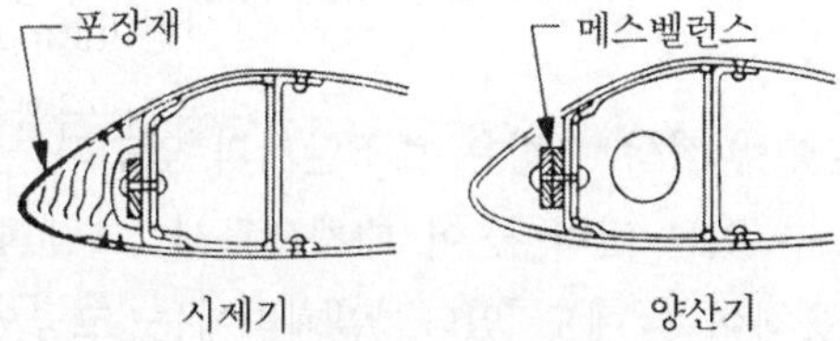

그림 4.91 앞전 공력밸런스의 구조

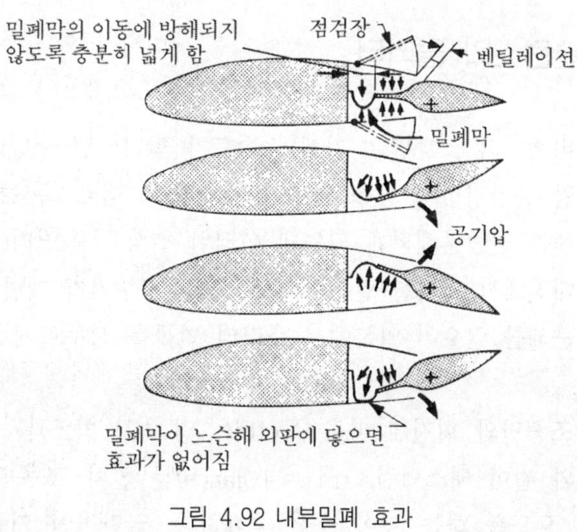

그림 4.92 내부밀폐 효과

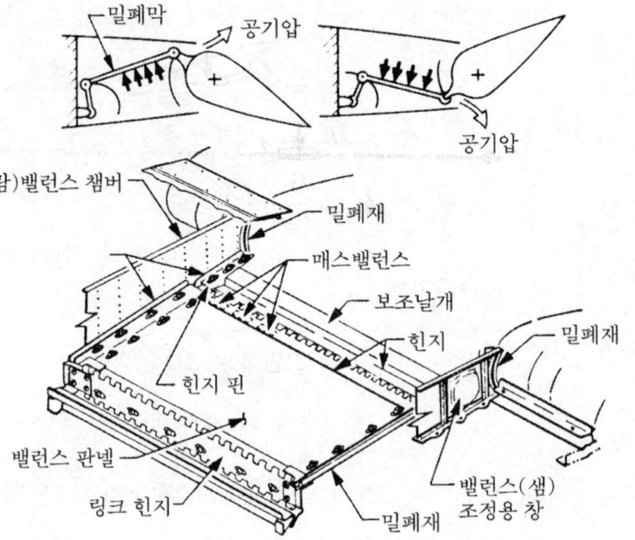

그림 4.93 링크 판넬의 앞전 밸런스

내부밀폐 방식의 결점은 보조날개의 앞전과 날개의 뒷전이 간섭하여 큰 타각을 취할 수 없는 것이다. 이 대책으로서, 그림 4.93과 같이 앞전 밸런스를 링크 기구로 움직이는 예도 있다. 밀폐막에는 고공의 저온에서도 딱딱해지지 않는 재료를 사용한다. 테프론에 실리콘 고무를 도포한 것이 좋은 결과를 얻었다.

4.9.3 매스밸런스와 플러터

비행기의 조종면은 기체의 속도가 빨라지면 언젠가는 바람에 펄럭이는 깃발처럼 불안정한 진동을 일으키게 된다. 그대로 속도를 올리면 진동은 심해지고, 기체는 공중분해되게 되는데 이러한 현상을 플러터(flutter)라고 한다. 제2차 세계대전에서 활약한 일본의 제로 함상 전투기가 개발단계에서 플러터에 의한 공중분해를 일으켜 일본에서 플러터 연구를 서두르게 된 것은 유명한 개발비화이다.

조종면의 회전에 따른 플러터(그림 4.94 참조)를 막기 위해서는 그림 4.95에서와 같이 매스밸런스(mass balance)를 설치, 조종면의 무게 중심이 힌지 라인에 오도록 하는 것이 우선 중요하다. 극단적인 저속기나 이중 이상의 유압식

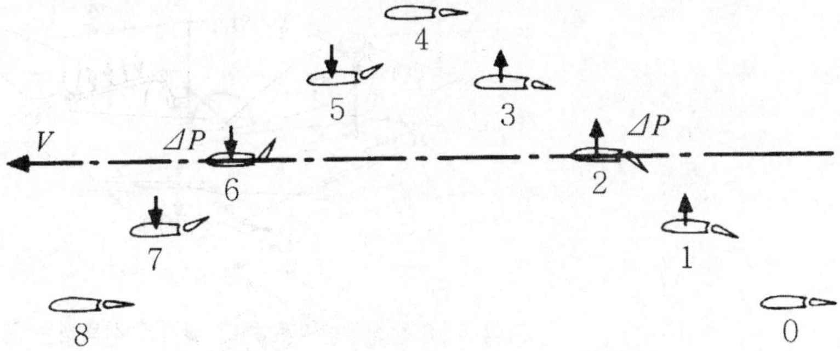

그림 4.94 보조날개 회전에 의한 플러터

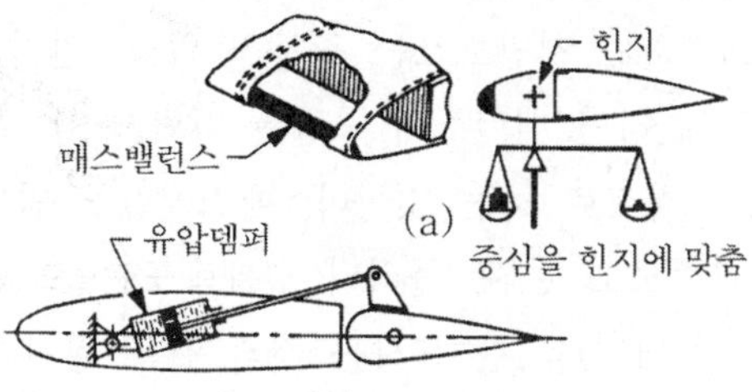

그림 4.95 매스밸런스와 플랩 뎀퍼에 의한 플러터 방지

공압식 조종장치를 사용한 기체를 제외하고는 반드시 조종면의 매스밸런스가 필요하다. 항공기 취급설명서에 매스밸런스 양의 허용범위가 명시되어 있으므로, 타면을 수리했을 때에는 반드시 중심위치를 확인해야 한다. 극단적인 이야기라고 생각될지도 모르나 도장을 변경할 때에도 이를 확인하는 신중함이 필요하다. 매스밸런스 재료는 일반적으로는 철강이나 납을 사용하는데, 외형이 제한되어 있으므로 가능한 한 비중이 큰 재료를 사용하는 것이 좋다. 이 때문에 일부 제트 여객기에서는 텅스텐류의 중합금이나 두활늄을 사용하는 예도 있다. 납은 강도가 낮고 플러터 발생시의 고하중에서는 변형되기 쉽기 때문에 납을 사용할 때에는 구조물로 적당히 싸든지, 철제의 틀 안에 넣는 등의 배려가 필요하다. 납과 박판을 겹쳐 사용하는 것은 피해야 한다.

매스밸런스의 부착부는 타면의 수직방향으로 24g, 힌지 라인에 평행으로 12g의 강도를 갖는 것이 요구되지만, 실제로는 강성도 생각하여 100g(중량 × 100)을 기준으로 생각하도록 한다. 매스밸런스는 스팬 방향의 전폭에 분포시키는 것이 플러터를 막고 부착부의 강도를 올리는데 효율적이다. 추천할 수는 없지만, 어쩔 수 없이 한군데에 집중시키는 경우에는 질량 밸런스 부착부의 강도에 주의하고, 조종면의 비틀림강성에 대한 배려도 필요하다.

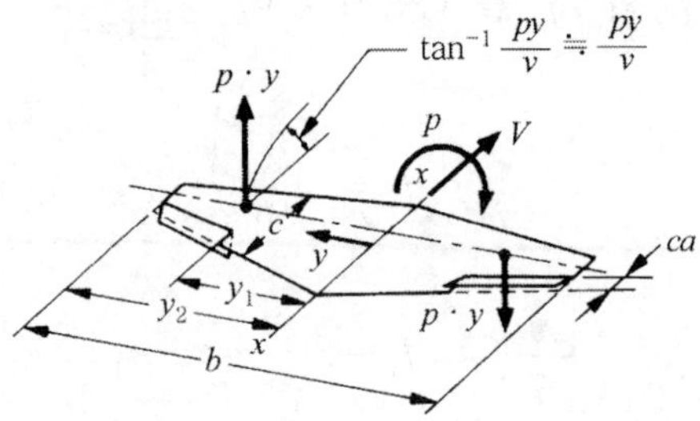

그림 4.96 정상롤링기동 중에 날개에 작용하는 힘

매스밸런스는 조종면의 중심위치를 힌지 라인에 맞추어 힌지 주위의 모멘트를 0으로 하는 것만으로는 충분치 않다. 만약 그것뿐이라면 매스밸런스 암(거리)을 길게 하면 밸런스의 중량은 가볍게 할 수 있다. 그러나 중요한 것은 관성모멘트를 최소로 하는 것이다. 매스밸런스 암의 길이는 힌지 후방의 시위선의 1/3을 기준으로 한다. 플러터 한계속도는 오늘날에도 정확히 예측하기 어렵기 때문에 암(거리)을 길게 하는 것과 같은 일시적인 수단으로 매스밸런스 중량을 줄이려 해서는 안 된다. 다른 부분에서 줄인 중량을 이와 같은 불확실한 부분에 사용해야 한다.

4.9.4 보조날개의 하중

보조날개를 작동시키면, 한 쪽 날개의 양력이 증가하고 반대측의 양력은 감소한다. 이러한 좌우 힘의 불균형에 의해 기체는 회전을 시작한다. 이대로 조타각을 유지하면, 회전속도는 점점 커질 것 같지만, 내려가는 쪽의 날개는 회전에 의해 밑에서부터 바람을 받는 형태가 되어 받음각이 커지고, 반대쪽은 받음각이 줄어든다. 이 받음각 증감에 동반되는 공기력은 회전을 멈추는 방향으로 작용하므로 모멘트 평형이 성립되는 시점에서 기체는 일정한 각속도로 회전을 계속하게 된다. 이것을 정상 롤링(rolling) 상태라 한다.

이때의 전체 롤링모멘트는 다음과 같다(그림 4.96 참조).

$$L = \frac{1}{2}\rho V^2\left(2\beta\int_{y_1}^{y_2} a_2 ycdy - 2\frac{p}{V}\int_0^{\frac{b}{2}} a_1 y^2 cdy\right) \tag{4.35}$$

식 (4.35) 우변의 첫 번째 항이 보조날개에 의한 롤링모멘트, 두 번째 항이 날개의 감쇠 모멘트이다.

여기서 f_β 와 f_p 를 다음과 같이 정의된다.

$$f_\beta = \frac{2}{Sb}\int_{y_1}^{y_2} a_2 yc\, dy \tag{4.36}$$

$$f_p = \frac{2}{Sb^2}\int_{0}^{\frac{b}{2}} a_1 y^2 c\, dy \tag{4.37}$$

이를 이용하여 롤링모멘트를 다시 쓰면 다음과 같다.

$$L = \frac{1}{2}\rho V^2 Sb\left(f_\beta \cdot \beta - f_p \frac{p \cdot b}{2V}\right) \tag{4.38}$$

실제로는 옆미끄러짐(side slip) 등으로 보조날개의 효과는 옆미끄러짐에 의해 80 % 정도로 내려가므로 식 (4.38)은 다음과 같이 수정된다.

$$L = \frac{1}{2}\rho V^2 Sb\left(0.8 f_\beta \cdot \beta - f_p \frac{p \cdot b}{2V}\right) \tag{4.39}$$

식에서 사용된 기호들의 의미는 다음과 같다.

p : 롤링각속도 (rad/s) V : 비행속도 (m/s)
S : 날개 면적 (m^2) S_a : 보조날개 면적 (한쪽, m^2)
b : 스팬 (m) c : 시위 (m)
α_0 : 0 양력각 (rad) β : 보조날개 각
a_1 : 받음각에 대한 양력계수 기울기
a_2 : 보조날개각에 대한 양력계수 기울기

정상롤링상태에서는 $L = 0$ 이므로 식 (4.37)은 다음과 같이 정리된다.

$$0.8 f_\beta \cdot \beta = f_p \frac{pb}{2V},\quad \frac{pb}{2V} = 0.8\frac{f_\beta}{f_p}\cdot\beta$$

여기서, $pb/2V$는 롤기동 중에 날개가 그리는 나선각으로 회전능력의 기준이 되는 값이다. 최근 수송기에서는 0.08, 전투기에서는 0.09이다.

정상상태가 되기까지의 가속과정에서는 조타에 의한 롤링모멘트가, 회전속도에 의해 변화하는 감쇠모멘트 및 회전관성력과 균형을 이루게 되므로 다음과 같은 관계가 성립한다.

$$L = A\frac{dp}{dt} = \frac{1}{2}\rho V^2 Sb \times 0.8 \cdot f_\beta \cdot \beta \tag{4.40}$$

여기서, dp/dt는 각가속도이므로 롤링 관성모멘트, A를 얻을 수 있다. 이 하중은 롤링 관성모멘트가 작은 소형기에서는 그다지 문제가 되지 않지만, 다발기나 날개 아래에 부착물을 다는 기체에서는 고려되어야 한다.

일반적으로 롤링 기동에서는 보조날개 부착부나 국부적인 비틀림 하중을 제외하면 날개의 주구조의 강도를 결정하는 그런 값은 나타나지 않는다. 나중에 기술되겠지만 문제가 되는 것은 날개-동체 연결부에 대한 비대칭 하중의 영향이다. 비대칭 하중에 대해서는 A류는 한 쪽 날개만 40 % 감소, N, U류는 한 쪽 날개만 30 % 감소로 설정되어 있다. 보조날개 하중에서 가장 주의해야 하는 것은 날개의 비틀림이다. 보조날개에 의해 날개가 비틀려 변형하는 것은 피할 수 없는데, 그 값을 바르게 고려하지 않으면 보조날개의 효과는 고속에서 현저하게 떨어진다.

보조날개나 플랩의 설계를 진행할 때는, 최종적인 설계하중은 마지막에 결정되며 변경도 많다. 따라서 날개의 익면하중을 기준으로 하여 동종의 기체의 예에서 설계하중을 설정하여 설계를 진행하고 나중에 변경하도록 한다.

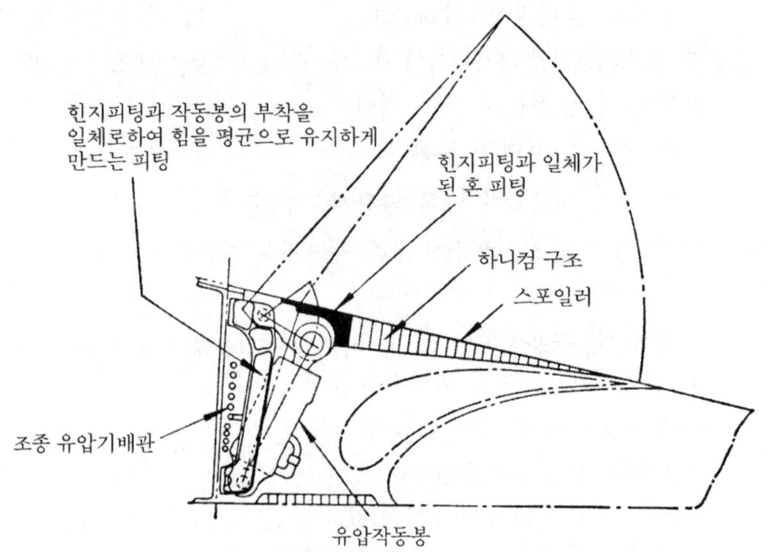

그림 4.97 스포일러의 구조

4.9.5 스포일러

스포일러(spoiler)는 날개의 양력을 감소시키는 것으로 기체의 횡방향 운동(yawing)을 일으킨다. 보조날개와 같이 좌우의 양력을 증감·상쇄시킬 수 없으므로, 이론적으로는 기체의 강하만을 일으키게 된다. 스포일러는 효과가 늦고, 작은 조타에서는 역효과가 나타나기도 한다. 스포일러 설계는 공력적으로는 어렵지만 그림 4.97에서와 같이 구조적으로는 간단하며, 공력밸런스나 매스밸런스도 불필요하다. 안전의 관점에서 2개 이상으로 분할하는 것이 원칙이지만, 이 경우에는 힌지도 2점이면 된다. 소형기에서는 본체를 알루미늄 합금의 압출형재로 만들고, 피팅을 부착하는 것만으로 끝내는 경우도 있다. 대형기에서도 단순한 구조로 만들 수 있다.

4.10 고양력 장치

항공기가 고성능화 됨에 따라 이·착륙 속도도 높아지고, 넓고 긴 활주로를 필요로 하게 되었다. 고양력 장치는 고속비행을 위해 작은 날개를 가진 항공기의 이착륙시, 특히 착륙시에 큰 양력을 발생시켜, 고속성능과 안전한 이착륙의 요구를 모두 만족시키는 장치이다.

같은 속도로 나는 항공기에 큰 양력을 발생시키기 위해서는 날개 면적을 크게 하거나, 날개 주위의 공기흐름에 강한 커브를 주면 된다. 날개의 주변 공기흐름에 강한 커브를 주기 위해서는 날개가 보다 큰 받음각에서도 실속하지 않도록 하든지, 캠버를 크게 하면 된다. 고양력 장치란 이 원리를 응용하여 비행중에 날개의 앞전이나 뒷전을 움직여, 에어포일의 특성을 비행속도에 대응하여 변화시키는 메커니즘이라 할 수 있다. 고양력 장치의 기본이 되는 것은 앞전의 슬랫(slat)과 뒷전의 플랩(flap)이다. 그림 4.98은 슬랫과 플랩의 작용을 나타낸 것이다. 이 도표로부터 슬랫은 이용 가능 받음각을 크게 하여 양력을 증가시키고 뒷전 플랩은 동일 받음각으로 보다 큰 양력을 발생시킴을 알 수 있다. 그림 4.99는 여러 가지 고양력 장치의 예이다.

스플릿 플랩(split flap)은 가장 단순한 형식의 플랩이다. 양력은 늘지만 저항의 증가도 크다. 따라서 비교적 익면하중이 낮은 소형기에 사용한다. 슬롯 플랩(slotted flap)은 오늘날의 대표적인 뒷전 플랩이다. 작은 각도로 사용하면 적은 항력의 증가에 비하여 비교적 큰 양력의 증가를 얻을 수 있으며 큰 각도에서

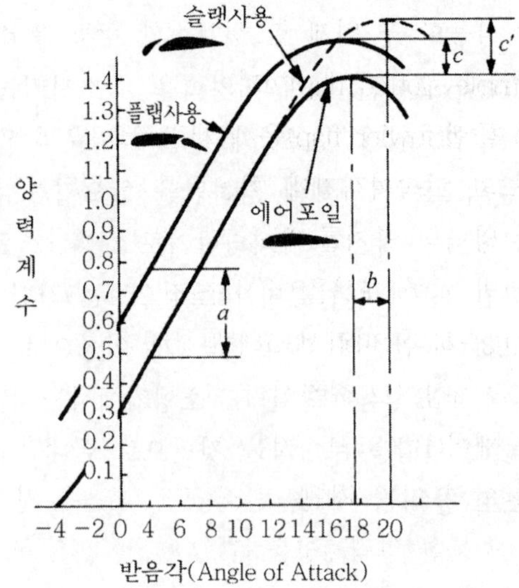

그림 4.98 플랩과 슬랫의 효과

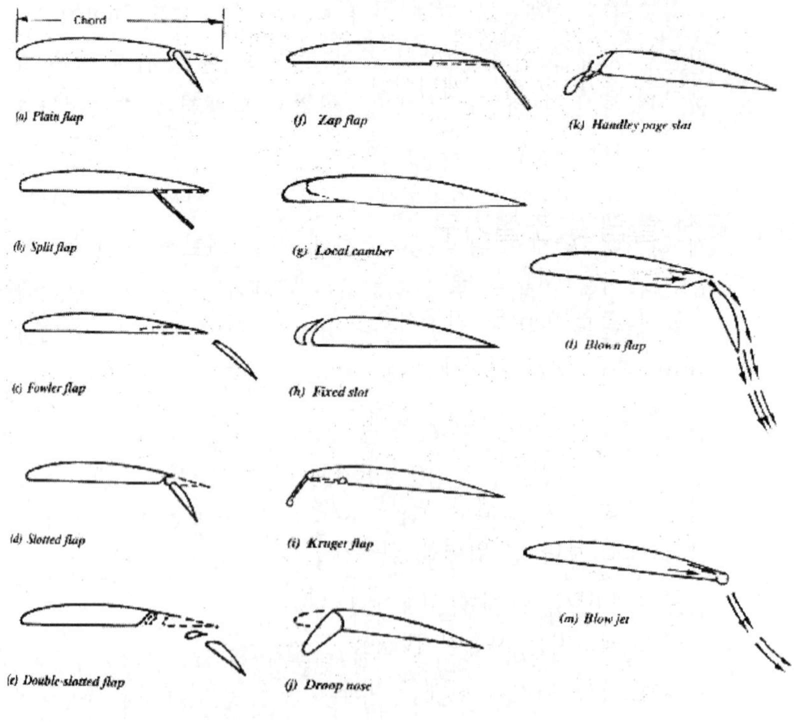

그림 4.99 여러 가지 형태의 고양력 장치

사용하면 양력과 항력이 같이 증가한다. 이 플랩의 효과를 더욱 강화하여 큰 각도까지 사용할 수 있게 한 것이 2단 슬롯 플랩(double slotted flap)과 3단 슬롯 플랩(triple slotted flap)이다.

파울러 플랩(fowler flap)은 날개면적을 크게 한 플랩이다. 제2차 세계대전 전에 록히드의 고속여객기에 처음으로 사용되어 유명하게 되었는데, 작은 저항 증가로도 양력의 증가를 얻을 수 있다. 최근에는 파울러 플랩도 날개 뒷전과 플랩 앞전의 기류 개선을 중시하고, 슬롯 플랩의 원리를 취하고 있어서, 두 경우가 다 비슷하다. 따라서 고정뒷전(fixed trailing edge)의 위치가 시위 길이의 90 % 정도 이상이고 확장성이 큰 것을 파울러 플랩이라 부른다.

경계층 제어(BLC)라는 것은 고압공기를 불어 내어 플랩 상면의 기류를 조정하여 유동의 분리를 지연시키는 방식이다. 초음속 전투기와 같이 일반적인 수단으로는 충분한 양력계수를 얻을 수 없는 기체나, 비행정과 같이 일반적인 방법으로는 얻을 수 없는 큰 양력계수를 필요로 하는 기체에 사용된다.

앞전의 고양력 장치로서는 오랫동안 앞전 슬롯만이 이용되어 왔지만, 초고속기에는 앞전 플랩이, 아음속 제트 여객기에는 슬랫보다 기구가 단순한 크루거 플랩(kruger flap)이 사용되고 있다. 크루거 플랩은 가변 캠버형 크루거 플랩(VCK)으로 발전하였다. 이것은 앞전에서도 뒷전과 같이 날개면적을 증대시켜 양력을 증가시키려는 개념이다.

4.10.1 뒷전 플랩의 조절기구

뒷전 플랩(flap)을 기구적으로 크게 나누면, 플랩의 이동을 힌지 피팅과 암(arm) 혹은 링크 기구에 의해 모두 회전운동으로 실행하는 방식과, 트랙(track)과 캐리지(대차기구)를 응용해서 병진운동과 회전운동을 합성하는 2종류가 있다. 스플릿 플랩이나 슬롯 플랩은 전자의 기구로 실현 가능하지만 파울러 플랩이나 다중 슬롯 플랩은 후자의 방식으로 개발해 왔다. 당연한 것이지만 자유도가 크므로 보다 큰 양력을 얻기가 유리하다.

그림 4.100은 트랙을 사용한 Boeing 747의 뒷전 플랩 기구이고 그림 4.101은 트랙과 캐리지를 사용한 Boeing 757의 뒷전 플랩 기구이다. 그림과 같이 이륙 위치와 착륙 위치의 관계를 비교적 자유롭게 설정할 수 있지만, 그로 인해 메카니즘이 복잡하게 된다. 또 플랩의 올림, 내림에 대응한 트랙의 위치에 플렛팅 등과 같은 손상이 발생하기 쉽다는 단점이 있다.

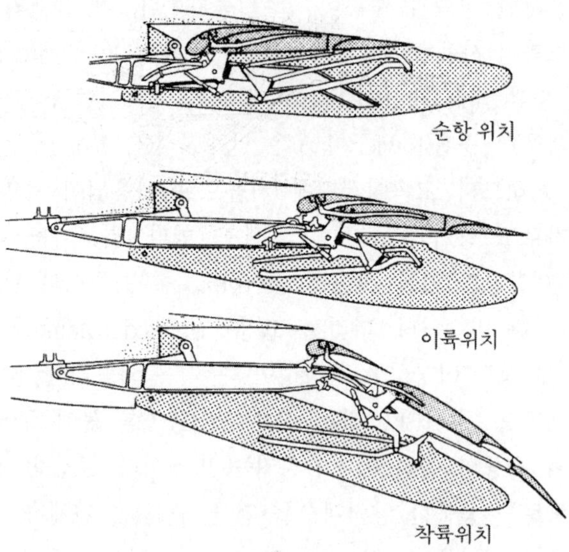

그림 4.100 Boeing 747의 플랩 기구

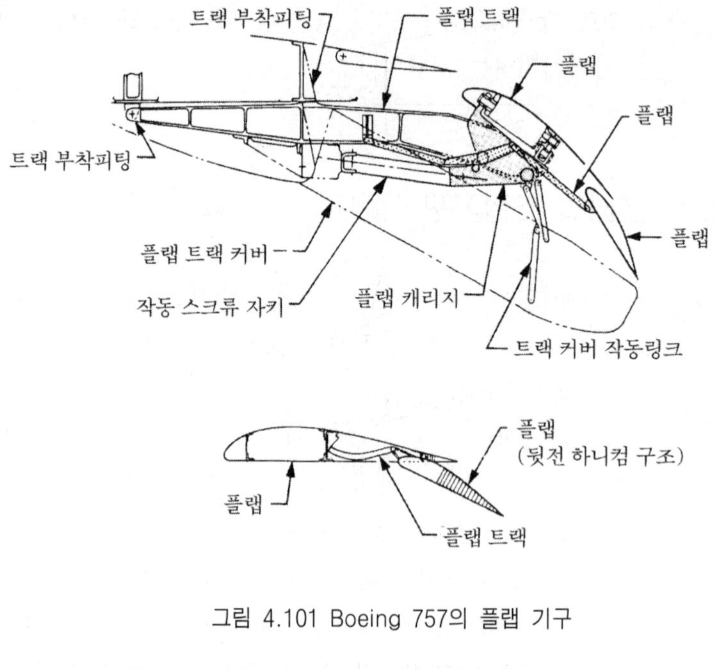

그림 4.101 Boeing 757의 플랩 기구

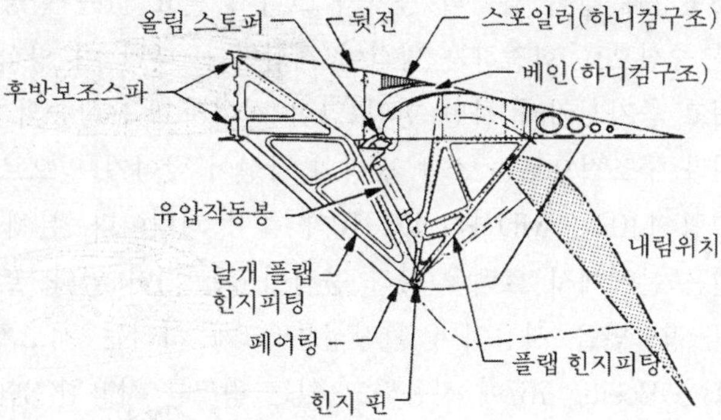

그림 4.102 DC-10의 플랩기구

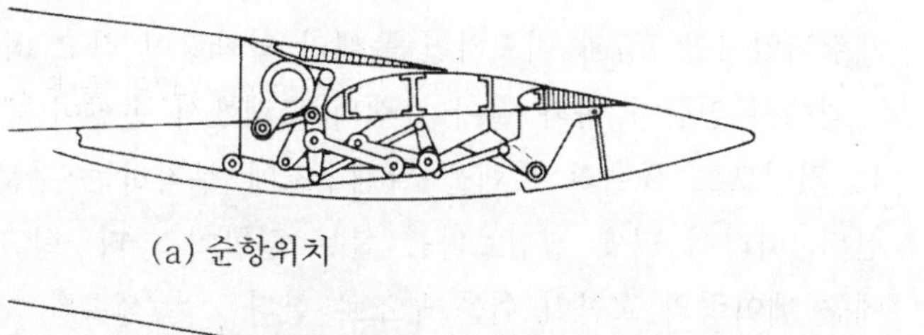

그림 4.103 링크기구를 이용한 Boeing 767의 다중 슬롯 플랩

소형기와 같이 양력의 증가가 그다지 필요 없는 항공기의 고양력 장치는 힌지를 중심으로 회전하는 방식이 적합하다. 다만 이 방식에서 플랩의 길이를 무턱대고 증가시키려 하면 힌지 암이 길어지고 순항중의 공기 저항이 커질 뿐만 아니라 구조적으로는 스팬 방향의 강성이 낮아져 옆으로 쓰러지게 된다.

그림 4.102는 MD사의 DC-10의 플랩 피팅이다. 본체는 단순한 회전 힌지로, 베인은 본체에서 트랙을 따라 움직이도록 되어 있다. 트랙을 사용하지 않는 회전과 링크만을 사용하여 확장성을 크게 하려는 시도가 계속되고 있다. 그림 4.103은 Boeing 767에 사용되고 있는 링크를 사용한 3단 플랩이며 같은 회사가 같은 시기에 개발한 기체인데도, 고양력 장치의 메카니즘이 전혀 다른 것이 각국 설계자들의 관심을 받았다. 회사측은 단거리와 중거리라는 차이 때문에 착륙시의 익면 하중에 차이가 있고, Boeing 757이 큰 양력계수를 필요로 했기 때문이라고 설명하고 있다. 확실히 Boeing 767은 익면 하중이 낮고 링크 기구도 개량되었지만 757과 비교하면 플랩의 확장량이 작고 최대양력계수도 작다.

앞에서 언급한 바와 같이 플랩의 트랙에서 손상이 발생하는 것은 어쩔 수 없는 것이므로 플랩의 트랙을 날개구조에 부착하는 부분은 교환 가능한 구조로 한다. 따라서 리벳 결합보다는 볼트 결합이 좋다. 링크, 힌지피팅 방식의 경우에는 베어링의 교환이 쉬운 구조로 한다.

4.10.2 뒷전 플랩의 구조

플랩 본체의 구조는 플랩의 공력적인 형식에 크게 좌우된다. 스플릿 플랩이라면, 그림 4.104와 같이 프레임의 한쪽 면에 팔을 붙인 것 같은 아주 단순한 구조가 된다. 힌지는 연속 피아노 힌지로 끝난다. 보조날개와 같은 조타력의 제약이 없기 때문에 힌지도 단순한 것이 좋다. 파울러 플랩이나 슬롯 플랩은 그림 4.105와 같이 단일스파구조나 2-스파구조의 전금속성의 작은 날개로 생각하고 구조설계를 하면 된다.

형상을 정확하게 만들 필요가 있으므로 대형기의 이중 슬롯 등의 복잡한 플랩의 베인 구조나 소형기의 플랩 본체에는 하니컴 구조가 사용되고 있다. 하니콤 구조를 사용할 때는 강도, 강성만으로 면재의 두께를 정해서는 안 된다. 너무 얇은 면재를 사용하면 조그만 손상에도 강도가 대폭으로 저하되기 때문이다. 보조날개에 비해서 하중도 크지만 바퀴로부터 튀기는 토사, 물거품, 비행정인 경우에는 착수시에 정체에서 발생하는 물보라에 의해서도 여러 가지 손상을

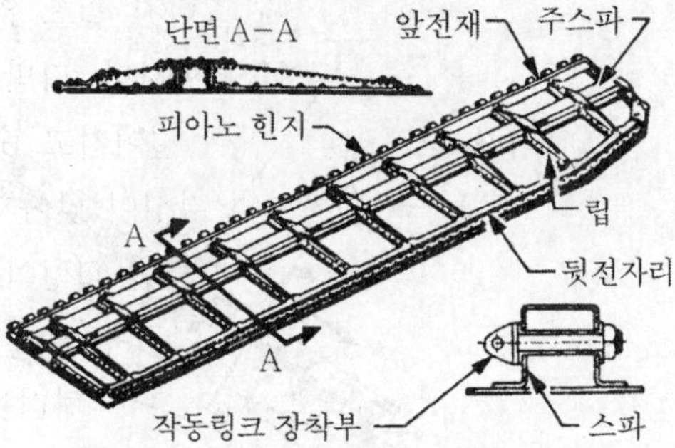

그림 4.104 스플릿 플랩 본체의 구조

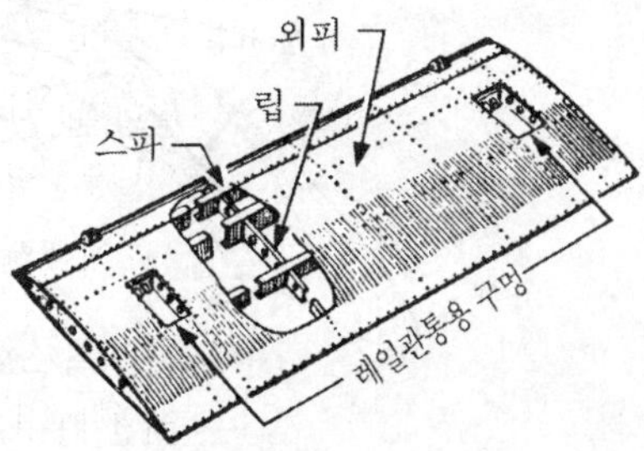

그림 4.105 파울러 플랩 본체의 구조도

받을 수 있다. 이 때문에 주착륙장치의 후방 등 특히 손상을 받기 쉬운 부위의 구조는 골격 외피의 두께보다 큰 것을 사용하는 것이 좋다. 물론 절대로 부숴지지 않는 플랩을 만드는 것은 불가능하기 때문에 손상이 국부적으로 제한되고, 또 수리가 쉽도록 하는 것도 플랩의 구조 설계시 고려해야 하는 사항이다.

구조설계보다 기구 설계의 분야가 되지만, 작동 메카니즘은 플랩의 비대칭 작동을 막도록 주의를 기울여야 한다. 한 쪽 날개의 플랩만이 작동한다면 대단히 위험한 비행상태가 될 수 있으므로 파손-안전 설계가 필요하다. 형식에 따라서는 작동링크를 고려하여 외피나 스파를 몇 군데를 잘라 없애야 하므로 잘라낸 곳의 보강에 주의가 필요하다.

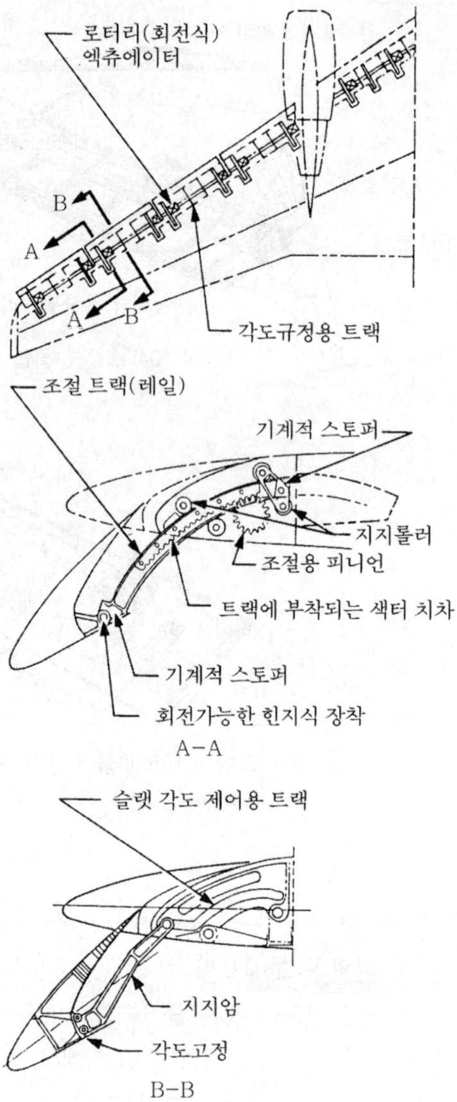

그림 4.106 Boeing 757 앞전 슬랫

4.10.3 앞전 슬랫과 크루거 플랩

앞전 슬랫의 조절기구는 거의 모든 기체가 레일을 이용하고 있다. 플랩과 달라 힌지 피팅방식의 예는 극히 적다. 앞전부에 힌지 피팅 등을 내밀면 피팅에서 생기는 기류의 변화가 여러 가지 악영향을 끼치게 되고 최근에는 공력 연구의 결과로 큰 확장량이 요구되었기 때문이다.

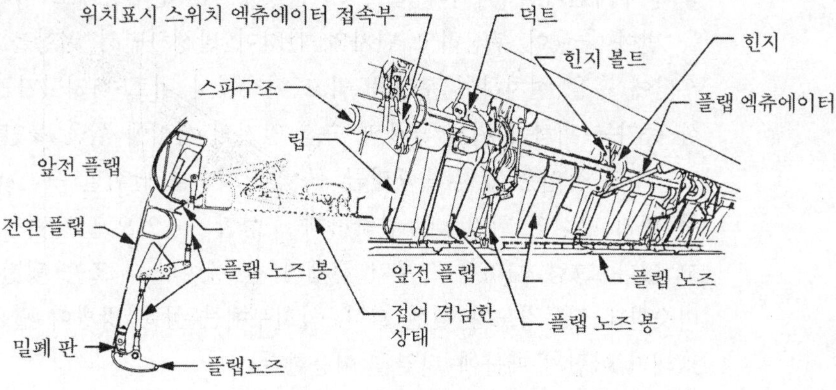

그림 4.107 크루거 플랩 (Kruger Flap)

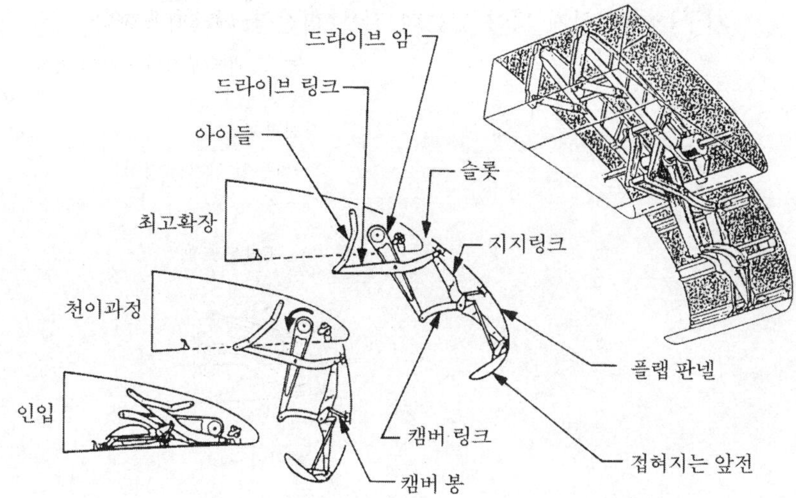

그림 4.108 보잉 747의 가변캠버 크루거 플랩

앞전 슬랫에서는 정체점의 변화를 이용하여, 어느 받음각 이상이 되면 기압에 의해 자동적으로 뻗어나오도록 한 것이 소형기나 전투기 등에서 이용되고 있다. 이 경우에는 가능한 한 좌우의 링크 기구를 연계시켜 비대칭 작동을 막게 한다. 여객기, 대형기에서는 유압 엑츄에이터나 전동 엑츄에이터에 의해 작동한다. 그림 4.106은 보잉 757의 앞전 슬랫기구에 대한 그림이다.

앞전부에는 착빙의 위험이 있으므로 전천후로 운용하는 기체에서는 슬랫은 물론 날개에 고정 된 앞전에도 방빙을 하여 슬롯에 얼음이나 눈이 막히지 않도록 한다. 날개의 앞전은 날개에서 가장 압력이 높은 곳이므로 슬롯에는 큰 하중이 부가된다. 여객기와 같이 큰 슬랫에서는 인입상태로 비행 시에도 큰 압력을 받아 슬랫이 부상하고 단차와 간격이 발생하면서 저항을 증가시킨다. 슬랫 후단에 훅을 설치하여 부상을 막고 아래에서 위로 빠져나가는 공기에 의한 저항 증가를 피하기 위해 슬랫과 고정 앞전의 사이에 씰을 붙인다.

크루거 플랩은 앞전 슬랫만큼 큰 양력계수를 발휘할 수는 없지만, 구조가 모두 힌지 방식의 회전으로 간략하게 구성할 수 있으므로 여객기에 많이 사용되고 있다. 그림 4.107은 크루거 플랩의 한 예이다. 구조는 뒷전의 스플릿 플랩과 비슷한데 작동각도가 훨씬 크다. 앞전부에는 물론 방빙이 필요하지만 열공기를 보내기 어렵기 때문에 전열을 이용한다.

그림 4.108은 Boeing 747에 채용된 플랩(가변 캠버 크루거 플랩)이다. 종래의 크루거 플랩보다 확장량이 커져 공력특성이 나빠지므로 플랩의 외피 면재에 유리섬유 복합재료를 사용하여 탄성변형에 의한 외피의 변형을 최소화한다. 링크 기구는 복잡하게 되어 있는데 전부 회전링크를 사용한다.

제 5 장 꼬리날개

5.1 꼬리날개의 형태와 배치

꼬리날개는 수평꼬리날개와 수직꼬리날개로 구성된다. 수평꼬리날개는 수평안정판과 승강타로 구성되어 있어 기체에 작용하는 공기력의 균형을 유지하고 외력에 의해 발생한 기체의 자세변화를 회복시키는 역할을 한다. 수평안정판의 후방에 붙어 있는 조종면을 승강타라고 부르는데, 기체의 피칭 자세를 제어한다. 기체의 상승과 하강에는 조종면의 제어뿐만 아니라 엔진출력의 적절한 조절도 필요하다. 수직꼬리날개는 수직안정판과 방향타로 구성되며, 기체의 방향안정성을 유지하고 보잉을 조정하는 역할을 한다.

수직안정판의 후방에 붙어있는 조종면은 방향타이다. 선박에서 방향타는 방향을 바꾸는데 사용되지만, 항공기에서는 방향타를 조작해도 기체가 요잉을 할 뿐 선회하지 않는다. 항공기를 선회시키기 위해서는 보조날개로 기체를 기울이고, 승강타를 사용해서 기체를 일으키면서 기체의 뱅크에 따르는 요잉을 방향타로 방지하는 등 보조날개, 승강타, 방향타를 조화시킨 조종이 필요하다. 또한 수평선회를 유지하기 위해 저항 증가를 이기는 엔진출력의 증가도 필요하다.

수평꼬리날개와 수직꼬리날개는 그림 5.1(a)에서와 같이 모두 동체 뒤쪽에 부착되는 것이 일반적이지만 이러한 일반적인 형태 외에도 최근에는 그림 5.1(d)와 같이 수직꼬리날개의 상단에 수평꼬리날개를 배치한 T형 꼬리날개와 수직

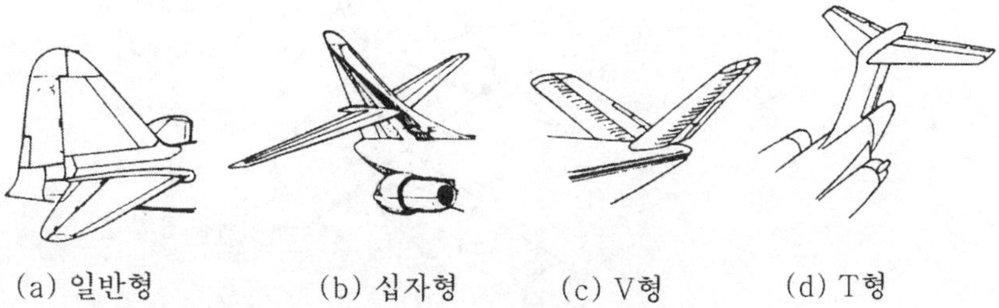

(a) 일반형 (b) 십자형 (c) V형 (d) T형

그림 5.1 여러 형태의 꼬리날개

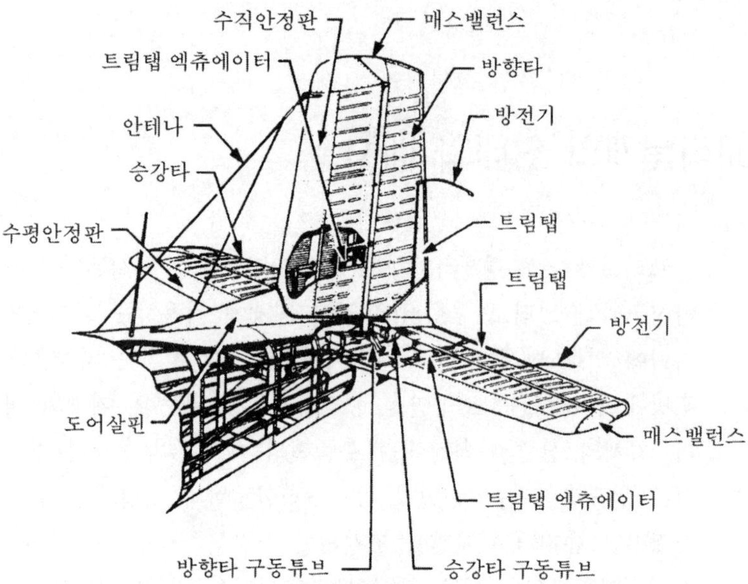

그림 5.2 꼬리날개의 구성(T-34)

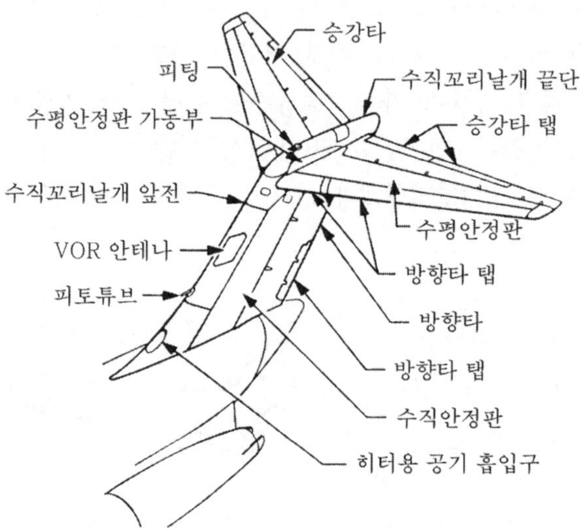

그림 5.3 T형 꼬리날개의 구조

꼬리날개의 중앙에 수평꼬리날개를 배치한 십자형 꼬리날개(그림 5.1(b) 참조), V형에 배치하여 수직꼬리날개와 수평꼬리날개를 겸하게 한 V형 꼬리날개(그림 5.1 (c) 참조)도 등장한다.

그림 5.2에 보인 고전적인 꼬리날개 배치에서는 스핀 등의 큰 받음각 비행시의 방향타 효과를 고려하여 수평꼬리날개와 수직꼬리날개를 서로 만나지 않게 하는 것이 일반적이다. 곡예기에서는 방향타를 수평꼬리날개 아래까지 연장하는 것이 바람직하다. 꼬리날개의 배치에 대한 공기역학적인 요구에 대응하면서, 기체구조를 경량화하고 간략하게 하기 위해 수평꼬리날개 후방 스파의 체결부와 수직꼬리날개 전방 스파의 체결부를 공용화하는 것이 바람직하다.

그림 5.3에 보인 T형 꼬리날개의 수직꼬리날개에 후퇴각이 있을 때는 수평꼬리날개에 대한 모멘트암이 길어져 수평꼬리날개의 면적을 작게 할 수 있고 수평꼬리날개가 작아짐에 따라 수직꼬리날개 면적도 작게 할 수 있다. 소형 경비행기에서는 착륙시 "지면효과"의 영향을 줄일 수 있다는 장점이 있다. 그러나 T형 꼬리날개는 비대칭 굽힘과 비틀림 등이 일어나서 플러터를 일으키기 쉽다. 또한 가로세로비가 작은 초음속기의 날개와 함께 사용하면 딥스톨(deep stall)이나 피치업을 일으킬 염려가 있다. T형 꼬리날개 배치에서 수평꼬리날개에 하반각을 주면 T형 꼬리날개에 의한 상반각 효과를 감소시키지만 플러터 한계속도의 향상에 도움이 되고 수직꼬리날개에 작용하는 하중을 줄일 수 있다.

십자형 꼬리날개를 사용해도 수평·수직꼬리날개 중 어느 한쪽 구조가 불연속하게 되고, 꼬리날개의 부착 간격이 좁아지기 때문에 구조적 강성요구를 충족시키기 어렵다. 플러터의 위험이 크므로 구조적으로는 그다지 추천할 만하지 못하다. 또 수평꼬리날개와 수직꼬리날개의 최대두께 지점이 겹치기 쉬우므로 적당한 페어링을 설치하지 않으면 버펫팅(buffeting) 등을 일으키게 되므로 주의가 필요하다. 어떤 경우이든지 조종면을 가동 최대각까지 움직였을 때 승강타와 방향타가 간섭을 일으키지 않도록 설계해야 한다.

V형 꼬리날개는 꼬리날개 전체의 면적을 줄일 수 있지만 난류속에서 진동특성이 좋지 않아 최근에는 그다지 사용되지 않다가 최근 스텔스(stealth) 항공기 F-117에서(그림 5.4) 다시 사용되기도 하였다. 2차 세계대전 전의 프로펠러 쌍발기에서는 엔진이 정지하였을 때 방향타의 효과를 좋게 하기 위해 수평꼬리날개의 끝에 수직꼬리날개를 배치한 쌍수직 꼬리날개가 널리 사용되었는데 플러터 한계속도가 낮아지게 되고 구조가 복잡해짐에 따라 지금은 거의 찾아 볼 수 없게 되었다. 최근에는 비행제어기술의 발달에 따라 그림 5.5에 보인 B-2 폭격기와 같이 수직꼬리날개가 없는 항공기도 개발되었다.

그림 5.4 F-117 Night Hawk 스텔스기의 꼬리날개(V형)

그림 5.5 B-2 스텔스기(수직꼬리날개가 없음)

그림 5.6 F-22 Raptor(수직꼬리날개가 2개)

F-14, F-15, F-18, F-22(그림 5.6 참조) 등과 같은 최근의 초음속 전투기에서는 두 개의 수직꼬리날개를 사용하는 경우가 많은데, 이것은 속도가 빨라질수록 수직꼬리날개의 효과가 저하되는 것에 대한 대책이며, 큰 받음각 비행시에 수직꼬리날개가 동체의 후류에 들어가 안정판의 효과가 저하되는 현상을 방지하기 위한 것이다. 수직꼬리날개가 두 개인 기체에서는 동체에 수직·수평 꼬리날개가 모두 부착되어 있으므로, 구조적 관점에서 수직꼬리날개가 하나인 경우와 같다.

이상에서 살펴본 바와 같이 꼬리날개의 배치에도 여러 가지 고려해야 할 사항이 있고 형태에 따른 장단점이 있지만 실제 설계에서는 설계책임자의 설계철학에 따라 결정되는 경우가 많다. 또한 비행시험 결과를 통해 면적이나 형태를 바꾼 예도 적지 않다. 꼬리날개의 가로세로비, 테이퍼비, 힌지라인의 배치는 체결부 구조설계 난이도와 생산성에 큰 영향을 미치므로 기체설계의 초기 단계에서 공력, 구조, 조종 시스템 설계자들 간의 긴밀한 협조가 필요하다.

5.2 꼬리날개의 하중

모든 구조물의 설계가 그렇듯이 꼬리날개의 구조설계도 하중에 의해 결정된다. 꼬리날개에 부가되는 하중은 날개보다 복잡하다. 꼬리날개의 작동형태에 따라 하중은 정상비행 상태의 균형하중 및 돌풍하중과 기체 자세를 바꿀 때의 조타하중 등 세 가지로 나눌 수 있다.

이러한 하중은 모두 항공기의 비행속도, 관성력의 크기, 중량 및 무게중심, 공력계수 등에 의해 크게 달라진다. 또한 조타 초기와 기체가 움직이는 중기, 그리고 움직임을 멈추는 후기 등 시간에 따라 조종면의 사용법과 꼬리날개의 받음각이 다르므로 시위방향의 압력분포가 크게 다르다. 수평꼬리날개와 그 부착 부분의 구조는 비대칭 하중에 대해서도 고려되어야 한다. 설계의 초기에는 전체 형상이나 에어포일 등 공력 특성 및 성능과 관계된 설계변경이 빈번하게 발생한다. 그러나 그 변경에 따라 매번 하중계산이나 부재의 강도계산을 반복할 수는 없다. 일반적으로는 성능과 용도가 비슷한 동급 항공기의 예를 조사하여 날개의 하중과 성능으로부터 꼬리날개의 초기설계하중을 설정하게 된다. 기본적인 구조와 부재의 배치를 정하고, 형태 및 치수에 큰 변화가 없으면 풍동시험이 끝난 후 하중과 강도를 재평가하면 된다.

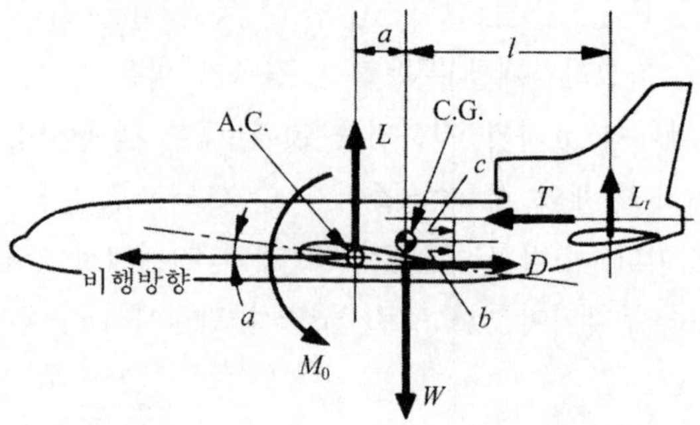

L : 공력중심(A.C. : Aerodynamic Center)에 작용하는 양력
M_0 : 공력중심에서의 피칭 모멘트(양의 방향 : 기수올림)
D : 공기저항
L_t : 수평꼬리날개 양력
W : 중력
T : 엔진추력

그림 5.7 수평직선비행 중에 기체에 부가되는 힘

그러나 비행시험에 의한 하중이 나오기까지는 꼬리날개의 하중을 확정할 수 없으므로 하중에 다소의 여유가 있더라도 재설계를 통한 중량경감을 꾀하기보다는 안전여유를 정확하게 파악하여 설계를 일단 다음 단계로 진행시키는 것이 좋다. 물론 대폭적인 하중의 변경이 있으면 재설계를 해야 하는데 그때도 초기설계가 훌륭하였다면 근본부터 구조설계를 다시 하지는 않아도 된다. 부재의 단면적을 적절한 비율로 조정하는 정도로 끝내는 것이 좋다.

5.2.1 수평꼬리날개의 균형

항공기가 수평직선 비행을 하고 있을 때, 각 부분에 작용하는 힘을 도시하면 그림 5.7과 같고 균형을 잡고 날고 있으므로 각 방향 힘의 평형은 다음과 같이 표시된다.

수직 방향의 힘, $L + L_t = W$ (5.1)

수평 방향의 힘, $T = D$ (5.2)

무게중심 주위의 모멘트, $L \cdot a - D \cdot b - T \cdot c = -M_0 - L_t \cdot l = 0$ (5.3)

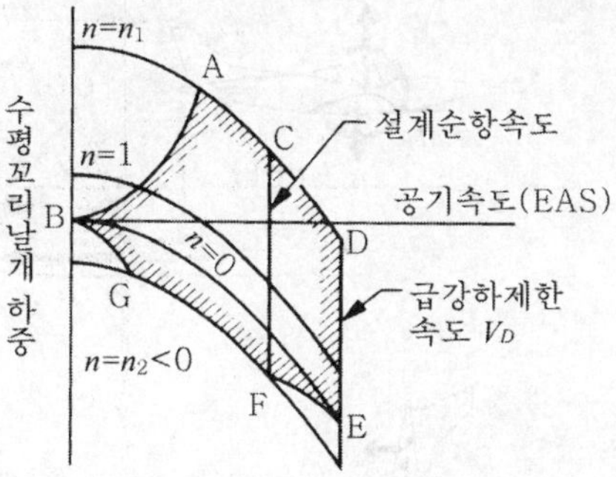

그림 5.8 속도와 하중배수의 변화

일반적인 형태의 기체에서는 b와 c는 작으므로 식 (5.3)은 식 (5.7)과 같이 쓸 수 있다.

$$L_t \fallingdotseq \frac{W \cdot a - M_0}{a + l} \tag{5.4}$$

식 (5.4)는 수평비행의 경우에 대한 것이므로 하중배수 n이 걸리는 기동을 할 경우 식 (5.4)는 다음과 같이 쓸 수 있다.

$$L_t \fallingdotseq \frac{n \cdot W \cdot a - M_0}{a + l} \tag{5.5}$$

기수내림 모멘트 M_0는 통상의 날개에서는 속도의 제곱에 비례하여 변화하기 때문에 식 (5.5) 는 다음과 같이 쓸 수 있다.

$$L_t \fallingdotseq \frac{n \cdot W \cdot a - M_0}{a + l} = k_1 n - k_2 V_E{}^2 \tag{5.6}$$

따라서 속도와 하중배수에 의한 수평꼬리날개의 하중은 그림 5.8, 5.9에서와 같다.

(1) 고속이고 n이 작아지면 꼬리날개의 하중은 아래로 향하게 된다.
(2) 저속이고 n이 커지면 꼬리날개의 하중은 위로 향하게 된다.

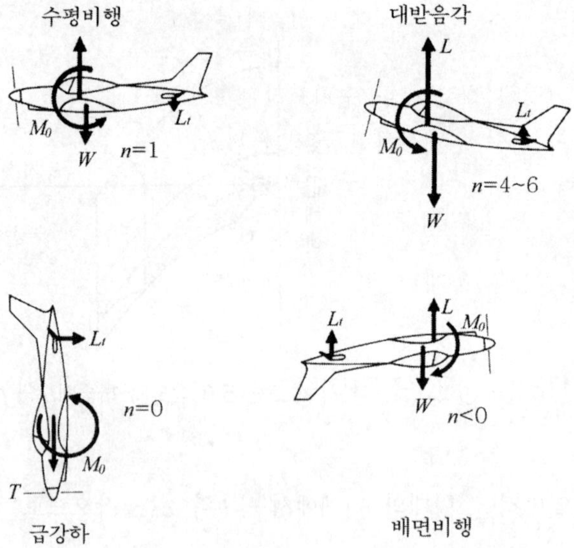

그림 5.9 비행상태와 꼬리날개 하중

5.2.2 수평꼬리날개의 돌풍하중

수평꼬리날개의 돌풍하중은, 날개의 경우와 마찬가지로 수평비행 중의 하중 L_t에 돌풍에 의한 받음각 변화로 인한 하중 $\triangle L_t$가 겹치는 것이다. 그러나 꼬리날개는 날개의 "다운워시(down wash)"를 받고 있는 상태이므로 같은 돌풍을 받아도 수평꼬리날개의 받음각 변화는 날개보다 작고 따라서 그만큼 하중의 변화도 작다.

돌풍에 의한 수평꼬리날개 하중의 증분 $\triangle L_t$ 및 돌풍하중의 크기 L_{tG}는 각각 식 (5.7) 및 (5.8)과 같다.

$$\triangle L_t = \frac{KUV\alpha_T S}{31.1}\left(1 - \frac{d\epsilon}{d\alpha}\right) \tag{5.7}$$

여기서

K: 돌풍경감계수 U: 돌풍속도(윗방향: +,아랫방향: −)(m/s)
V: 대기속도(kt) α_T: 수평꼬리날개의 양력경사(1/rad.)
S: 수평꼬리날개 면적 α: 날개의 양력경사(C_L/rad.)
$\left(1 - \frac{d\epsilon}{d\alpha}\right)$: 다운워시계수$\left(\frac{d\epsilon}{d\alpha} = \frac{2\alpha}{\pi AR} \fallingdotseq 36\frac{\alpha_w}{AR}(\deg.)\right)$
AR: 날개의 가로세로비

$$L_t = 1\text{g 비행하중} + \Delta L_t \tag{5.8}$$

이렇게 해서 구한 수평꼬리날개의 하중과 날개의 돌풍하중을 기초로 해서 기체의 평형을 계산하면 균형이 잡히지 않는 것이 보통이다. 이 불균형은 공기력 때문이 아니라 전체 기체의 회전 관성력 때문에 발생하는 것이다. 따라서 꼬리날개나 동체 뒷부분의 질량은 꼬리날개나 동체 후방의 굽힘모멘트를 감소시키는 작용을 하게 된다.

5.2.3 수평꼬리날개의 조타하중

조타하중이란 조종면을 움직여서 항공기가 정상선회나 기동에 들어갈 때까지의 사이에 가해진 하중이다. 정상선회나 기동을 하는 경우의 하중은 5.2.1 항의 균형하중으로 구해지지만 일정한 방향으로 비행하고 있는 기체의 방향을 바꾸기 위해서는 관성력을 이겨야 하기 때문에 균형하중보다 큰 힘을 꼬리날개에서 발생시켜야 한다. 그 힘을 조타하중이라 한다.

고속으로 날고 있는 항공기의 조종면을 강력한 힘으로 움직이면 급격한 자세의 변화를 일으키며 제한하중배수를 넘게 된다. 조종사는 그러한 조종을 해서는 안되며 항공기는 통상의 조작으로는 제한하중 배수를 넘지 못하도록 설계되어 있다. 일반적으로 조타하중은 조종면을 스토퍼까지 움직이든가 혹은 그 이전에 제한하중배수에 도달하면 그 시점에서 기체의 움직임을 멈추도록 조종하는 것으로 가정하고 설계한다. 따라서 조타하중은 기체의 제한하중배수와 조종에 의해 생긴 기체의 자세변화율(각 가속도)에 따라 결정된다.

각가속도 q가 발생할 때의 수평꼬리날개 하중 L_{tM}은 기체의 회전관성력과 평형을 이루어야 하므로 다음과 같이 쓸 수 있다.

$$L_{tM} \cdot l = \frac{W}{g} \cdot k^2 \cdot q \tag{5.9}$$

$$L_{tM} = \frac{W \cdot k^2}{g \cdot l} \cdot q = \frac{I_{yy}}{l} \cdot q \tag{5.10}$$

여기서

l : 무게중심과 수평꼬리날개 공력중심간의 거리(m)

W : 기체중량(kg)

k : 기체중심 주위의 피칭 회전반경(m)

g : 중력 가속도(9.8m/s^2)

I_{yy} : 무게중심을 기준으로 한 피칭방향 질량회전관성

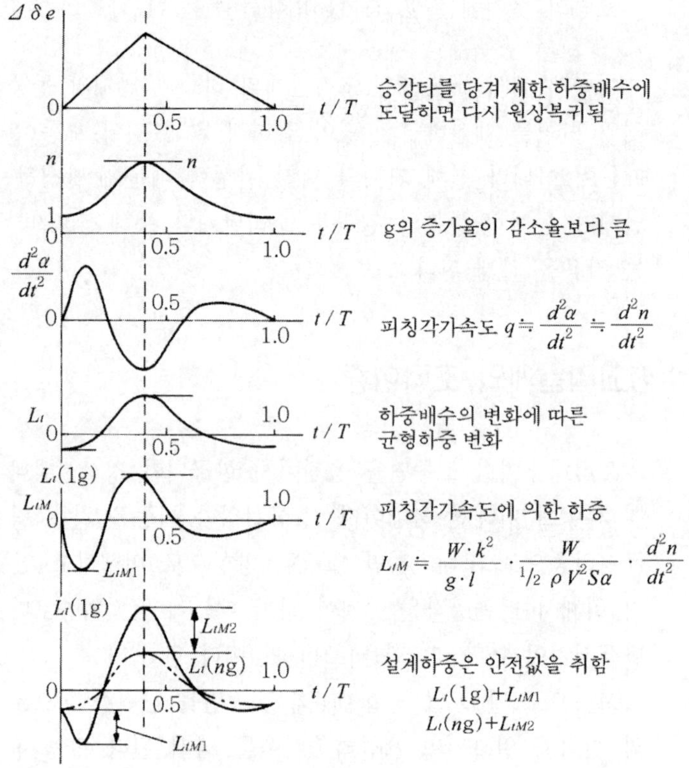

그림 5.10 시간에 따른 조타하중의 변화

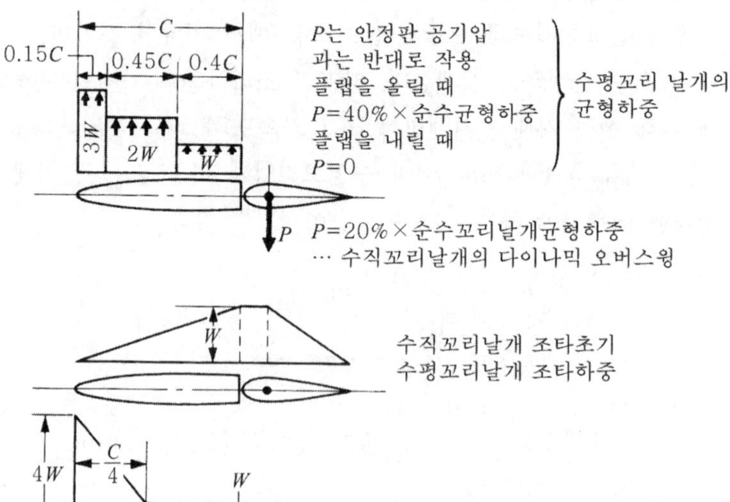

그림 5.11 단순화한 꼬리날개의 강도계산용 공기압 분포

조타의 초기에는 L_{tM}과 1g의 조합하중이, 제한하중에 도달한 후에 되돌아오는 조타의 후기에는 제한기동하중과 L_{tM}의 합이 조타하중의 상하기준이 된다. 조타를 시작해서 제한하중에 도달한 후, 다시 조종면을 되돌리고 원래의 1g 비행으로 되돌아 갈 때까지의 시간을 1.0으로 해서 하중 변화를 보인 것이 그림 5.10이다. 조타하중은 하중의 절대치도 문제이지만 조타의 초기와 중기, 후기에서는 그림 5.11에 보인 바와 같이 공기압의 분포가 크게 바뀌기 때문에 주의가 필요하다. 하중의 절대치는 작아도 조타하중 안정판 비틀림 강도의 기준이 된다.

5.2.4 수직꼬리날개의 하중

수직꼬리날개에 가해지는 대표적인 하중은 돌풍하중이다. 수직꼬리날개는 수평꼬리날개와 달리 수평직선비행 중에는 큰 하중을 받지 않는다. 방향타를 사용하는 것은 돌풍을 받을 때나, 측풍하에서 이·착륙을 할 때, 한쪽 엔진이 정지했을 때 등의 경우뿐이다. 제트기에서는 선회시에도 거의 방향타를 사용하지 않는다. 보통의 수직꼬리날개에서는 구조피로의 기준이 되는 것은 돌풍하중뿐이라고 생각해도 된다.

하나의 엔진이 정지했을 때에는 방향타 페달을 밟으면 조종면에 큰 공기력이 발생하지만 기체가 옆으로 미끄러지기 시작하고 방향타와 수직안정판에 역방향의 공기력이 발생하게 된다. 이러한 현상을 "다이나믹 오버스윙(dynamic over-swing)"이라 부르며 이 상태는 안정판과 조종면의 하중이 상쇄되어 수직꼬리날개 전체의 하중은 크지 않다. 그러나 안정판과 방향타 각각에는 큰 공기력이 가해지고 있으므로 안정판의 하중기준이 된다. 안정판의 굽힘모멘트도 의외로 크기 때문에 간과해서는 안된다.

일반적으로 방향타를 조작하여 옆으로 미끄러지도록 하게 되면 방향타 페달이 가볍게 되고 더 세게 페달을 밟게 되므로 고속비행 중에 예상외로 큰 방향타 각과 미끄러짐 각이 발생하게 된다. 제2차 세계대전 때에는 도피기동 중에 이러한 조작을 해서 수직꼬리날개가 파손되는 사고가 발생하여 강도규정을 변경한 경우도 있다.(그림 5.12 참조)

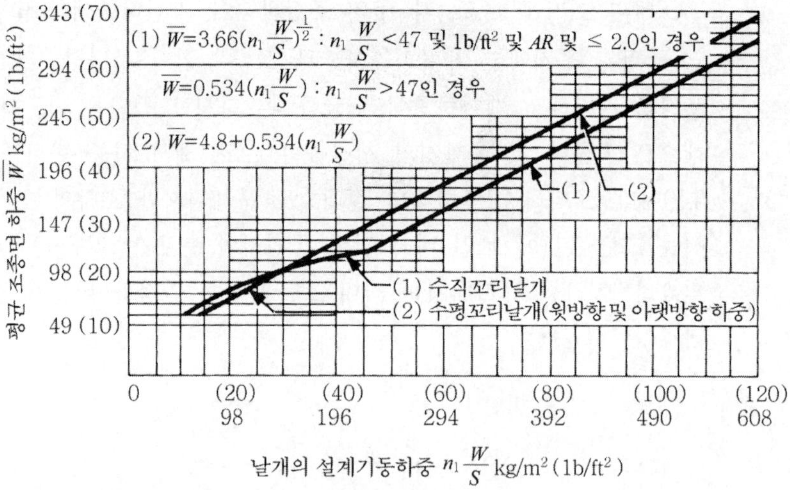

그림 5.12 약식 계산에 의한 꼬리날개의 하중

5.3 수평꼬리날개

5.3.1 수평안정판과 스테빌레이터

수평꼬리날개가 동체에 고정된 수평안정판과 움직이는 승강타로 구성된다는 것은 속도가 낮은 프로펠러기 시대의 상식이다. 오늘날에도 아음속으로 나는 프로펠러 경비행기나 커뮤터기에는 안정판과 승강타를 조합하여 사용하고 있지만 공기의 압축성 효과가 발생하는 천음속 영역을 비행하는 제트 여객기나 초음속 제트 전투기에서는 수평꼬리날개의 구성과 구조, 조종시스템이 완전히 바뀌었다. 날개의 경우와 마찬가지로 항공기의 속도가 음속에 가까워지면 꼬리날개에도 후퇴각을 주거나 두께가 작고 얇아지기 때문에 당연히 구조도 달라진다. 뿐만 아니라 조타력(타각을 취했을 때에 발생한 공기압의 크기와 분포)과 공기의 압축성 때문에 음속을 전후하여 전혀 다른 양상을 보이므로 수평꼬리날개를 안정판과 조종면으로 구성한다는 발상은 원점에서 재검토해야 한다.

아음속기에는 안정판이 일정한 체결각으로 기체에 고정되어 있어서 이착륙

그림 5.13 F-86(Sabre)

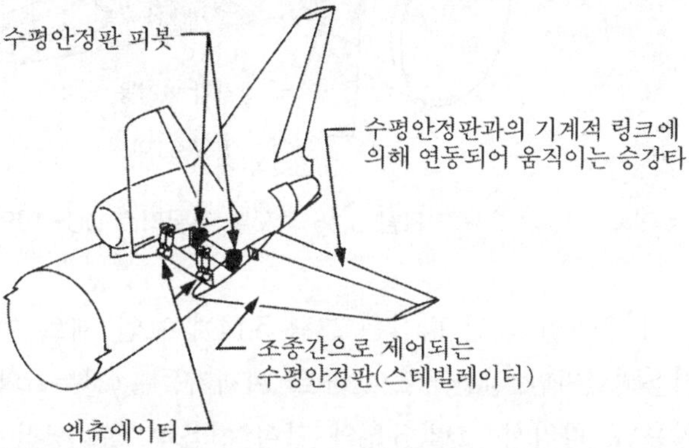

그림 5.14 플라잉테일 방식의 록히드 L-1011의 수평꼬리날개

시의 이동이나 선회 등의 운동은 승강타에 의해서 행해지고 비행 속도에 맞게 필요한 기체 자세의 변화와 같은 미묘한 조종에 대해서는 트림탭을 이용해서 승강타를 조작한다. 그러나 음속에 가까워지면 조종면의 앞전에서 충격파가 발생하여 조타력이 급증함과 동시에 조타의 효과도 급격하게 저하되고 피치업과 같은 불안정한 현상이 발생한다. 이 현상을 극복하기 위해서는 수평안정판을 트림시켜서 승강타의 조타량을 감소시키면 좋다는 것을 처음 발견한 것은 미국 공군과 NACA였다. 1947년 10월 14일 척 예거 대위는 XS-1의 안정판 트림을 교묘하게 사용하면서 음속을 돌파했다. 당시 미국 공군은 음속 돌파의 위업 자체를 비밀로 했으며 특히 이 안정판을 움직여서 날았다는 것은 극비사항으로 했다. 연합국인 영국에도 알리지 않았다. 수평안정판을 직접 조종하고 승강타는 안정판과의 기계적 체결에 의해 움직이도록 한 플라잉 테일을 최초로 실용화했던 항공기는 6·25 전쟁에 등장한 F-86E sabre였다(그림 5.13 참조). F-86E는 음속을 넘는 조종이 가능했고 재래식 안정판과 승강타를 사용했던 Mig-15는 마하 0.9가 한계였기 때문에 이것은 싸움의 승패를 가르는데 한 요인이 되었다.

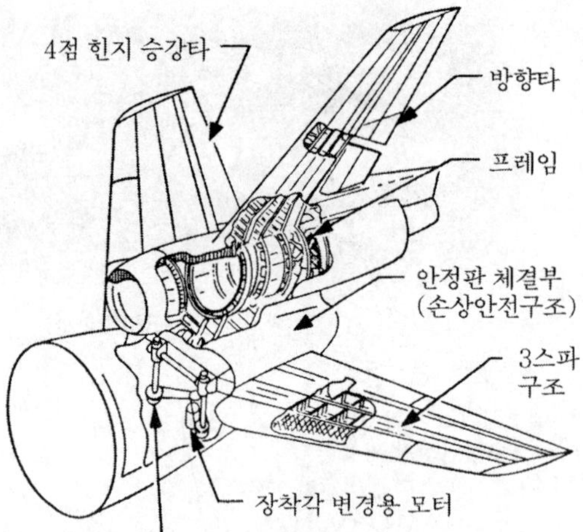

그림 5.15 멕도널 더글러스 DC-10의 꼬리날개

이 플라잉 테일 방식은 그림 5.14에 보인 제트 여객기인 록히드 L-1011에도 사용되었지만 일반적으로 제트 여객기들은 전투기와 같이 격심한 기동을 하지 않는다. 따라서 그림 5.15와 같이 천음속으로 생긴 안정성의 변화에는, 안정판을 힌지를 사용하여 동체에 장착하고 유압이나 전기 모터로 움직이게 하여 기체의 트림을 잡는 마하트리머(mach trimer) 방식으로 대응하고, 조종은 승강타로 한다. 어떤 경우이든 잘못된 작동을 막기 위해서 최대 타각 위치에 스토퍼를 설치하지 않으면 안된다.

초음속 제트 전투기에서는 초음속 영역에서 승강타의 움직임이 크게 저하되므로 안정판과 승강타를 분리하지 않고 수평꼬리날개를 조타, 트림 겸용으로 사용한다. 저속용으로 승강타를 설치하려 해도 두께가 얇아서 구조적으로 승강타를 붙이기 어렵고 조종면의 설치로 인해 생기는 단차, 간극, 힌지 커버의 저항 등을 생각하면 중량, 저항의 면에서 유리할 것이 없다. 이러한 이유로 그림 5.16에서와 같이 안정판과 승강타를 일체로 한 가동식 수평꼬리날개를 스테빌레이터(stabilator)라고 한다.

F-14 Tomcat이나 F-15 Eagle, F-16 Fighting Falcon 등 최근의 초음속 제트 전투기에서는 고속비행이나 큰 받음각 비행시 보조날개의 효과 저하를 보충하기 위해서 수평꼬리날개를 좌우 따로따로 작동시켜 방향제어에도 사용하고 있다.(그림 5.17 참조) 이런 방식의 수평꼬리날개를 테일러론(taileron)이라 부르기도 한다. 스테빌레이터나 테일러론은 앞전에 균형유지를 위한 매스밸런스를 붙이는 등의 플러터 방지를 위한 대책이 필요하다.

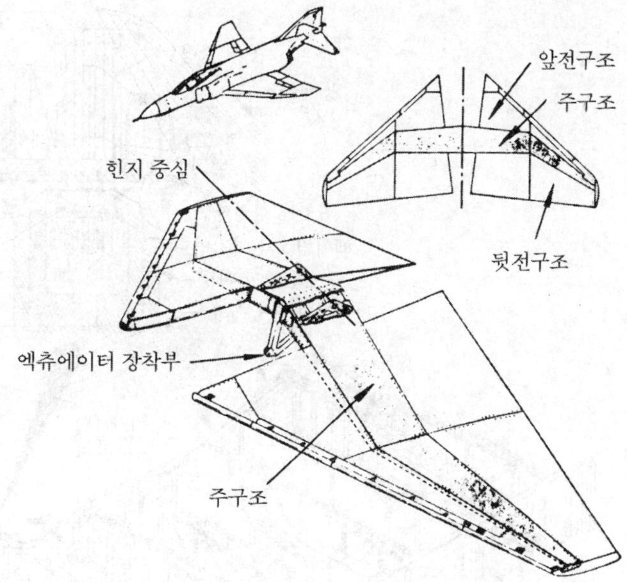

그림 5.16 초음속 전투기의 스테빌레이터

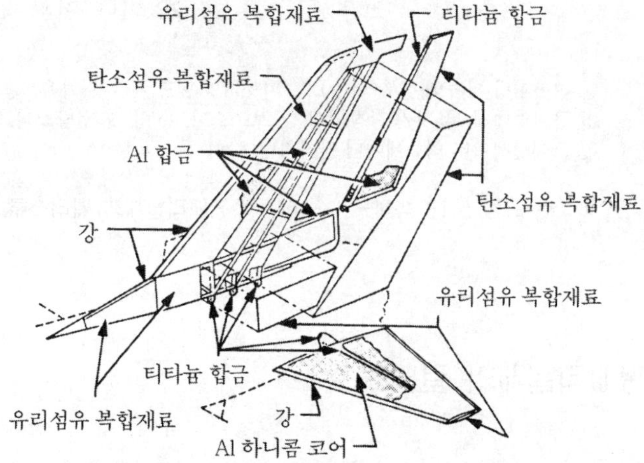

그림 5.17 초음속 전투기 YF-16의 꼬리날개

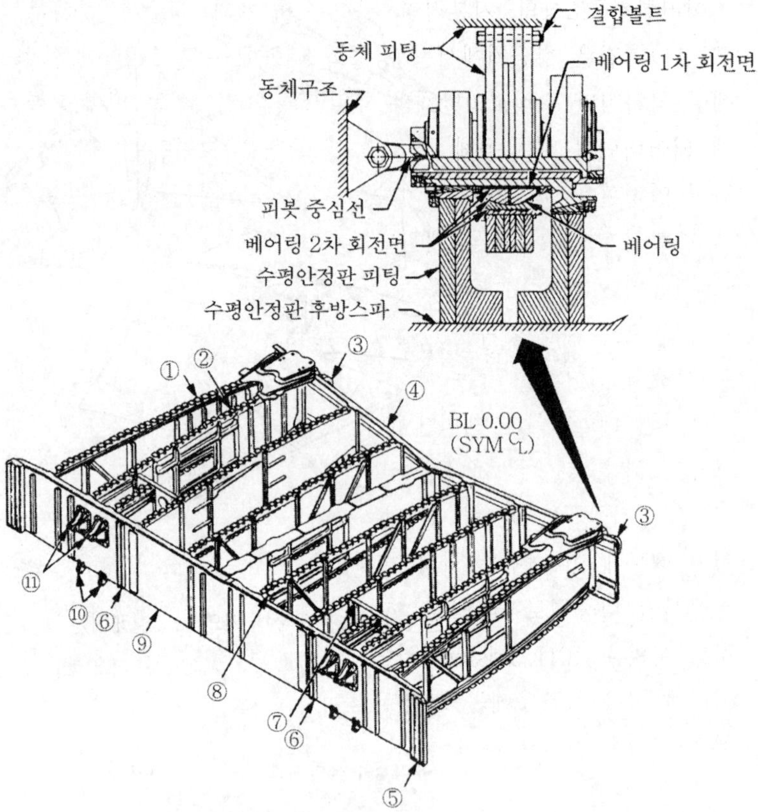

① 피봇피팅 외측 체결부(좌우), ② 피봇피팅 내측 체결부(좌우), ③ 피봇피팅, ④ 후방스파, ⑤ 공기밀폐재, ⑥ 쟈키 장착피팅, ⑦ 보조스파, ⑧ 립, ⑨ 전방스파, ⑩ 피드백 링크용 피팅, ⑪ 스테빌레이터 액츄에이터 장착피팅(4개)

그림 5.18 록히드 L-1011 수평꼬리날개의 캐리쓰루 피봇과 피팅

5.3.2 수평꼬리날개의 결합

수평꼬리날개에 가해진 하중에 대해서는 앞에서도 설명하였지만, T형 꼬리날개와 같이 장착부 간격이 좁은 구조에서는 버펫팅에 의한 동적 비대칭 하중에 대한 고려도 필요하다. 수평안정판의 구조 설계는 날개의 설계기준에 준해서 수행하면 되지만 공기력 중심의 이동이 크기 때문에 후방 스파의 관성모멘트를 크게 해야 한다. 수평꼬리날개와 동체의 결합에는 좌우를 하나로 구성해서 동체에 부착한 경우와 캐리쓰루 프레임(carry-through frame)을 설치해서 안정판을 좌우로 분리해서 피팅으로 부착하는 형식이 있다.

이러한 구조상의 기본적인 사항은 날개의 기준에 준하여 처리하면 된다. YS-11과 같은 항공기에서는 경량화 때문에 수평꼬리날개는 하나로 하여 동체에 부착하지만 수직꼬리날개와 테일러론을 결합하는 베어링 부착부분은 난잡하게 되어버렸다. 후방동체 구조 등의 균형을 고려하면 캐리쓰루 프레임을 이용하여 안정판을 분리하여 설치하는 것이 구조 통합에 용이한 측면도 있기 때문에 종합적 판단으로 구조배치를 결정해야 한다. 꼬리날개의 에어포일은 대칭으로 사용되는 것이 많으므로 분리해서 장착할 경우에는 같은 것을 뒤집어서 좌우 공통으로 사용할 수 있게 하면 생산비용을 줄일 수 있다. 최근에는 아랫면을 향해서 휘어짐을 갖는 역캠버 에어포일을 사용한 기체도 적지 않다.

플라잉 테일이나 스테빌레이터, 트림식 가동 수평안정판은 그 기능상 구조적으로는 좌우 관통한 하나로 힌지피팅을 끼워서 동체에 부착하지만 이 힌지가 구조상 2점 밖에 설치할 수 없는 경우가 많다. 2점에는 물론 안정상에 문제가 있기 때문에 이 경우는 피팅 자체를 몇 개의 피팅으로 집적해서 하중의 흐름을 분산시킨 다중경로 구조로서 파손안전성을 확보한다. 엑츄에이터의 경우도 록히드 사의 L-1011 Tristar에서는 좌우 합계 4개를 배치하고 있다. 2개의 엑츄에이터를 사용할 경우에는 그림 5.18에서와 같이 각각을 다중경로 구조로 설계하여 안정성을 갖도록 해야 한다.

5.4 수직꼬리날개

그림 5.19에 보인 바와 같이 수직꼬리날개는 통상 수직안정판과 방향타로 구성된다. 초음속 비행에서는 방향타의 효과를 크게 필요로 하지 않으므로 수평꼬리날개와는 차이가 있다. 수직꼬리날개는 보통 동체 중앙의 윗쪽에 솟아 있다. 이 때문에 수직꼬리날개와 동체의 결합에서는 날개에서와 같이 좌우에 작용하는 힘에 의해 굽힘모멘트를 상쇄시키는 것이 불가능하다. 수직꼬리날개의 굽힘하중은 전부 동체의 비틀림모멘트가 된다. 따라서 수직꼬리날개의 하중은 일단 동체의 프레임에 집중되게 된다. 이 때문에 수직꼬리날개는 주로 스파를 중심으로 한 구조 배치가 사용되고 있다. 다중 스트링거 구조를 사용할 때는 동체 측에 충분한 강성이 있는 보를 배치해서 동체의 프레임에 완만하게 하중이 흐르도록 해야 한다. 대형 제트 여객기에는 수직꼬리날개 내의 구조 점검을 위

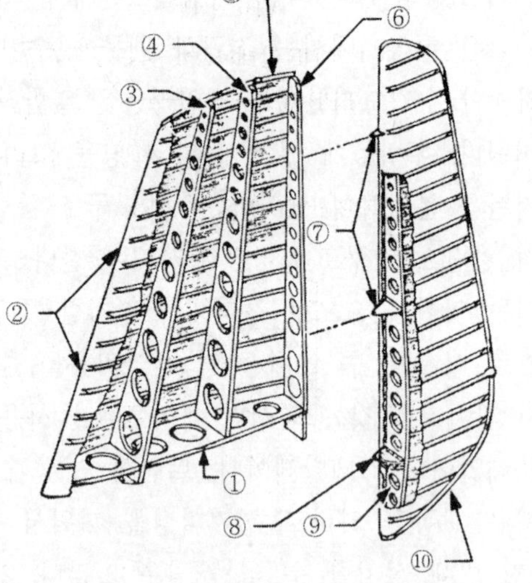

① 루트 립, ② 외피, ③ 전방스파, ④ 보조스파, ⑤ 일체성형 팁 립
⑥ 후방스파, ⑦ ⑧ 힌지피팅, ⑨ 스파, ⑩ 외피

그림 5.19 소형기의 수직꼬리날개

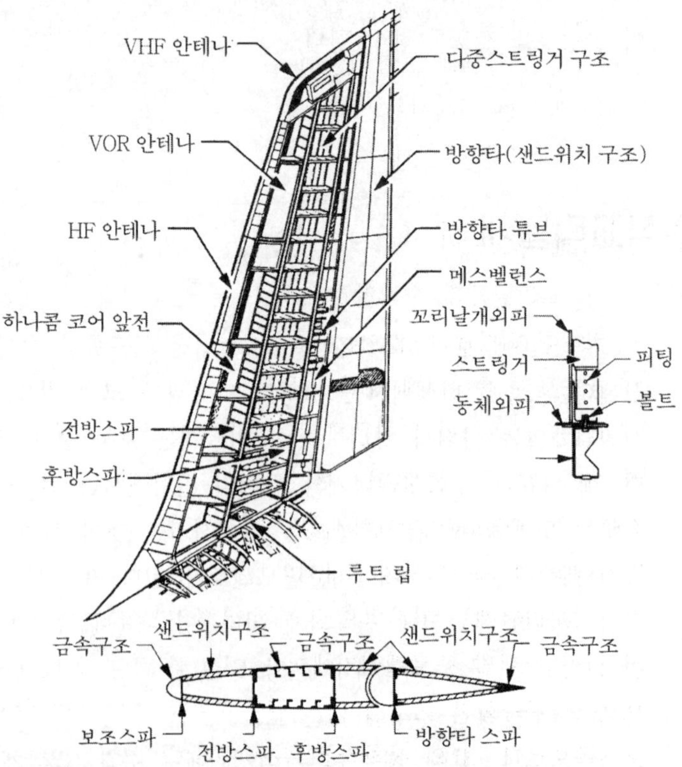

그림 5.20 보잉 747의 수직꼬리날개

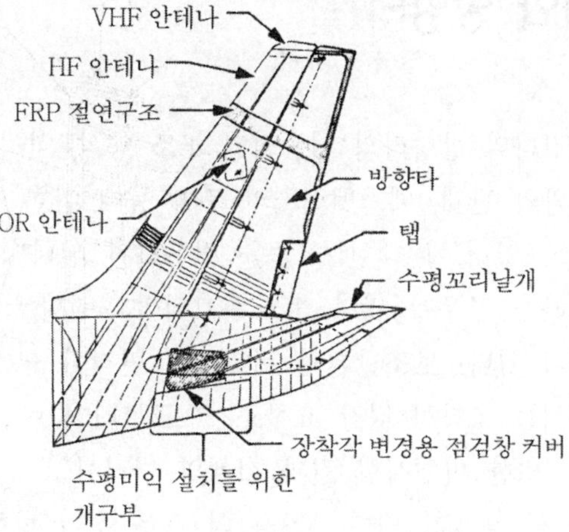

그림 5.21 수직꼬리날개에 설치되는 안테나

해서 루트 립에 점검창을 설치하는데 동체의 내압 벌크헤드가 파괴되고 대량의 여압 공기가 이 점검창을 통해서 안정판의 내부에 흘러들어 안정판이 안쪽에서 파괴되는 사고가 발생한 경우가 있었다. 꼬리날개의 구조는 내압에 약하므로 루트립의 점검창은 그림 5.20과 같이 반드시 막아두어야 한다.

최근의 고속기에서는 그림 5.21과 같이 안테나를 수직안정판의 표면에 다는 것이 일반적이다. 안테나는 파장에 의하여 크기가 결정되기 때문에 임의로 모양을 바꿀 수는 없지만 대형기에서는 크기에 여유가 있으므로 안정판의 이차 구조물에 부착한다.

T형 꼬리날개의 수직안정판에서는 수평꼬리날개의 접착부 간격이 좁기 때문에 비대칭 하중을 받을 경우 끝단의 체결부에 큰 굽힘모멘트가 가해진다. 그러나 강도보다 플러터에 대한 비틀림·굽힘 강성이 구조부재의 단면 결정의 기준이 되는 경우도 있기 때문에 하중에 대한 강도 계산에만 의지하지 말고 동급기의 예를 참고로 설계하는 것이 바람직하다. 특히 날개의 두께가 얇은 초음속 전투기의 T형 꼬리날개에서는 주구조인 토션박스의 단면적이 부족한 경우가 많기 때문에 록히드사의 F-104와 같이 외피를 강판으로 만드는 경우도 있다.

수직꼬리날개는 기본적으로 기체의 중심선에 혹은 중심선과 평행으로 부착되어 있지만 단발 프로펠러기에서는 이륙 시에 프로펠러 후류로 인해 기수가 횡으로(오른쪽 회전 프로펠러일 때는 왼쪽으로) 흔들리기 때문에 수직꼬리날개에 오른쪽으로 1~3°의 장착각을 주는 경우가 많다.

5.5 승강타와 방향타

승강타와 방향타의 기본적인 구조 양식, 힌지 피팅의 수와 배치, 안정판 뒷전 구조와의 관계, 매스밸런스의 부착 등에 관한 사항은 앞에서 설명한 "보조날개와 스포일러"에 대한 기준을 적용하면 된다. 단 조종장치 결합은 토크튜브를 사용하는 경우가 많다. 토크튜브와 그 결합부 구조는 강성을 충분히 높게 할 필요가 있다. 보조날개와 비교하면 면적이 크기 때문에 인력으로 조종하는 기체에서는 조타력 경감 요구조건으로부터 공력설계 요구조건이 결정되는 경우가 많다. 또한 비행시험 결과 설계의 변경이 요구될 수도 있으므로 그 대안을 고려해 둘 필요가 있다. YS-11의 경우 초기 방향타 설계에서는 스프링 탭은 사용하지 않고 구조적으로 간단할 수 있는 위치에 토크튜브를 붙였다가 나중에 스프링 탭을 부착하였다. 따라서 토크튜브의 위치가 기괴하게 되어 복합한 링크기구를 필요로 하게 되었다.

지상에 계류중인 항공기에 바람이 부딪히면 인력조종방식의 항공기에서는 조종면이 흔들리면서 조종면이나 장착부에 파손이 발생한다. 단발의 소형기에서는 조종면이 작으므로 조종석에 조종간이나 방향타 페달을 고정할 수 있는 장치를 설치해서 흔들림을 방지하면 충분하지만 커뮤터기의 기체에서는 조종면이 크기 때문에 조종면 가까이에 개스잠금장치을 설치한다. 조종면 가까이에 설치하는 것은 지상돌풍하중이 조종계통에 가해지지 않도록 하기 위함이다.

가벼운 조종면을 만들기 위해서는 뒷전부의 중량을 줄여서 플러터 방지를 위한 매스밸런스의 무게를 줄이는 것이 효과적이다. 최근의 소형기 조종면이나 꼬리날개는 가격과 중량 절감을 위해서 비드 외피를 사용해서 립을 생략하는 구조가 많이 사용된다. 일반적인 립과 외피 구조를 사용할 때 질량을 줄이기 위해 무턱대고 얇은 외피를 사용하면 외피에 비틀림이 많이 발생한다. 가공 및 제작상의 문제까지 고려할 때 외피의 최소두께는 0.5 mm 정도로 하는 것이 좋다. YS-11에서 0.4 mm의 판에 대해서 시험을 수행했지만 불합격품이 많았고 실용화되지 않았다. 얇은 금속 외피를 사용해서 질량을 줄이기 위해, 그림 5.22에 보인 바와 같이 립에 부착할 리벳을 치는 부분의 외피에 파형(finger type)의 이중재를 접착해서 보강하는 방법이 구 더글라스 사의 기체에 사용되기도 하였다.

최근의 초음속 제트 전투기나 대형 제트 여객기의 꼬리날개나 조종면의 구조에는 탄소섬유강화 복합재료가 널리 사용되고 있다. 이 경우 초음속 전투기는

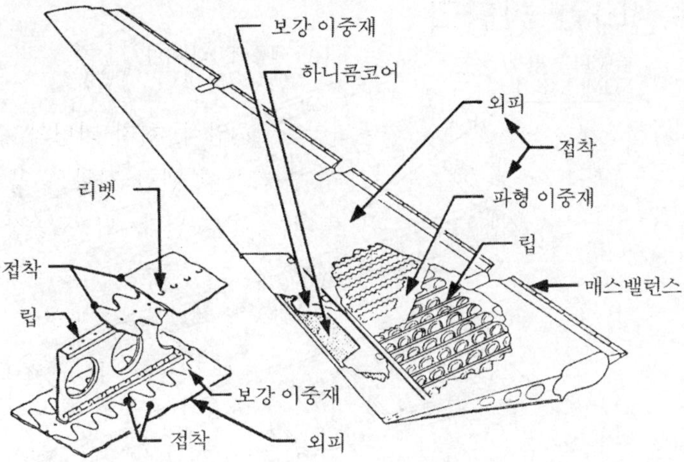

그림 5.22 파형 이중재를 접착한 DC-10의 승강타와 탭

꼬리날개의 두께가 작기 때문에 복합재 외피와 외피 사이에 하니컴 코어를 채운 샌드위치 구조가 사용되는 것이 일반적이다. 다만 대형 제트 여객기에서 이 방식을 취할 경우 코어의 중량이 커지게 되므로 보잉 사에서는 그림 5.23에서와 같이 코어의 높이를 낮게 한 판넬을 외피에 사용한 구조를 보잉 747, 757, 767에서 채택하고 있다. 샌드위치 판넬 구조는 표면에만 여러 장의 외피를 사용하므로 소형기에서는 중량절감 효과를 내기 어렵다. 또 이 구조는 장기간 사용하면 하니컴 코어의 중앙에 습기가 차고 매스밸런스의 효과를 무너뜨리는 경우가 있기 때문에 정기적인 점검이 필요하다. 이와 같이 매스밸런스 효과를 무너뜨릴 위험이 있는 또 다른 것은 수직꼬리날개의 로고(마크)이다. 수직꼬리날개에는 일반적으로 항공사의 이름이나, 전투기의 경우 일련번호 등을 표시한다. 그런데 소속이 바뀌거나 마크가 바뀌었을 때에 덧칠을 하게 죄면 균형이 무너지는 경우가 있기 때문에 세심한 주의가 필요하다.

설계시에 좌우 승강타의 비대칭 회전과 동체의 비틀림이 연속적으로 생기면서 플러터가 발생하므로 좌우 승강타는 토크튜브로 확실히 결합해야 한다. 힌지 라인에 후퇴각이나 상반각이 있을 때에는 유니버설 조인트 형태의 피팅을 사용해서 결합한다. 매스밸런스를 사용한다면 좌우의 승강타를 결합하지 않아도 플러터를 막을 수 있다. T-34 계열의 기체처럼 V형 꼬리날개를 그대로 수평꼬리날개로 사용할 경우에는 좌우의 승강타를 연결하지 않는다. 그러나 안정판 장착부 강성의 영향도 있지만 이 구조에서는 플러터 한계속도가 저하되므로

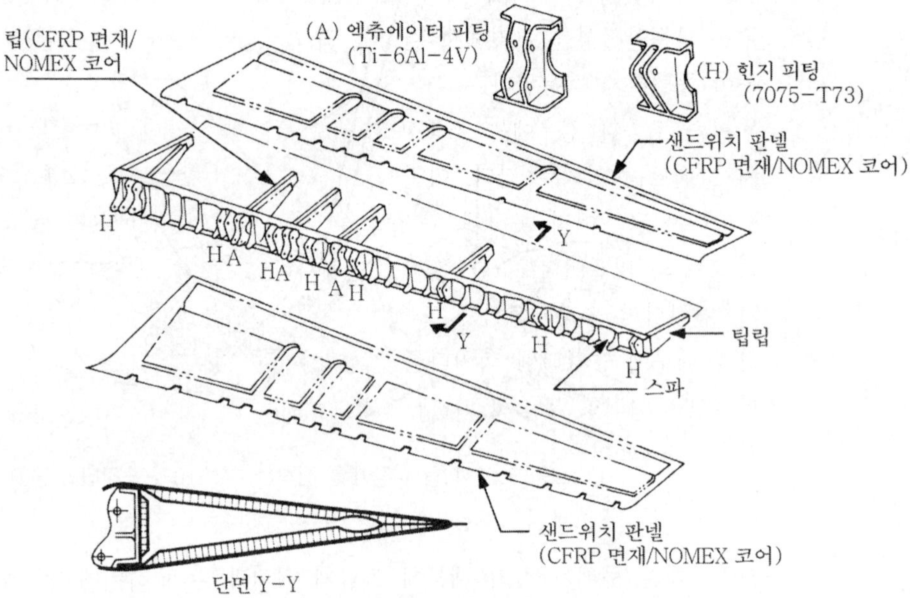

그림 5.23 하니컴 코어 샌드위치 구조를 사용한 대형 여객기의 승강타

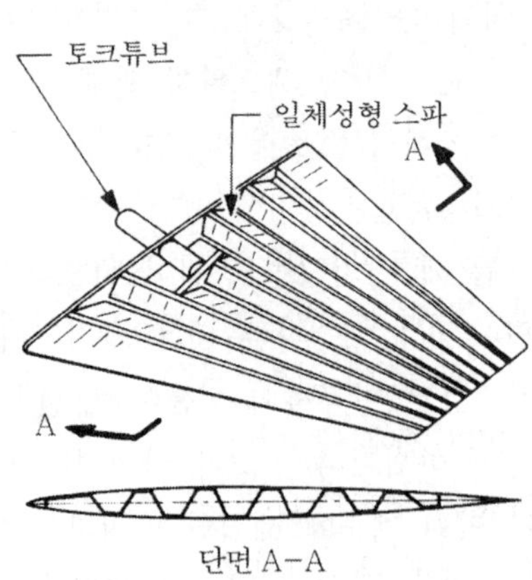

그림 5.24 F-16의 스테빌레이터

바람직하지 않다. 그림 5.24에 보인 F-16의 스테빌레이터는 새로운 발상에 의해 하나로 통합한 형태의 탄소섬유 복합재 구조이다. 그러나 현재 생산되고 있는 F-16의 수평꼬리날개는 외피만 탄소/에폭시 복합재를 사용하고 내부 구조는 알루미늄 합금을 사용한다.

타면의 힌지는 볼베어링을 사용하는 것이 원칙이다. 그 외 교환이 용이할 것,

니들 베어링이나 주사위 베어링인 때는 급유가 용이하도록 설계할 것, 힌지의 수를 파손안전성을 고려해서 결정할 것 등은 보조날개의 설계에서 사용되는 기준이 동일하게 적용된다.

인력 조종인 경우에는 조종사가 방향타 페달을 세게 밟아도 타면 주위의 힌지 모멘트는 의외로 작다. 야간 계류 중에는 피팅에 남은 수분이 얼기 때문에 방향타가 움직이지 못하게 되기도 한다. 조종면의 뒤를 잡고 움직이면 깨어지는 정도의 빙결이다. 또한 힌지 주변의 마찰력을 충분히 고려한 설계가 필요하다. 인력식의 승강타에서는 조종력의 변화로부터 조종사가 속도 안정성을 감지하기 때문에 승강타에 피치다운 방향의 조타력을 부여할 다운 스프링이 부착되어 있다. 이러한 조종시스템에 스프링을 사용할 때는 가능하면 누르는 형태로 사용하고, 끌어 당겨서 사용하지 않으면 안될 경우는 반드시 파손안정성을 갖게 한다.

5.6 탭

탭(tab)은 조종면의 뒷전에 부착된 작은 보조 조종면이지만 기체의 규모에 의해서 구조는 크게 달라질 수 있다. 좌우 조종면의 차이를 조정하는데 사용되는 소형 경비행기의 탭은 폭 10 cm, 길이 100 cm 미만의 단순한 합금판이지만, 보잉 747 방향타의 탭은 폭이 1 m에 가깝고 두께 30 cm, 길이는 몇 m씩 된다. 탭의 역할은 탭에 작용하는 공기력에 의해서 타면의 중립 위치를 변화시키거나 조타력을 경감시키는 것이다. 그림 5.25에서는 여러 가지 탭의 형식 및 기구를 보여준다.

그림 5.25(a)는 벤트탭(bent tab)이다. 소형기의 보조날개나 방향타에 많이 이용되고 있다. 기체 제조시에 있을 수 있는 좌우 불균형 등을 수정하는데 사용된다. 오른쪽 보조날개의 탭은 기체 윗쪽으로 굽히면 오른쪽 날개가 올라가고, 방향타의 탭을 오른쪽으로 굽히면 기수는 왼쪽으로, 기체는 오른쪽으로 미끄러지게 된다. 조정은 시험비행 후에 지상에서 실행한다. 그 후 비행의 상황을 보고 필요하다면 착륙 후 재수정하기도 한다.

그림 5.25(b)는 트림탭(trim tab)이라 불리고 비가역식 액츄에이터를 이용해서 비행 중에 속도에 따라서 탭각을 변경하고 적당한 수정타각을 얻거나 좌우 불균형을 보정하는데 사용된다. 이 방식으로 비행 중에 타각을 변화시키기 위해서는 가역식(인공 조타방식) 조정장치가 필요하다. 유압을 이용한 비가역식

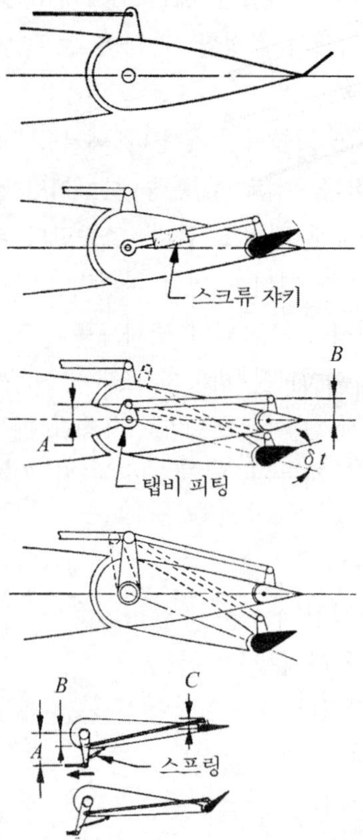

그림 5.25 탭의 종류

조종 방식에는 트림탭 방식을 이용할 수 없으며 탭 이외의 방법으로 타면을 움직여야 한다.

그림 5.25(c)는 균형탭(balance tab)이라 불리는 조타력 경감용의 탭이다. 링크 기구에 의해 타각에 비례해서 탭이 움직이도록 되어 있다. 타각에 대한 탭각의 비는 0.7 정도를 최대로 한다. 또한 탭의 타각은 15° 정도를 한계로 한다. 그 이상이 되면 탭이 실속에 들어가게 된다. 항공기에서는 조타력을 크게 하기 위해서 일부러 탭각이 균형탭과 역방향으로 움직이도록 한 반균형탭(anti-balance tab)을 사용하기도 한다.

그림 5.25(d)의 써보탭(servo tab)은 균형탭보다도 조타력을 가볍게 하고자 할 때 사용한다. 조종사는 타면을 조작하지 않고 써보탭을 조타하고 타면은 탭의 공기력에 균형이 되는 각도까지 움직이므로 조타력이 경감되지만 공기력이 작을 때(속도가 저하될 때)에는 조종면 중량이나 관성력의 영향이 크게 나타나므로 특성이 나빠진다.

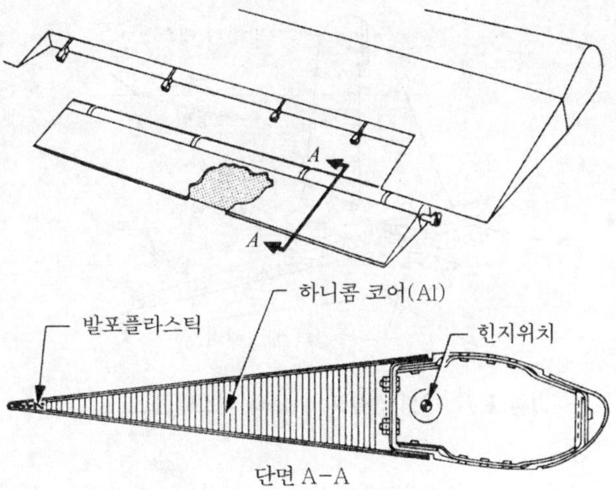

그림 5.26 대형 여객기의 탭 구조

그림 5.25(e)의 스프링탭(spring tab)은 균형탭과 써보탭의 결점을 보완하는 것이다. 스프링탭에서 조타력은 스프링에 의해 조종면에 전달되도록 되어 있다. 이 때문에 공기력이 작거나 속도가 낮을 때, 타각이 작을 때에는 조종사의 힘이 주로 타면에 가해지고 탭은 거의 움직이지 않지만 고속비행에서나 타각이 클 때에는 스프링이 늘어나고 탭의 타각이 커져서 조타력을 경감시킬 수 있도록 되어 있다.

탭의 구조는 대형기에서는 소형기의 조종면과 유사하게 만들면 좋고 또 소형기에서는 조종면을 축소한 형태로 만들면 좋다. 중·대형기나 천음속기 등에서는 그림 5.26과 같이 하니컴 코어 샌드위치 구조도 이용되고 있다.

탭의 설계하중은 이론값에 의존하는 것보다는 플러터 등 하중이 명확하지 않은 요인들을 고려하여 공기력 하중이 큰 여유를 갖도록 가정하고 다른 항공기의 구조를 참고하여 너무 약하게 만들지 않는 것이 중요하다. 탭에서 가장 중요한 문제는 플러터이다. 써보탭이나 스프링탭에는 매스밸런스가 필수지만 균형탭이나 트림탭은 작동봉(actuating rod)이 사용 중에 헐겁게 되는 것을 고려해서 플러터에 대한 대책을 생각해야 한다. 그림 5.27은 고전적인 형태의 탭과 매스밸런스를 보여준다.

그림 5.28에서와 같이 결빙과 공기저항 현상을 고려해서 탭의 피팅에 페어링을 부착할 경우에는 최대 타각상태에서 충분한 여유를 갖는지 확인해야 한다. 그림에서 페어링은 "A"와 같이 열리면 안된다. 실제로 비행시험 중에 페어링이 열리면서 엉켜서 조타 불능이 되는 경우도 있다. 다행히 커버의 강도가 낮아

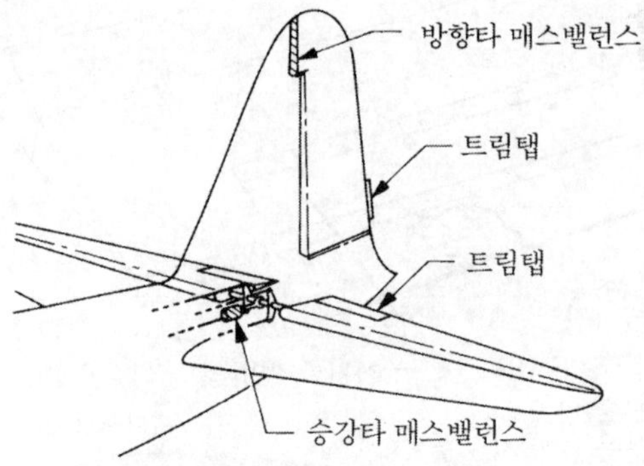

그림 5.27 구형 전투기의 탭과 매스밸런스

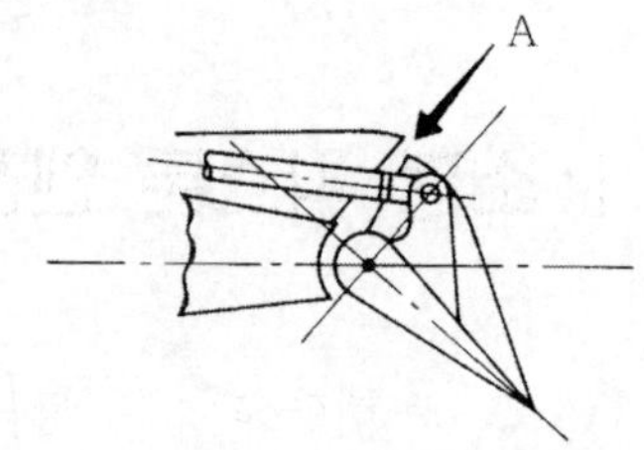

그림 5.28 혼 피팅 커버

강하게 끌어당겨 페어링이 변형을 일으키면서 조종이 가능할 경우도 있지만 항공기의 추락으로 연결될 수도 있다. 탭의 배치에는 상당한 주의가 필요하다. 특히 여객기와 같이 후방동체의 변화가 큰 기체에서는 동체에 가까운 쪽에는 업워시(up-wash)가 강하다. Boeing 757이나 767도 승강타 부근에 큰 역캠버를 부여하고 있는 것도 그에 대한 대책이다.

일부 항공기에서는 승강타가 부착된 가까운 쪽에 균형탭을 배치하고 트림탭은 외측으로 배치하고 있다. 그 이유는 탭 조작의 메커니즘은 그만큼 길어지지만 업워시가 기체 자세 등의 영향으로 미묘하게 변화되고 탭의 효력이 과민하게 바뀌는 것을 막기 위함이다.

또 일반항공(general aviation) 급의 소형기에서는 타면이나 안정판의 외피에 비드 판을 사용해서 가격절감과 경량화를 도모하고 있는 예가 많지만 이러한 꼬리날개에서는 경계층이 두껍게 되고 작은 타각으로 탭이 효력을 잃게 된다. 이런 경우에는 탭의 단면을 키우는 등의 공력 대책이 필요하게 된다.

제 6 장 엔진 장착

6.1 소형 피스톤 엔진

대형 피스톤 왕복엔진은 제2차 세계대전을 전후로 해서 쇠퇴하였고 최근의 왕복엔진은 주로 500마력 이하의 공냉식 수평대향형(horizon opposed type) 엔진이다. 왕복엔진은 프로펠러를 회전시켜서 항공기의 추진에 필요한 추력을 얻게 되는데 이 추력은 엔진베드를 통하여 기체에 전해진다. 엔진베드는 추력뿐만 아니라 프로펠러를 회전시킨 토크의 반력과 상하좌우의 가속도, 프로펠러와 엔진의 자이로 효과 및 엔진에 의해 발생되는 진동에 견딜 수 있는 구조로 되어 있어야 한다.

왕복엔진용 엔진베드는 그림 6.1과 같이 트러스 구조 또는 이의 변형된 형태가 오랫동안 사용되어 왔다. 무게가 가볍고 강성이 높아야 한다는 관점에서는 모노코크 구조가 유리하지만, 정비점검이 용이하고 냉각공기를 충분히 받아들이면서 공기저항이 작아야 하므로, 일반적으로 하중은 트러스 구조가 담당하고 그 외부를 싸고 있는 카울링은 자유로운 외형을 가지는 2차 또는 3차 구조

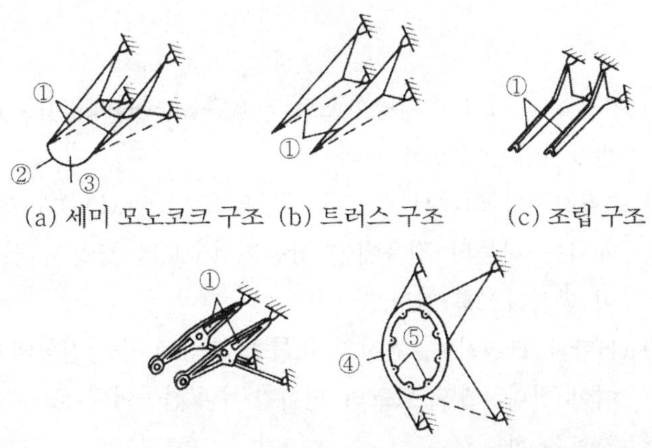

(a) 세미 모노코크 구조 (b) 트러스 구조 (c) 조립 구조

(d) 대형 단조 구조 (e) 링 구조(Star형 엔진)

① 엔진 지지장치, ② 크로스 부재, ③ 횡하중용 판넬, ④ 엔진지지 링, ⑤ 엔진설치 피팅

그림 6.1 왕복엔진용 엔진베드

물로 구성하는 것이 보통이다. 예외적으로 비치크래프트(Beechcraft)사의 보난자(Bonanza) 등 일부 항공기에서는 모노코크 구조의 엔진베드를 사용한 사례도 있다. 그림 6.1의 (b), (c), (d) 형식에서는 횡방향 하중의 지지가 어려워 보이지만 대향형 엔진의 경우 엔진의 크랭크 케이스가 하중을 담당하게 되므로 역학적으로 문제가 없다.

그림 6.2는 세스나 170 L-19 등에서 사용되고 있는 강관용접 트러스 구조의 엔진베드를 보여준다. 엔진의 형상으로 인해 좌우의 프레임을 묶는 크로스 부재를 한 곳에만 설치하는 것은 불가능하다. 이 구조는 그림 6.1(b)의 변형으로, 동체와는 4점에서 결합되어 연결된다.

그림 6.3은 FA-200의 엔진베드이다. 이것은 그림 6.1(e)의 변형된 형태로 하중을 엔진의 배면에서 지지하므로 같은 종류의 수평대향형 엔진을 사용하는 세스나 L-19의 엔진베드와는 다르다. 엔진 배면의 링 형태의 구조가 원리도와 달리 일부 잘라져 제거된 것은 엔진 구조와의 관계상 제거되지 않으면 안되었기 때문이다. 물론 원리도와 같이 닫힌 링 구조로 하면 강성은 높아지게 된다.

그림 6.2, 6.3에서 보인 바와 같이 왕복엔진은 엔진베드에 쇼크마운트(합성고무로 된 부싱)를 끼워 설치한다. 이론적으로 왕복엔진은 불평형 힘의 발생을 피할 수 없으므로 이것에 기인한 진동이 있게 된다. 이 진동을 흡수하여 엔진의 상용 회전수에서 기체구조와 공진이 발생하지 않도록 하는 것이 쇼크마운트의 역할이다. 쇼크마운트를 끼워서 엔진을 탄성지지할 때는 다음을 주의하여야 한다.

(1) 엔진의 중심에 수평방향으로 작용하는 하중에 의해서 엔진에 회전운동을 발생시키지 않도록 한다.
(2) 수평하중에 의해서 발생한 엔진의 요잉(yawing)과 엔진의 좌우진동이 연계되는 진동의 경우에는 상용회전수보다 충분히 낮은 회전수에서 공진이 발생하도록 한다.
(3) (1)항과 관련하여, 엔진의 비틀림 진동과 수평진동의 연계는 반드시 피하여야 한다. 엔진 토크의 변화가 수평진동이나 요잉진동의 가진력이 되지 않도록 한다.

이러한 조건을 만족하기 위해서 그림 6.2의 세스나 L-19 형식보다도 그림 6.3의 형식이 더 바람직하다. 실제로 후자의 형식이 주로 사용되고 있다.

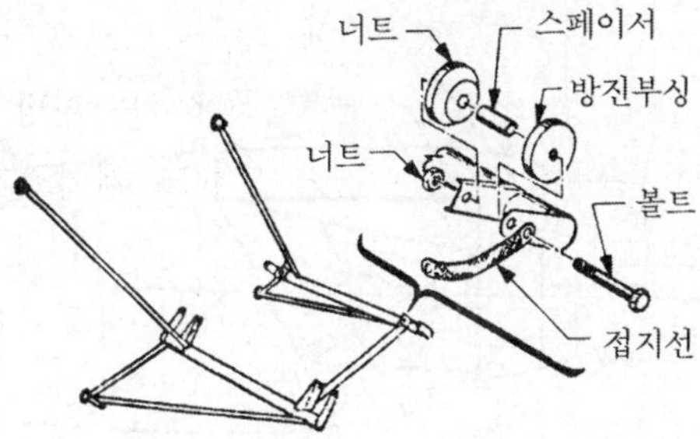

그림 6.2 세스나사 소형기의 엔진베드(트러스 구조)

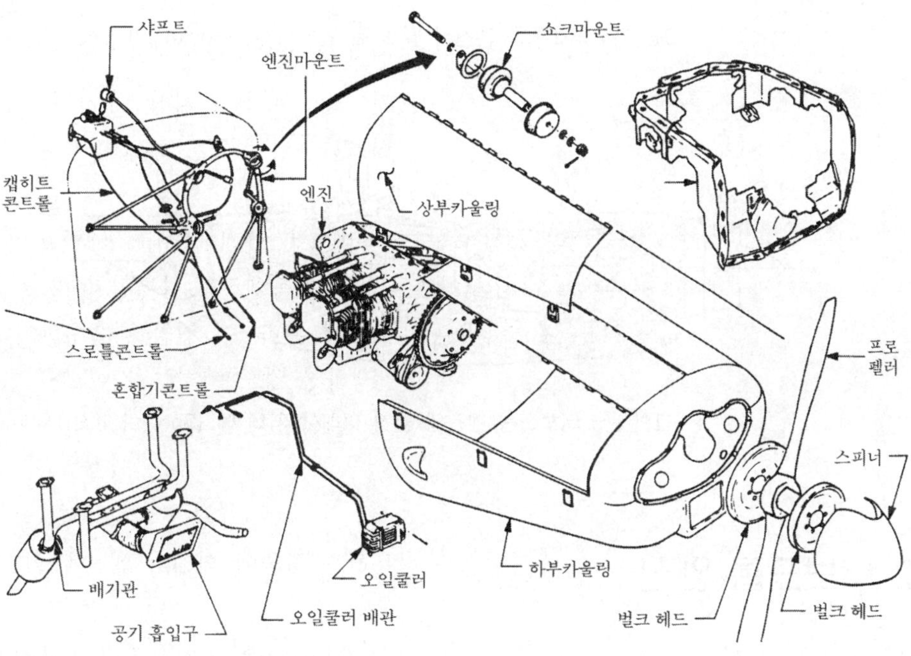

그림 6.3 FA-200의 엔진베드

엔진베드를 설계할 때에는 엔진이 최대회전 상태에서 고장을 일으켜 회전이 급히 정지할 때 프로펠러의 관성력에 의해서 발생하는 토크하중을 조심해야 한다. 또한 상하방향으로 최대하중은 비행중의 운동에서보다는 착륙시 엔진베드가 상하로 진동하는 것에 의해 생기게 된다. 이러한 경향은 특히 쌍발기 및 다발기에서 엔진베드를 날개의 스파 사이에서 길게 전방으로 뽑아낸 경우 심하게 나타난다.

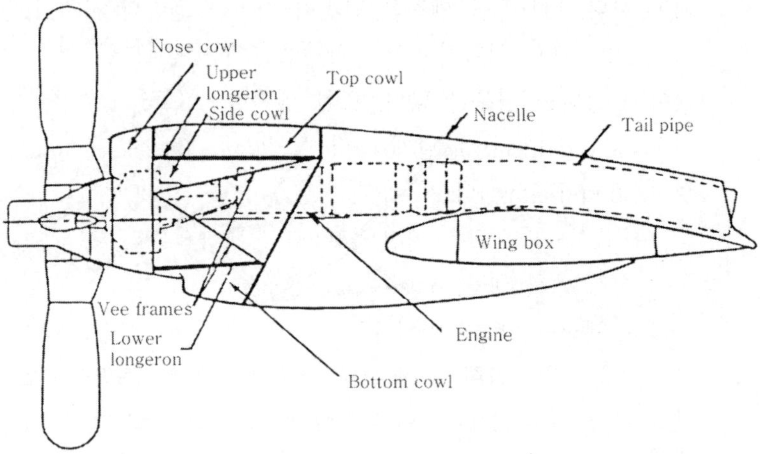

그림 6.4 터보프롭 엔진의 날개 위 설치의 예 (Lockheed Electra)

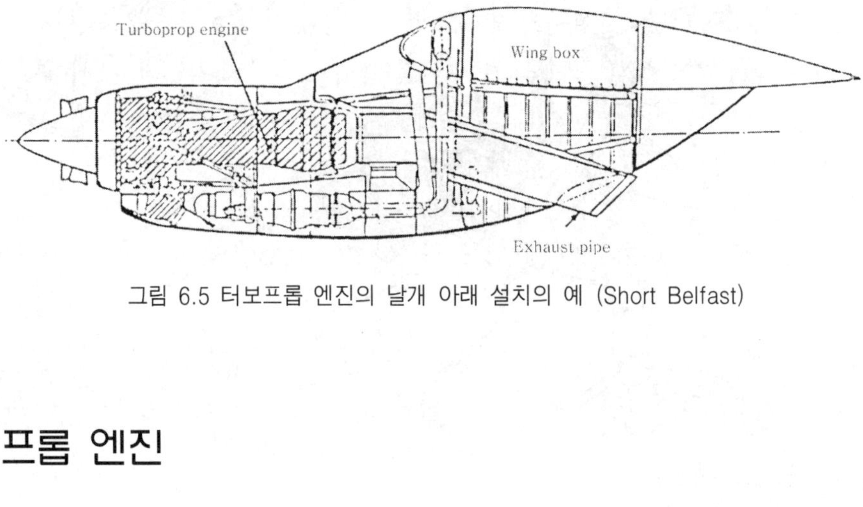

그림 6.5 터보프롭 엔진의 날개 아래 설치의 예 (Short Belfast)

6.2 터보프롭 엔진

터보프롭(turbo prop) 엔진은 가스터빈의 축(shaft) 출력을 기어로 감속해서 프로펠러를 회전시키기 때문에 왕복엔진에서와 같은 큰 진동은 발생하지 않는다. 따라서 엔진을 쇼크마운트를 사용하지 않고 직접 엔진마운트에 설치하기도 한다. 또한 터보프롭 엔진은 직경이 좁고 본체가 길뿐만 아니라 엔진의 후방에는 다량의 배기가스를 배출하는 제트 파이프가 설치되어 있으므로 엔진베드가 동체나 날개에서 길게 돌출되게 된다. 이 때문에 착륙시에 큰 하중이 발생하거나 엔진 및 프로펠러의 흔들림과 날개의 진동이 연계된 훨 플러터(whirl flutter)를 발생시킬 위험이 있으므로 엔진마운트 구조가 충분한 강성을 갖도록 해야 한다. 터보프롭 엔진은 단면이 작아서 엔진의 지지점을 중심 가까이 설치할 수 있으므로 역학적으로는 왕복엔진의 엔진베드를 전후 반대의 형태로 설치하여 구성되는 경우가 많다. 또한 엔진을 설치하는 위치에 따라서 날개 위 설치(Lockheed Electra), 날개 중앙 설치(Aerospatiale Fregate), 그리고 날개 아래 설치(Short Belfast)의 세 가지 방법을 사용한다.

그림 6.4는 터보프롭 엔진이 날개 위에 설치된 사례를 보여주고 있는데, 엔진을 신속히 교환(QEC, quick engine change)하기 위한 구조로 되어 있다. 이 그림에서 엔진마운트는 공기흡입구와 기어박스를 감싸고 있는 노즈카울과, 상·하 론제론 및 V자형 프레임으로 구성된 트러스 구조, 그리고 상부 및 하부의 카울을 구성하는 전단판넬로 이루어져 있다. 노즈카울은 엔진마운트에 걸리는 하중을 트러스와 전단판넬에 전달하며, 트러스는 전·후 및 상·하 하중을, 그리고 전단판넬은 측면하중을 나셀에 전달한다.

그림 6.5는 다른 예로 터보프롭 엔진이 날개 아래에 현수된 나셀에 설치되어 있는 것을 보여주고 있다. 이 그림에서 세미 모노코크 구조로 된 나셀 전방에는 스텐레스 강철로 된 방화벽이 위치하고 있고, 그 앞으로 엔진이 방진 고무부싱을 통하여 강관 트러스에 마운트 되어 있다.

터보프롭 엔진 중에는 감속 기어박스와 가스터빈 엔진부가 분리되어 있는 것이 있다. 헬리콥터의 터보샤프트(turbo shaft) 엔진이 그 전형적인 것으로 이러한 경우 기어박스에는 큰 토크가 가해지지만 엔진 자체에 걸리는 토크는 대단히 작다.

6.3 제트엔진

제트엔진(터보제트, 터보팬)은 거의 진동을 발생시키지 않는다. 주로 엔진의 분출가스의 반동으로 기체를 추진시키므로 엔진의 배기 노즐과 엔진 내에서 외부 공기를 유도하는 공기 덕트 및 공기 흡입구를 설치하는 방법이 자유롭다. 대형 군용기 및 여객기에는 그림 6.6과 같이 날개 내부에 장착하는 방식과 그림 6.7과 같이 날개 하부에 파일런(pylon)으로 현수하는 방식, 그리고 그림 6.8의 후방동체의 측면에 장착하는 방식 등 다양한 방식이 사용되고 있다.

그림 6.6 날개 내부에 터보팬 엔진을 설치한 Tu-124

그림 6.7 파일런 장착방식의 예(A340)

그림 6.8 엔진을 후방동체에 장착한 Aerospatiale사의 Caravelle

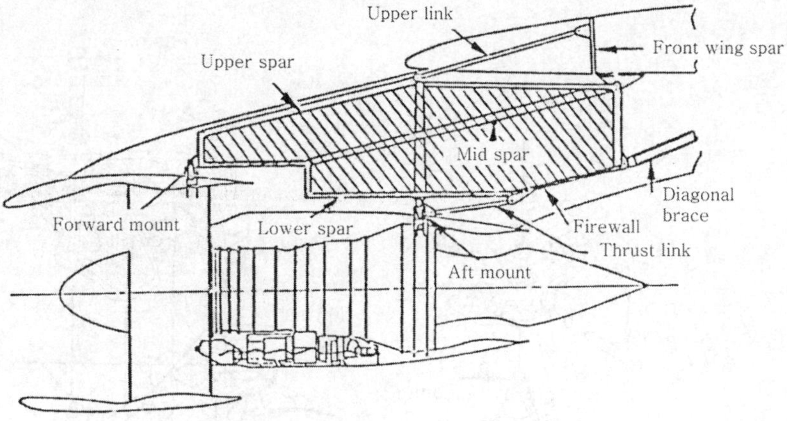

그림 6.9 파일런 설치 방식의 예 (Boeing-747)

날개 내부에 장착하는 방식은 공기저항이 적고 공력특성은 우수하여 과거에 적용된 사례가 있으나(Tu-124, DH Comet, HS Nimrod 등), 구조중량이 증가하고 화재 발생시 위험이 크다는 이유로 현재에는 거의 사용되고 있지 않다.

파일런 방식은 세계 최초의 후퇴익 제트폭격기 B-47에 채용되었던 방식으로 구조적으로 무게를 줄일 수 있고 플러터에 대한 진동억제 효과와 정비점검의 용이성 및 화재에 대한 안전성이 우수하여 현재 대형기의 엔진장착법의 기본이 되고 있다.

동체 후방에 포드(pod)로 엔진을 장착하게 되는 후방동체 장착식은 프랑스의 Caravelle 여객기에 최초로 사용되었다. 이 방식을 사용하면 날개 구조가 단순하게 되고 고양력장치의 효과가 높아 진다. 또한 객실내의 소음은 낮고 엔진에 고장이 발생하더라도 좌우 추력의 불균형에 의한 흔들림이 작다. 그러나 무게중심이 후방으로 기울기 때문에 항공기 무게중심의 이동범위가 크게되고 비행성이 나빠지기 쉬운 경향이 있으며 객실 하부로 연료 배관을 하기 때문에 동체 착륙시 화재의 가능성이 증가하는 단점이 있다.

그림 6.9는 엔진이 날개 하부에 파일런 방식으로 설치되어 있는 예를 보여주고 있다. 이 그림에 나타난 바와 같이 엔진의 지지점은 중심 부근에 주 지점이 있고 전방(또는 후방)에 보조 지점이 있는 것이 보통이다. 각 지점에서는 비행 중에 작용하는 각종 하중에 견디도록 설계되고 있다. 비행 중 작용하는 하중으로는 관성하중, 최대 전방추력, 최대 역추력, 순항추력, 돌풍하중(gust load)이 있으며, 이들 각각의 또는 조합에 의한 하중을 고려하여야 한다. 주 지점에서는 추력과 상하하중, 횡하중 및 수반되는 토크를 분담하고, 보조지점에서는 상하하

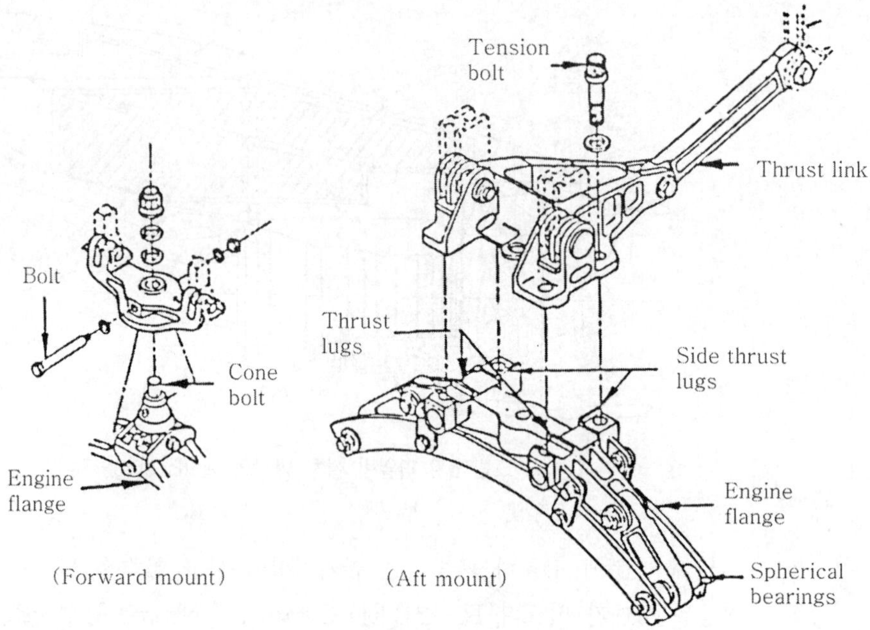

그림 6.10 엔진 마운트 상세도

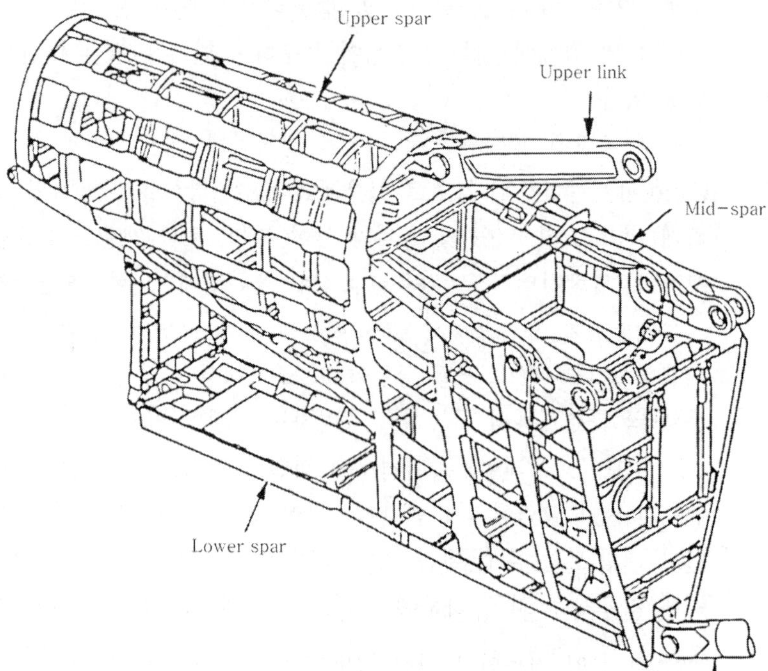

그림 6.11 파일 구조의 예 (Boeing-747)

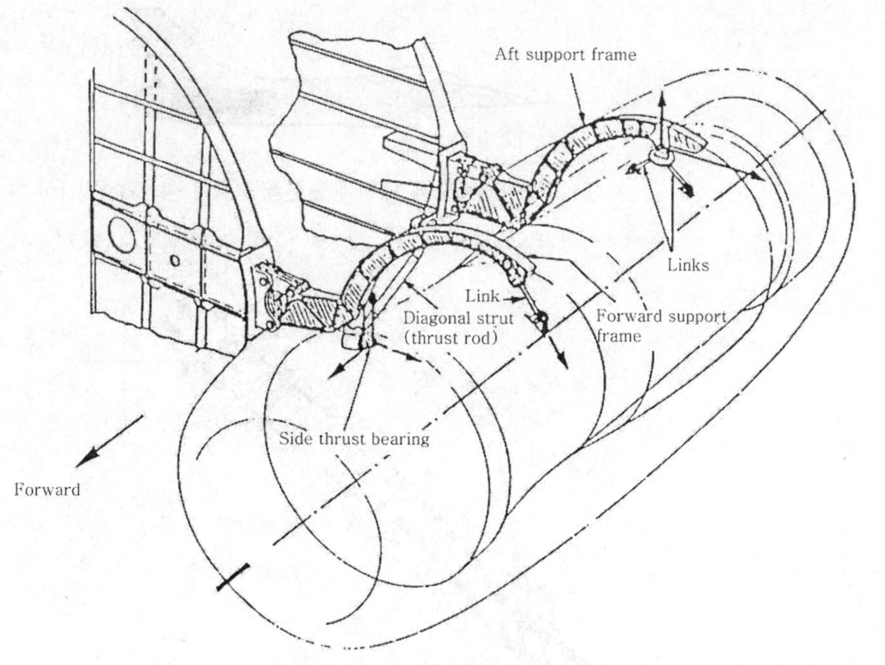

그림 6.12 유럽계 항공기의 후방동체 장착의 예 (Fokker F-28)

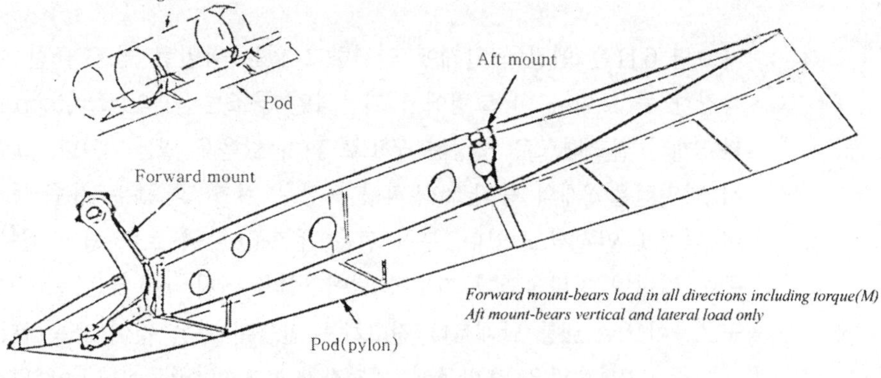

그림 6.13 미국계 항공기의 후방동체 장착의 예 (Boeing-727)

중 및 횡하중을 담당한다(그림 6.10 참조). 보조지점은 엔진 자체의 열에 의한 수축을 피하도록 전후방향의 하중을 구속하지 않도록 한다. 제트 엔진은 터보프롭과 같이 진동의 걱정이 없으므로 엔진 설치부에 쇼크마운트를 사용하지 않는다. 또한 프로펠러가 없으므로 설치점과 중심의 엇갈림 이외의 토크하중은 고려하지 않아도 된다.

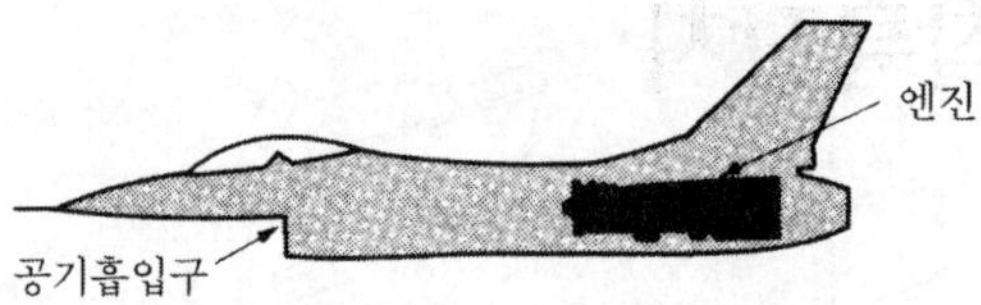

그림 6.14 동체 내부에 엔진을 설치한 항공기 (F-16)

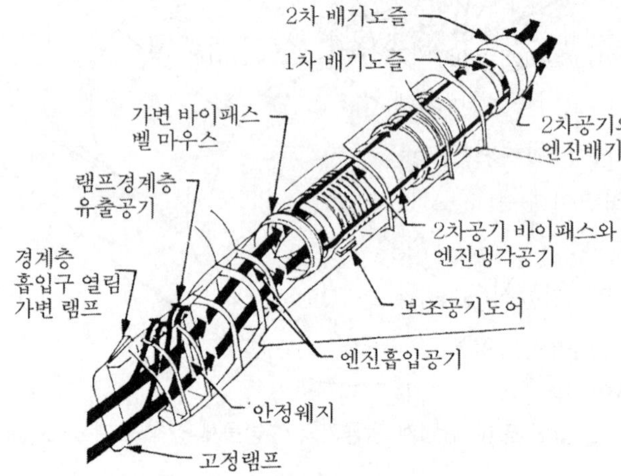

그림 6.15 초음속 전투기의 엔진 장착과 공기흡입 계통도 (F-4 Phantom)

그림 6.11은 엔진을 날개에 연결하고 있는 파일런 구조의 한 예를 보여준다. 복잡한 듯 보이나 이 그림에서 기본적인 구조는 3개의 스파(upper, mid, lower)와 3개의 벌크헤드로 구성된 구조로 되어 있음을 알 수 있다. 그림 6.11의 예에서 파일런은 2개의 중간스파 피팅과 상부 링크 및 하부 지주 등 4지점을 통하여 날개에 연결되고 있다. 부착 핀은 퓨즈(fuse) 볼트로 되어 있는데 지정된 하중이 걸리면 전단파괴가 되도록 되어 있다. 엔진 마운트는 큰 하중을 지지하는 구조물이므로 보통 날개보다 견고하게 만들어 두는 것이 보통이다.

그림 6.12, 6.13은 후방동체 엔진장착 방식의 예들이다. 이 방식에는 엔진을 횡·하 방향으로 제어할 필요가 있으므로 지지점은 동체 측면과 위쪽으로 설치한다. 특히 추력을 받는 주 지점이 옆쪽인 것에 주의한다.

전투기와 같은 소형 군용기에는 엔진을 동체 내에 장착하는 것이 일반적이다. 그림 6.14는 동체내부에 엔진을 장착한 초음속 제트 전투기의 예이다. 초음속기에는 특히 공기 흡입구에서 제트 배기구까지 공기흡입계통(air induction system) 설계의 좋고 나쁨이 초음속에서 엔진 추력을 좌우하게 된다(그림 6.15 참조).

제 7 장 착륙장치

7.1 개 요

착륙장치(landing gear)의 설계는 요즘에도 정형화되어 있다고는 할 수 없다. 초대형기나 고성능 항공기에 대해서는 항상 독창적인 발상이 필요하게 되며, 이를 실현하기 위해서는, 구조·강도·기구·유압·전기 등의 시스템 설계기술은 물론 지면이나 활주로 등의 토목기술 같은 다양한 분야의 기술 집약이 필요하다.

예를 들면, 전륜식(nose gear type)의 바퀴 배치나, 한 축에 여러 개의 바퀴를 늘어놓는 아이디어도 요즘에는 상식이지만, 이러한 발상은 어느 날 설계자의 독창적인 발상에서 생겨난 것이다. 이와 같이 발상의 전환이 없으면, 아주 큰 타이어가 필요하게 되거나 시계(視界) 문제 등이 발생하여 고성능 항공기나 대형 항공기의 설계는 불가능하게 될지도 모른다.

착륙장치는 착륙뿐만 아니라 이륙에 필요한 시스템과 지상에서의 이동에 필요한 것도 포함한다. 항공모함에 붙어있는 구속후크, 드래그 슈트(drag chute)와 같은 시스템도 착륙장치의 일부이다. 또한 착륙장치의 시스템 중에서 언더캐리지(undercarriage) 라는 용어가 일상적으로 사용되는데, 이는 완충기구·차륜·브레이크·버팀대(strut)로 구성되고 있는 착륙장치의 시스템을 가리키는 용어로 사용되고 있다. 착륙에 사용하는 드래그 슈트는 착륙장치이지만 언더캐리지는 아니다. 역추력장치(thrust reverser) 또한 착륙과정에서 사용하지만 착륙장치는 아니다.

착륙장치는 일반적으로 다음과 같이 구성된다.

- 착륙장치
  - 착륙장치 시스템
    - 착륙장치 버팀대
    - 완충기구
    - 인입기구
    - 조향기구
  - 타이어
  - 브레이크

그림 7.1 비행정 (Grumman G-44 Goose)

위에서 타이어, 바퀴, 브레이크는 전문 제조업체의 제품목록에서 선정할 수 있다. 착륙장치 시스템에 대해서는 기체 제작사가 설계, 제작하거나 기체 제작사의 요구사양을 바탕으로 전문 제작사가 설계하고 제작한다. 타이어는 소모품이므로 세계 어느 곳에서라도 구할 수 있는 양산품이 바람직하지만, 착륙장치 버팀대는 각각의 기체에 맞추어 설계하여야 한다. 수면에 내려앉는 수상기의 착수장치는 플로트(float)이다. 수상기 중에서 동체하반부를 배 모양으로 제작하여 물에 착수할 수 있도록 하는데 이러한 기체를 비행정(flying boat, 그림 7.1)이라 한다.

비행정의 본체는 기체 제작사가 설계하지만 수상기의 플로트는 전문 제작사가 있고, 일반적으로는 기체 제작사가 추천한 것을 구입한다. 제2차 세계 대전까지는 수상 전용 기체가 개발되고 플로트도 기체 제작사 독자로 설계되고 있었지만 요즘에는 수상기의 수요가 적어서, 전문 제작사에 의존하고 있다.

7.2 착륙장치의 형식

착륙장치의 형식에는 크게 후륜식(tail gear type), 전륜식(nose gear type), 자전거 방식(bicycle type)으로 나눌 수 있다. 제2차 세계 대전까지는 착륙장치의 배치는 무게중심의 바로 앞에 바퀴를 배치하고 동체 끝에 작은 뒷바퀴를 배치하는 것이 일반적이었다. 그러나 제2차 세계 대전 직전부터 미국을 중심으로 비행기 앞부분에 방향조절이 가능한 바퀴를 두고 주바퀴를 무게중심의 뒤에 둔

그림 7.2 후륜식 (German Luftwaffe Fighter)

그림 7.3 전륜식 (RV-6A)

3륜차 형식의 배치가 등장하였고, 현재에는 이 배치가 주류가 되어있다. 전자를 후륜식(tail gear type, 그림 7.2), 후자를 전륜식(nose gear type, 그림 7.3) 이라 부르고 있지만 그 밖에 동체의 전후에 주바퀴을 배치한 자전거방식(bicycle type)도 일부의 기체에서 사용되고 있다.

후륜식 착륙장치는 전륜식에 비하면 중량이 가볍고, 고르지 못한 땅에 강해서, 브레이크가 없던 제 2차 세계대전까지는 널리 사용되었지만, 현재는 일부의 농업기나 곡예기에 사용될 뿐 자취를 감추었다. 전륜식은 후륜식에 비해 이륙, 착륙, 지상 주행 과정에서 조작이 용이하므로 요즘에는 대부분의 항공기에서 사용된다. 이착륙의 조작이 용이하고 안전하기도 하지만, 브레이크나 지지대와 같은 기구의 진보도 후륜식을 대신해서 전륜식이 등장한 것이 중요한 원인이 되었다.

옛날에도 카치스 복엽기와 같은 전륜식 기체는 있었다. 전륜식은 후륜식에 비해서 비행 중의 공기저항이 크고, 중량도 무겁고 가격도 비싸며, 후륜식과 달리 지상에서의 기체 자세가 수평에 가깝기 때문에 공기저항이 적어서, 착륙하고 나서도 멈추지 않는다. 바퀴에 브레이크가 있으면 문제는 없지만 브레이크가 발달하지 않았던 과거에는 이 방식은 매우 불안정하였다. 여객기 등에서 승객이 한꺼번에 뒷쪽의 출입구에 모였다거나, 정비를 위해서 엔진을 떼었다거나, 경비행기에서 누군가가 뜻하지 않게 꼬리날개를 누르거나 하면 기수가 들릴 수도 있지만 이는 쉽게 해결할 수 있고 실제로 전륜식을 채용해보면 이로운 점이 많았다.

후륜식의 프로펠러 단발기가 이륙할 때, 뒷바퀴가 지면에 붙어 있다가 고속 주행하여 뒷부분이 올라와서 자세가 수평이 되면 수직꼬리날개에 프로펠러의 후류가 부딪혀 방향이 변해버린다. 이 때문에 기체를 직진시키기 위해서 처음에 왼쪽발로 페달을 밟고 있었다면, 뒷부분이 올라온 후에는 오른쪽 발을 다시 밟지 않으면 안된다. 하지만 전륜식에서는 처음부터 동체가 수평으로 되어 있기 때문에 이러한 일이 없다. 이러한 페달 밟기에 실패하거나, 횡풍이나 브레이크 등으로 항공기의 앞부분을 흔들릴 때에 후륜식에서는 점점 그 경향을 강하게 하려는 관성력이 작동하여 그라운드 루프라는 현상을 일으켜 활주로에서 튀어나가 버팀대가 구부러지거나 날개 끝이 지면에 닿아 기체가 파손된다(그림 7.4 참조). 전륜식에서는 무게중심의 위치와 주착륙장치의 위치로 인해 가령 부딪혔다 해도 관성력이 기수를 진행 방향으로 되돌리는 것이 기능하므로 프로펠러 단발기는 물론이고 프로펠러 후류의 영향을 받지 않는다. 유사한 이유로 제트기나 대형기에서도 이륙조작이 용이해진다.

앞바퀴의 방향을 조종하여 지상에서 작게 회전할 수 있는 것도 전륜식의 이점이다. 후륜은 바퀴 전후거리(wheel base)가 길고 분담하중도 작으므로 방향 조종용으로는 적당하지 않다. 방향 조종은 좌우의 주바퀴 브레이크를 이용한다. 후륜식은 앞에서 말했듯이 그라운드 루프를 일으키기 때문에 캐스터 차를 이용

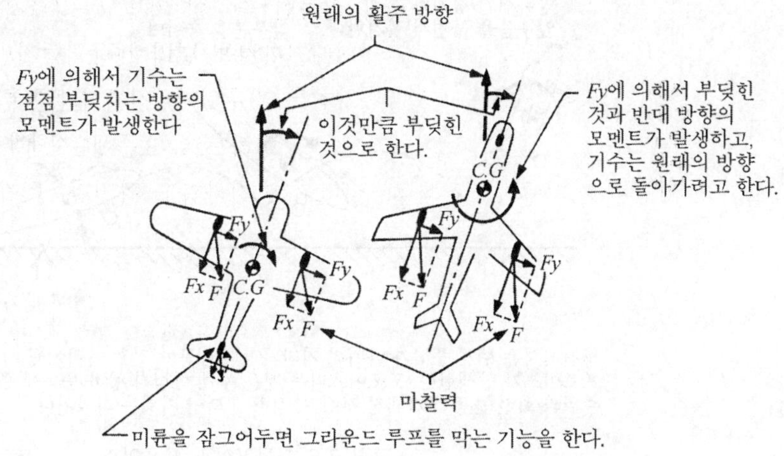

그림 7.4 후륜식과 전륜식의 기체(기체가 옆으로 흔들린 경우의 그라운드 루프)

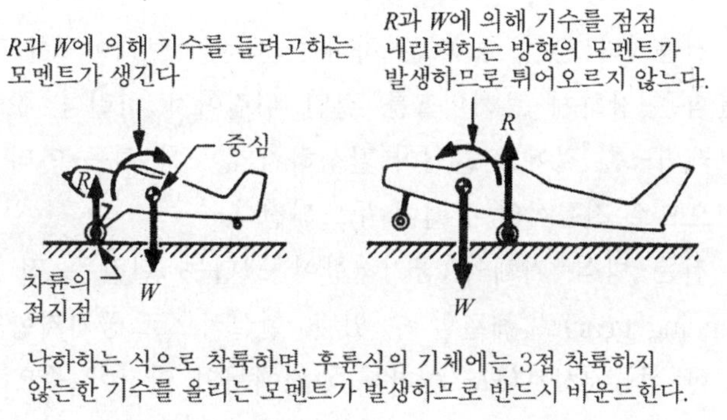

그림 7.5 후륜식과 전륜식의 착륙모멘트 비교

했을 때는 이착륙시에 캐스터를 고정할 수 있도록 해둘 필요가 있지만, 전륜식의 경우에는 필요가 없다. 착륙 시에도 이점이 있다. 후륜식의 기체는 강하속도를 가지고 착륙할 때 기수를 올려서 기체를 실속시키고, 주바퀴, 뒷바퀴를 동시에 접지시키는 3점 착륙을 실행하지 않으면 안 된다. 주바퀴를 우선 접지시키고 계속하여 뒷바퀴를 접지시키려 할 때에는 강하속도가 0으로 되도록 비행코스를 취하지 않으면 안 된다. 그렇지 않으면 주바퀴에 가해진 반력에 의해서 기체에 기수를 들어올리는 모멘트가 발생하고 기체는 크게 튀어 오르게 된다. 전륜식의 경우, 주바퀴만으로 낙하 착륙해도 기체에 움직이는 관성력은 바운드를 막는 방향으로 움직이므로 안전하나(그림 7.5), 심하게 낙하 착륙을 하면 앞바퀴가 튀어 오른다. 주바퀴의 위치가 무게중심의 위치에서 많이 떨어져 있는 B-47이나

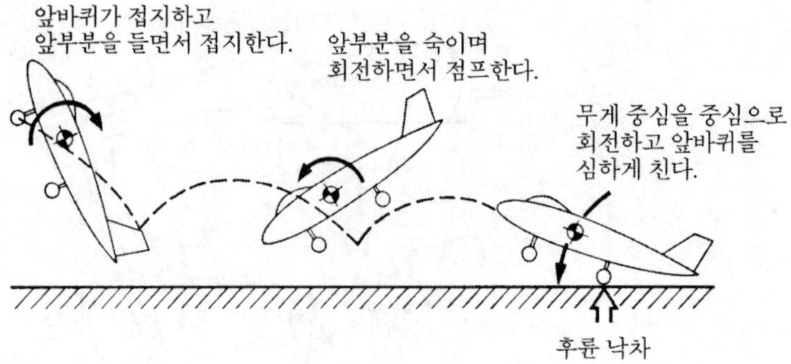

자전거식은 무게 중심과 바퀴의 거리가 멀기때문에 전후 바퀴에 동시에 접지하지 않으면 포포이즈가 발생한다. 포포이즈라는 것은 무게 중심의 상하 운동에 무게 중심을 중심으로 주위의 회전 운동이 가해진 것이다. 심하게 되면 기체는 파괴된다.

그림 7.6 자전거식과 포포이즈

B-52와 같은 자전거식은 전·후 바퀴를 반드시 동시에 접지시키지 않으면 안 된다.

전륜식의 장점 중 다른 하나는 충분히 브레이크를 걸 수 있다는 것이다. 후륜식은 강하게 브레이크를 걸면 뒤집어져 버린다. 요즘에는 파일럿이 충분히 브레이크를 걸어도 슬립이 발생하지 않도록 하는 안티 스키드 시스템이 개발되었으므로 전륜식의 장점이 두드러진다.

전륜 방식 기체의 공기저항이 크다는 단점은 접개식 착륙장치(retractable landing gear)로 해결할 수 있다. 현실적으로 공기저항의 증대나 중량의 증가에 의한 성능저하보다도 이착륙 과정에서의 안전이 중요하므로 요즘은 고정식 착륙장치를 가진 경비행기도 전륜식을 채용하도록 되어 있다. 후륜 방식이 사용되는 항공기는 고르지 못한 땅에 운용되는 농업용기, 중량 저항의 제약이 심한 모터 글라이더 등의 소형기에 한정된다.

자전거식으로 착륙장치를 배치하는 경우는, B-47이나 B-52와 같이, 주로 날개가 얇은 고익의 기체이며, 날개에 착륙장치를 집어넣는 것이 불가능하고, 무리하게 설치하면 중량이 많아지고, 공기저항이 증가하기 때문에 어쩔 수 없이 동체의 전·후에 바퀴를 설치하게 한 것이다. 기체의 중심부근에는 폭탄을 탑재하는 공간이므로 주착륙장치가 붙어 있는 위치는 무게중심보다 상당히 후방으로 가게 된다. 이 때문에 이륙 시에는 기체를 다시 일으켜 세울 수 없고 착륙할 때에는 뒷바퀴만으로 접지하면 포포이즈가 발생하게 된다(그림 7.6). 이때문에 기체는 처음부터 이륙에 필요한 각도로 놓여져, 가속하면 그대로 이륙 할 수 있도록 되어 있다. 한편 착륙할 때에는 비행 중에 드래그 슈트를 사용해서 접지할 때의 자세를 갖도록 하고 있다(그림 7.7).

전륜식은 지상에서 가속할 때 공기저항이 적어서 기체는
수평으로 놓여지지만 자전거식은 다시 일으켜 세워지지
않으므로 이륙할 수 있게 처음부터 받음각을 준다.
가속 성능이 안 좋을 경우 JATO등으로 보충한다.

그림 7.7 자전거식 항공기의 지상자세

수직 이착륙기인 해리어(Harrier)는 수직비행 과정에서 고열이 주바퀴에 작용하기 때문에 자전거식을 채용했고, B-47이나 B-52는 주착륙장치를 수납할 수 없기 때문에 자전거식을 채용하였다. 자전거식도 주바퀴의 위치를 무게중심에 가까이 두면 이러한 위험은 해결할 수 있지만 이 경우에는 전륜식에 비해서 얼마만큼의 장점이 있는지 신중하게 검토해서 결정할 필요가 있다. 자전거식은 고육지책으로 나온 형식으로 현재 널리 이용되지는 않는다.

7.3 착륙장치의 주요 치수

착륙장치 버팀대의 특성과 관련한 주요 치수와 명칭을 그림 7.8, 7.9에 나타내었다. 바퀴 전후거리(wheel base)라는 것은 주바퀴와 뒷바퀴, 주바퀴와 앞바퀴사이의 거리를 말한다. 또 바퀴 좌우간격(wheel tread)라는 것은 좌우의 주바퀴 사이의 거리이다. 주바퀴에서는 방향 조종을 하지 않으므로 토우인이나 캔버는 원칙적으로 설정하지 않는다.

바퀴 좌우거리에 비해 바퀴 전후거리를 짧게 하면 지상의 선회반경은 작아지지만 주행 중의 방향안정성이 나쁘게 된다. 후륜식에서는 그라운드 루프에 빠지기 쉽게 되고 전륜식에서는 측풍에 대한 특성이 나빠지고 완충작용에 의한 자세 변화가 크게 된다.

바퀴 전후거리와 바퀴 좌우거리와 함께 중요한 것은 무게중심과 날개 끝과 후방 동체와의 상대위치이다. 바퀴 좌우거리가 작은 것이 그라운드 루프를 일으키기 어렵지만 일단 그라운드 루프를 일으키면 옆으로 쓰러지기 쉽다. 전복각(turn over angle)은 후륜식에는 전복을 방지하기 위해서 그리고 전륜식에서는 동체 후미가 지상과 충돌하는 것을 막기 위하여 중요하다. 주바퀴에서 후방

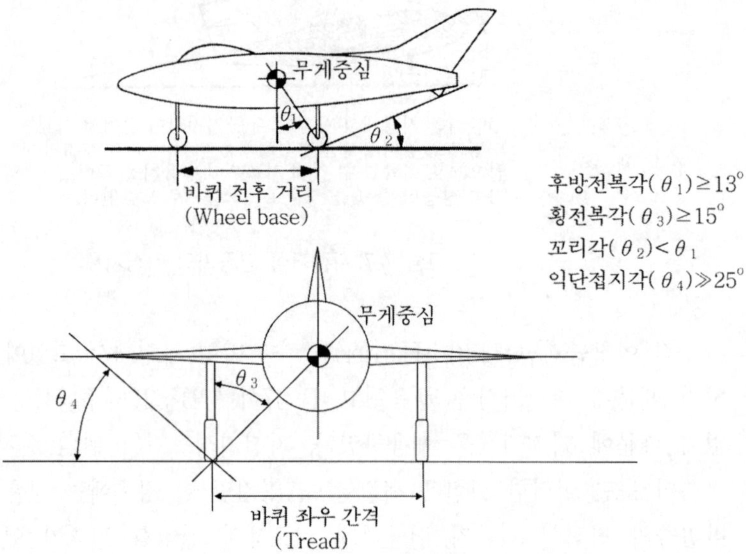

그림 7.8 버팀대 배치를 위한 주요 각도(전륜식)

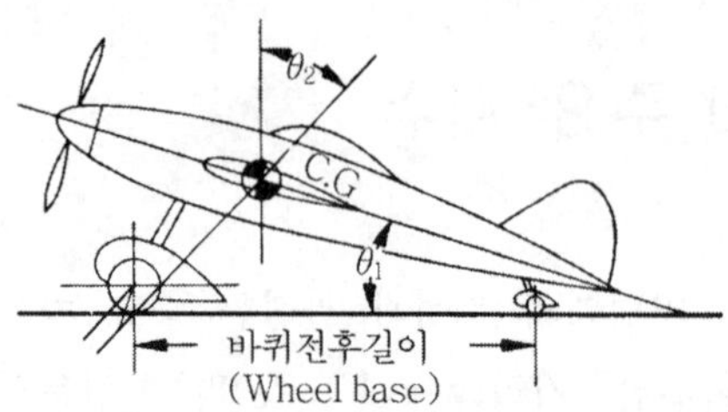

θ_1(3점 정지각) ≒ 11~14° θ_2(전복각) ≒ 15~18°

그림 7.9 버팀대 배치를 위한 주요 각도(후륜식)

동체의 바닥면과 지면이 이루는 각이 전복각보다 작으면 꼬리를 붙여도 복원할 수 없지만, 반대로 되면 꼬리를 붙이면 복원할 수 있게 된다. 주바퀴를 무게중심보다 너무 뒤로 움직이면 이륙시 승강타(elevator)의 효율이 나빠진다. 꼬리날개의 성능, 이륙속도 등의 통계적 자료를 기본으로 해서 주착륙장치의 위치를 결정한다.

바퀴 전후거리, 바퀴 좌우거리와 함께 중요한 것은 앞바퀴의 캐스터(caster)이다. 타이어 접지면의 기하학적 중심과 착륙장치의 회전축과의 교점 간격을 트레일(trail)이라고 한다. 캐스터, 트레일을 부여하기 위해서 자전거와 같이 착

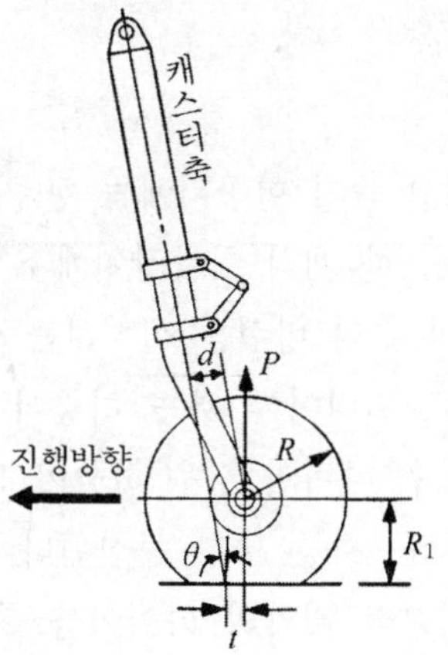

그림 7.10 주착륙장치의 주요치수

륙장치의 회전축을 앞으로 경사지게 하지만, 이 경우 기체의 중량이 가해지면 불안정하게 되고 바퀴는 좌우로 떨리게 된다. 이를 방지하기 위해서 착륙장치를 후방으로 기울어지게 하면 안정하게 된다. 이 상태에서 조향을 하려면 큰 조향력이 필요하게 되므로 버팀대를 기울여서 얻는 이점은 별로 없다. 특히 두 개의 바퀴를 사용할 때는 버팀대의 회전축을 수직으로 하고 필요에 따라서 캐스터, 트레일을 준다.

$C = t' + t =$ 총 캐스터 길이(total caster length)

단, t(trail)= 기계적 캐스터 길이(mechanical caster length)

$= d\sec\theta - R_1\tan\theta$

= 캐스터 축이 지면과 만나는 점과 타이어 접지면의 중심과의 거리

$t' =$ 공압 캐스터 길이(pneumatic caster length $= \frac{L}{6}$)

회전중의 타이어 접지압 중심 캐스터지면의 교점과의 거리

회전축의 타이어 접지압 중심은 접지면의 후방초점으로 이동한다

$L =$ 접지장 길이 $= 2\sqrt{(R-R_1)(R+R_1)}$

P : 수직하중 반 토크 $= \frac{1}{2}CP$

θ : 캐스터 축이 기울기 (앞바퀴n= 0˚, 뒷바퀴= 4 ~ 6˚)

전방경사 : 자전거식, 후방경사 : 위 그림의 경우

d : 옵셋(캐스터 축과 바퀴와의 간격)

7.4 바퀴의 수

제2차 세계대전 중의 항공기에는 한 개의 착륙장치에 한 개의 바퀴가 기본이었지만, 현재에는 한 개의 착륙장치에 8개의 바퀴를 가진 항공기도 있다. 한 개의 착륙장치에 복수의 바퀴를 설치하는 이유는 우선 기체의 중량이 증가되어서 하나의 타이어로 견디어야 하는 하중이 커졌고, 또한 활주로의 강도가 부족하기 때문이다. 복수 바퀴의 경우 하중이 분산되고, 타이어 사이의 간격을 넓히면 활주로에 전달되는 하중 또한 분산된다. 비포장활주로를 이용하는 군용 수송기의 경우에는 비교적 저압의 타이어를 주로 사용한다. 이는 바퀴의 분담하중이 크게 되면 바퀴가 땅에 박히기 때문이다. 또한 타이어가 터질 경우 복수의 바퀴인 경우가 더욱 안전하다.

제2차 세계대전 후에 냉전시대의 대형폭격기 B-36은 개발시 원형기에는 하나의 바퀴를 장착했으나 타이어의 손상이 바로 기체의 손상으로 이어지기 때문에 양산기에는 4개의 바퀴로 설계가 변경되었다. 접개식 착륙장치(retractable landing gear)의 경우에는 접는 방식도 중요하지만 수납공간의 제약도 고려하여야 한다. 소련의 Tu-144가 주착륙장치에 12개의 바퀴를 사용한 이유는 초음속기의 얇은 날개 내부에 바퀴가 들어갈 수 있도록 타이어를 작게 만들어야 했기 때문이다. 뒤의 그림 7-21에 나오는 제트 폭격기의 경우도 같은 이유로 8개의 바퀴를 장착하고 있다. 하중이나 수납공간 외에 조향이 가능한 앞바퀴는 쉬미(shimmy)라는 진동이 발생하므로, 이것을 막기 위하여 일반적으로 쉬미 댐퍼(shimmy damper)라 불리는 유압 댐퍼를 사용하지만, 좌우가 동시에 회전하는 두개의 바퀴를 사용해도 진동을 막을 수 있다. 이 경우 중요한 것은 좌우의 바퀴가 한 개의 축에 고정된 상태로 동시에 회전해야 하는 것이다. 좌우의 바퀴가 단독으로 회전하면 진동을 줄이는 효과가 없으므로 두 개의 바퀴를 사용하는 대신에 중앙에 넓은 홈을 가진 특수한 형상의 타이어를 사용해도 좋다. 최근에는 전륜식의 항공기에도 Boeing-747, MD-11, A340과 같이 주착륙장치를 세 개 이상 장착한 항공기도 증가하고 있다. 이것은 하중의 분산과 수납공간의 제약, 안전성 등을 해결하기 위한 방안이다.

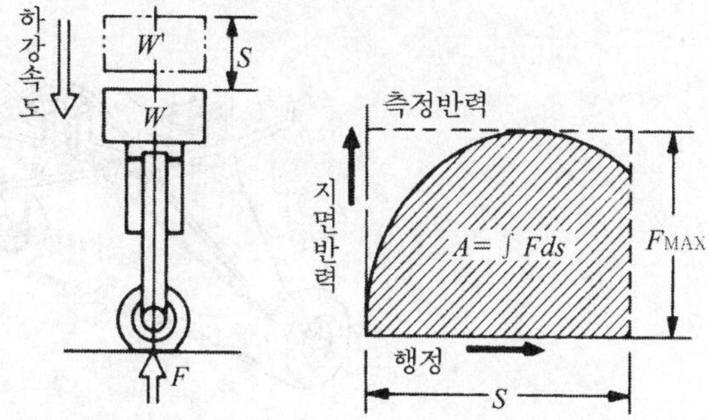

$$\frac{1}{2}\cdot\frac{W}{g}v^2=\eta\times F_{MAX}\times S$$
$$\eta=\frac{A}{F_{MAX}\times S}$$

그림 7.11 완충장치의 효율

7.5 완충장치

항공기가 착륙할 때에는 이상적으로 접지하여 착륙을 하지 않는 한 전진속도와 함께 어느 정도의 강하속도를 가지고 있다. 또 측풍의 영향, 기체의 비대칭 혹은 프로펠러 후류의 영향으로 옆으로 밀리는 현상이 발생한다. 이러한 강하속도가 접지 직후 0이 될 때에 발생하는 충격을 완화하는 것이 완충장치의 역할이다. 착륙시에 가해진 하중에 대해서는 7.8절의 지상하중에서 기술한다. 착륙 후 기체의 전진속도를 감속시키는 역할을 하는 것은 브레이크와 타이어의 마찰력이다. 타이어의 마찰력은 옆으로 미끄러지는 것을 방지하는 역할도 한다. 접지 때의 반력은 기체의 운동에너지와 일의 원리에 의해 다음과 같이 나타난다.

$$\frac{1}{2}mv^2=\frac{1}{2}\frac{W}{g}v^2=\eta FS$$

여기서 W는 기체의 중량이고, v는 침하속도, F는 지면반력, S는 타이어를 포함한 완충기 전체의 행정(stroke), η는 완충장치의 효율이다(그림 7.11).

지면반력을 작게 하기 위해서 행정을 길게 하는 것이 좋지만, 행정이 길면 지상활주시의 자세변화가 크고, 착륙장치 결합부위의 구조 중량이 증가하며, 긴

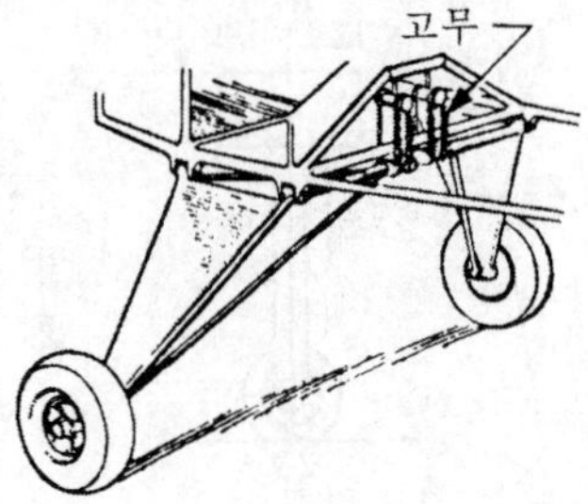

그림 7.12 고무를 사용한 소형기의 착륙장치

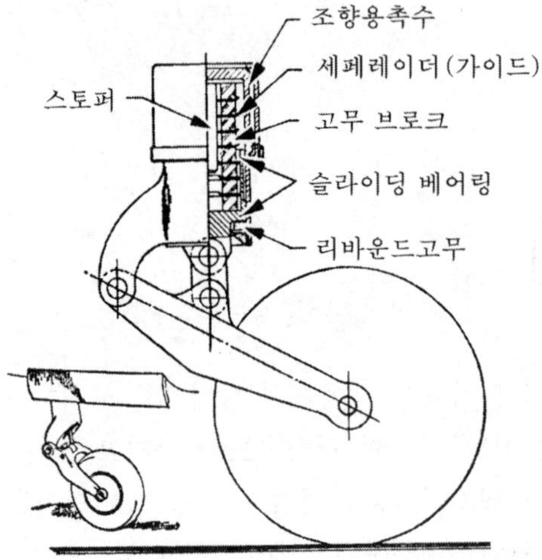

그림 7.13 고무를 이용한 완충장치와 착륙장치

착륙장치 길이 때문에 비행 중에 항력이 증가하는 등의 여러 가지 문제들이 생긴다. 따라서, 동일 행정에서도 반력을 줄일 수 있는 완충 효율이 좋은 완충 시스템이 필요하다. 완충효율 η는 그림 7.11에서 보듯이 (최대지면반력×행정)에 대한 (실제반력×행정)의 비이다. 따라서 높은 효율을 얻기 위해서는 접지한 순간부터 일정한 지면반력으로 에너지를 흡수할 수 있도록 하면 좋으나, 이는 현실적으로는 불가능하다. 행정에 비례해서 반력이 증가하는 단순한 스프링과 같은 것은 높은 완충효율을 얻을 수 없다. 완충장치에서 충격의 완화와 함께 중요한 것은 다시 튀어 오르지(rebound) 않는 것이다. 즉 흡수한 에너지를 가능한 한 소진시켜 전환해 버리는 것이다. 착륙할 때에 기체가 다시 튀어 오르면 위험한 상태에 빠지므로 높은 효율로 에너지를 흡수함과 동시에 가능한 한 튀지

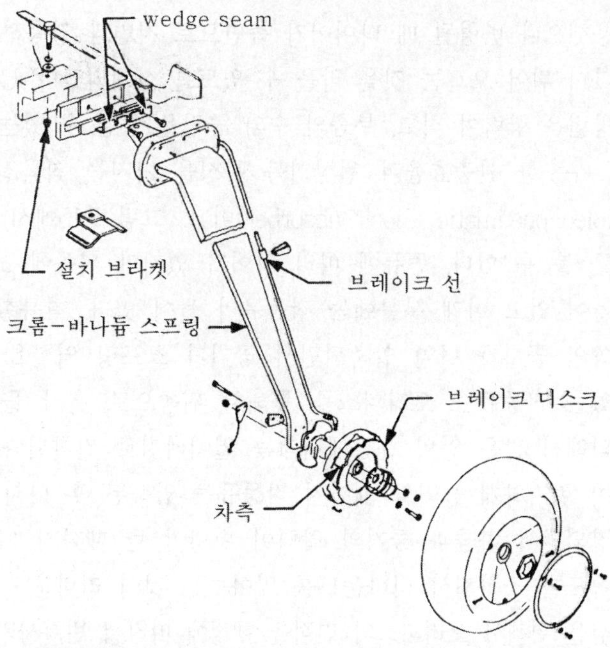

그림 7.14 판 용수철을 응용한 Cessna 경비행기의 착륙장치

않으면서, 압축할 때에 비해서 원상태로 돌아올 때의 속도가 느린 것이 우수한 완충장치의 조건이다.

완충장치로 예전부터 사용된 것은 고무이다. 고무를 사용한 완충기의 효율은 50~60 %이지만, 원상회복의 특성이 좋고 경량이며 가격이 싸므로 현재에도 소형기에 사용되고 있다. 그림 7.12는 가는 고무줄 타래를 천으로 감싼 쇼크코드(shock code)를 사용한 것으로 이것은 자작기(home-built)급의 항공기에 사용된다. 이 방식은 고무가 인장하중을 받음으로 인해 끊어질 위험이 있는 것이 단점이다. 고무를 사용하는 다른 방식으로 그림 7.13에서처럼 압축하중을 받도록 고무를 겹쳐 쌓아서 사용하는 것이 더 안전한 방법이다. 각 각의 고무층 사이에 가이드를 넣는 것은 옆으로 넘어지는 것을 막기 위함이다. 그림 7.13과 같이 만든 경우는 완충장치의 행정이 짧아질 수 있으므로 레버식에도 쉽게 응용할 수 있다.

스프링을 그대로 완충장치로 사용하는 것은 효율과 리바운드의 측면에서 바람직하지 않다. 자동차에서는 스프링과 유압댐퍼를 같이 사용하고 있지만 이 방식은 스프링의 중량을 무시할 수 없기 때문에 항공기에서는 사용되지 않는다. 그러나 이러한 상식을 뒤집고 스프링을 사용해서 성공한 예가 Cessna의 경우이다(그림 7.14). Cessna의 착륙장치에는 크롬 바나듐 합금강의 스프링을 사용했으나 변형될 때 타이어가 측면으로 지면과 접촉하는 것을 이용해서 기체가 다시 튀어 오르는 것을 막을 수 있도록 설계되었다. Cessna에서 사용한 이러한 방법은 항력이 적고, 부품의 수와 중량을 줄일 수 있는 방법이다.

우수한 완충효율과 원상회복 특성을 가지는 착륙장치는 올레오식 완충장치(oleo-pneumatic shock absorber)이다. 그림 7.15에서 올레오 완충장치의 원리를 볼 수 있다. 종류에 따라 차이가 있지만 위쪽에 고압공기(500~1500 psi)가 들어 있고 아래 부분에는 작동유가 들어 있다. 착륙할 때에 충격을 받으면 위쪽의 공기가 단열 압축되면서 공기가 스프링 역할을 한다. 이때 아래 부분에 있는 작동유는 오리피스를 통해서 위쪽으로 흘러 들어가면서, 유체의 마찰에 의해서 많은 양의 운동에너지는 열에너지로 전환된다. 강하 에너지와 일의 양이 현저하게 줄어들 때까지 작동유는 압축된 후 다시 회복해서 공기가 단열팽창되면서 하중과 공기의 압력이 평형이 될 때까지 되돌아간다. 되돌아갈 때의 속도를 조절해서 리바운드를 막아주는 것이 리바운드 컨트롤 밸브이다. 효율향상을 위해서 오리피스의 면적을 행정에 따라서 변화시키는 미터링(metering) 등의 추가 기능을 가진 것도 있다. 올레오 방식의 완충효율은 70~90 % 정도이다.

제2차 세계대전 중의 항공기에서는 완충장치의 공기가 새는 문제가 자주 발생했으나 오늘날에는 공기가 새는 사고는 줄어들게 되었다. 그러나 만약 공기가 새게 되면 완충장치의 압력손실이 일어나 큰 하중이 발생되므로 일상적인 점검을 철저히 해야 한다.

최근의 기체에는 액체 스프링이라는 완충장치가 사용되고 있다. 액체 스프링이라는 것은 압축을 해도 체적이 변하지 않는 특성을 사용하여 작동유를 50,000 psi 정도까지 가압할 때 발생하는 체적변화를 이용한 완충장치이다. 그림 7.16에 액체스프링의 구조를 나타내었다. 충격하중을 받으면 작동유를 압축하면서 피스톤은 실린더의 가운데로 들어간다. 피스톤이 새롭게 흡입한 체적만큼 작동유는 압축된다. 액체 스프링의 가장 큰 특징은 소형, 경량인 장점은 물론이고 효율을 공기 압축식보다 더욱 높은 90% 이상으로 할 수 있다는 것이다.

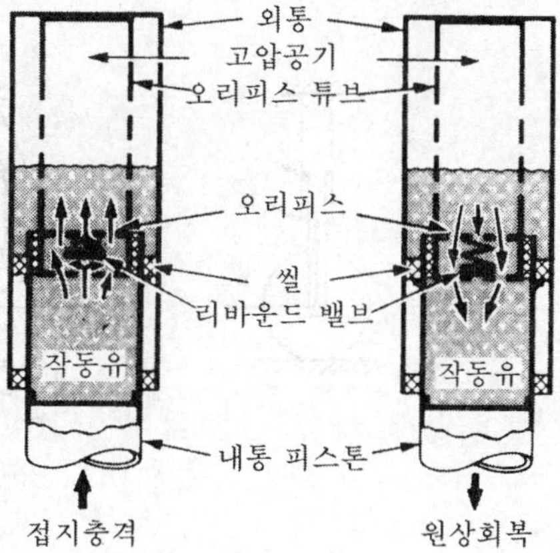

그림 7.15 올레오식(Oleo-Pneumatic) 완충장치

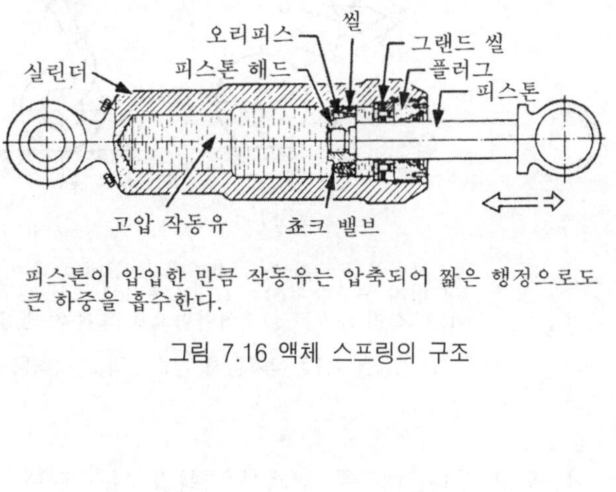

피스톤이 압입한 만큼 작동유는 압축되어 짧은 행정으로도 큰 하중을 흡수한다.

그림 7.16 액체 스프링의 구조

7.6 착륙장치 시스템

고전적인 착륙장치 시스템은 상하하중을 분담하는 주버팀대(main strut), 전후하중을 분담한 전후방 버팀대(drag strut)와 측방하중을 받는 경사버팀대(side brace)를 조합시킨 입체 트러스를 기본으로 하고 있다. 최근에도 제트 전투기 등에 이 3개의 버팀대식 착륙장치 시스템을 볼 수 있는 경우가 있다. 한편 올레오 완충지주 하중버팀대의 발달에 의해 고정착륙장치 항공기를 중심으로 주버팀대의 일부만 지면에 접촉하는 착륙장치가 등장하고, 요즘에도 소형기에 널

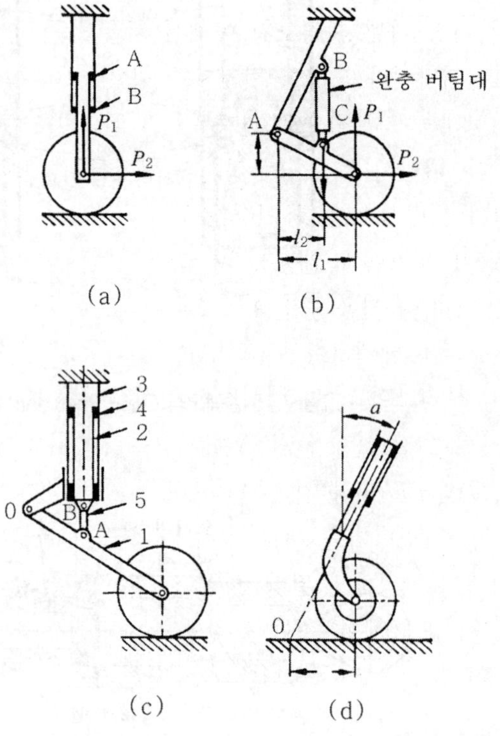

(a) 지면이 고르지 못한 경우에 A-B에 큰 힘이 가해지고, 작동이 부드럽지 못한다. (c)는 (b)의 형식에 조향 가능을부여한 예. (d)와 같이 캐스터를 부여하려고를 크게 하면 불안정하게 된다.

그림 7.17 착륙장치 시스템과 완충버팀대의 설치

리 이용되고 있다. 대부분 접개식 착륙장치를 채용하고 있는데, 착륙장치 시스템은 전통적인 착륙장치에 비해서 더 복잡하지만, 하중분포의 기본원리는 동일하다.

착륙장치 버팀대의 재료는 하중밀도가 높은 크롬・몰리브덴계 고장력강 등이 주로 사용되지만 알루미늄합금을 사용하고 있는 경우도 의외로 많다. 이것은 착륙장치 버팀대의 하중이 접지시의 수평방향 충격에 의해 진동하중(스핀 업이나 스프링 백에 의한 하중)이 나타나는 경우가 많기 때문이다. 상하방향으로 강도를 유지하고 전후방향으로 큰 강성을 유지하기 위해서는 알루미늄합금으로 두꺼운 착륙장치 버팀대를 만드는 것이, 고장력강으로 좁은 착륙장치 버팀대를 만드는 것보다 유리하기 때문이다.

또, 고장력강은 수소취성에 의해, 파단을 일으키는 경우가 있다. 착륙장치 버팀대는 항공기 구조 중에서 호수를 횡단하거나, 토사를 포함한 비를 맞거나 하는 등의 가장 나쁜 환경조건 아래서 사용되는 구조물이다. 이 때문에, 금속 표면의 보전피막이나 도장이 벗겨지기 쉽다. 그러므로, 고장력강으로 제작된 착륙장치 버팀대는 기본적으로 전기부식을 일으키고, 수소취성에 의해 파단되는 경우가 있다. 따라서 통상적인 정비 과정에서, 피막이나 도장이 벗겨진 것을 조기에 발견하여 다시 도장할 필요가 있다.

착륙장치 시스템에 완충장치를 부착하는 방식은 주로 그림 7.17(a)의 일체구조식이었으나, 유럽을 중심으로 그림 7.17(b)의 레버 서스펜션이 널리 사용되었다. 이 형식을 채택하여 액체 스프링이나 고무 버팀대를 사용하면 완충장치의 변위가 적다. 무엇보다도 레버 서스펜션방식의 최대의 장점은 주행할 때에 완충장치가 부드럽다는 것이다. 전륜식 배치의 경우, 앞버팀대에 캐스터를 부여하기에는 그림 7.17(c)와 같은, 레버 서스펜션 방식이 적합하다. 그림 7.17(d)와 같이 착륙장치 버팀대를 뒤로 향하게 하면 7-4절에서 설명한 것처럼, 캐스터가 정지 시에 불안정하게 된다. 항공기 성능이 향상되면서 착륙장치의 공기저항은 무시할 수 없게 되어, 접개식 착륙장치가 출현했다. 접개식 착륙장치의 출현으로 속도가 향상되고, 항속력이 증가되는 등의 큰 효과가 있었지만 문제점도 아직 많다.

착륙장치를 접어서 가능한 작은 공간에 수납하는 데에는 여러 가지 제약이 있고, 설계도 쉽지 않다. 접개식 착륙장치의 설계에 있어서, 가장 조심해야 하는 것은 착륙장치가 "반드시 나오게 한다"는 것이다. 당연한 것이지만, 착륙장치가 나오지 않아서 긴급 착륙하는 항공기가 흔히 있다. 수납공간이 작게 설계된 접개식 착륙장치라도, 일단 집어넣은 착륙장치가 나오지 않게 되면, 안심하고 비행기에 오르지 못할 것이다. 그러므로, 착륙장치를 상하로 움직이게 하는 시스템이 고장나더라도 보조 시스템을 사용하여 나오도록 설계하여야 한다.

착륙장치를 동체 또는 날개에 끌어넣기 위하여 유압작동 실린더나 유압 혹은 전동 모터를 사용한다. 그림 7.18~21에 대표적인 착륙장치 시스템과 메카니즘이 나타나 있다. 인입기구를 설계할 때에는, 착륙장치를 전방으로 끌어넣도록 해서, 긴급 상황에서 풍압이 착륙장치를 끌어내리는 방향으로 작동하고, 다운락(downlock)이 걸리도록 하여 착륙장치가 반드시 빠져 나오게 하는 것이 바람직하다. 착륙장치에 가해진 하중으로 링크나 구조가 변형하더라도 항상 작동하고 착륙장치가 끌어넣어져 버리는 것을 막는 것이 다운락이다.

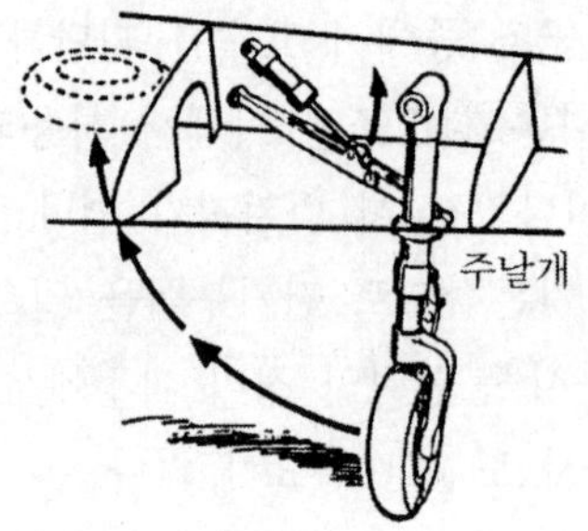

그림 7.18 소형기의 접개식 착륙장치

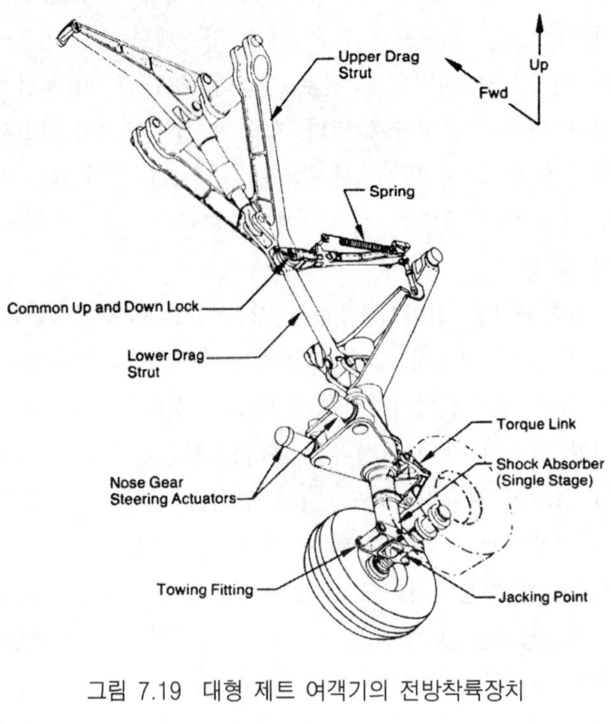

그림 7.19 대형 제트 여객기의 전방착륙장치

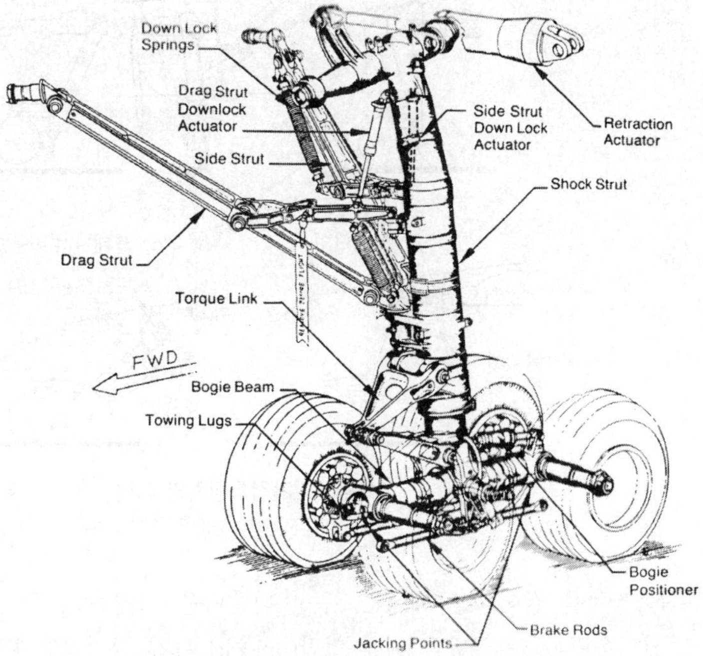

그림 7.20 대형 제트 여객기의 주착륙장치

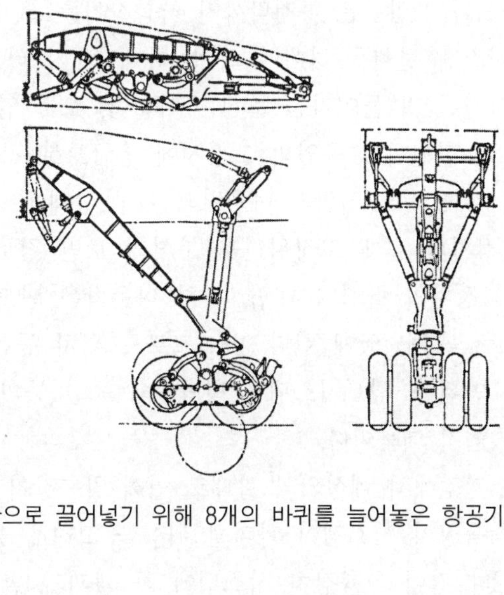

그림 7.21 날개 안으로 끌어넣기 위해 8개의 바퀴를 늘어놓은 항공기의 주착륙장치

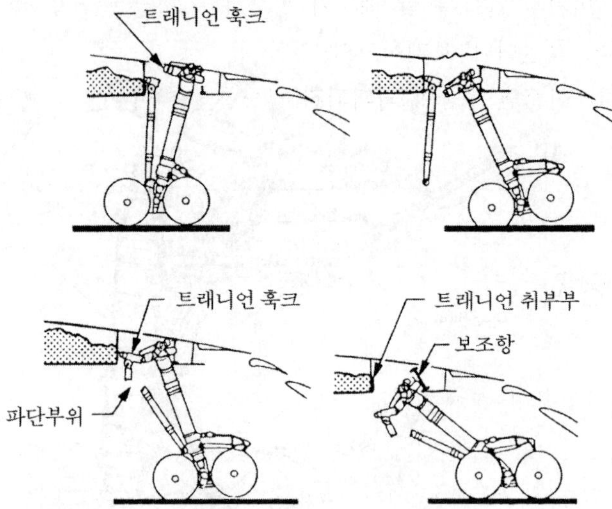

그림 7.22 착륙장치의 파단

착륙장치를 끌어넣을 때에는, 우선 다운락을 해제하고, 착륙장치를 끌어올리고, 끌어올림이 막 끝났을 때에 업락(uplock)을 걸도록 인입과정을 구성한다. 업락을 걸고 나서, 끌어올림용 유압이나 전원을 끈다. 업락은 착륙장치 시스템에 잠금장치를 거는 경우와 착륙장치 도어(door)에 잠금장치를 거는 경우의 두 가지가 있는데, 대형기에는 후자가 많다. 착륙장치를 내릴 때에는, 반대의 절차대로 작동하게 된다.

전원이나 유압원은 마지막까지 착륙장치를 끌어내는데 사용되는 힘을 확보하도록 시스템 설계를 하여야 하며, 착륙장치가 나오지 않거나, 나왔던 착륙장치가 갑자기 끌려 들어가는 문제는 다운락, 또는 업락의 메커니즘 때문인 경우가 많다. 또, 전원이나 유압의 고장시에 응급으로 착륙장치를 내리는 시스템이 작동하지 않는 것도 업락과 다운락의 기구 설계에 문제가 있기 때문이다.

착륙장치의 실제 고장원인을 분석해 보면 경보 시스템의 고장이 의외로 많다. 착륙장치의 올림과 내림, 특히 다운락은 반드시 거울로 비행 중 기내에서 육안으로 볼 수 있게 한다. 마이크로 스위치 등을 사용한 경보 시스템에 의지해서는 안된다. 경보시스템은 빗방울의 동결 등의 여러 가지 원인으로 인해 고장나기 쉽기 때문이다.

착륙 과정에서 예상외의 사태로 인해 착륙장치 시스템에 설계하중 이상이 가해져 착륙장치 시스템이 파괴될 위험을 고려해 둘 필요가 있다. 예를 들면 그림 7.22와 같이 착륙장치 시스템에 큰 파괴가 발생해도 내부 연료탱크에 파괴가 미치지 않도록 할 배려가 필요하다. 착륙장치 수납부를 설계할 때에는 타이어의 폭발이나 브레이크의 과열 등으로 인하여 구조나 구조 내부에 장치되어 있는 시스템 부품이 파괴되지 않도록 하여야 한다.

7.7 제동장치

항공기 브레이크(brake)의 역할은 착륙한 항공기를 안전하고 확실하게 감속, 정지시키는 것이지만, 자동차와 달리 좌우 주바퀴의 브레이크를 독립적으로 작동시켜 지상에서 기체의 방향을 바꾸기도 한다. 이 때문에 오른쪽 페달을 밟으면 오른쪽 바퀴에 브레이크가 걸리고, 왼쪽을 밟으면 왼쪽 바퀴에 브레이크가 걸리도록 되어 있다. 소형기와 같이 착륙속도가 낮은 기체의 착륙장치에는 소형 승용차에 사용되는 브레이크와 같이 마스터 실린더를 사용한 유압식 시스템이 사용되고 있지만, 대형기나 전투기 등에서는 흡수해야할 에너지가 크므로 고유압원의 유압을 이용한다. 브레이크 자체도 경비행기에는 리딩슈 방식(그림 7.23(a))이 사용되지만 대형기 및 고속기에는 다판식 디스크 브레이크(그림 7.23(b))를 사용한다. SST 콩코드, 맥도널 더글러스 F-15, 보잉 757 등 최신 기체의 브레이크 디스크에는 열용량이 크고, 경량인 카본-카본 복합재(카본 브레이크)가 사용되고 있고, 급속히 보급되고 있다.

고유압을 이용해서 브레이크를 걸면 고속에서도 바퀴는 회전이 정지되고, 활주로 위를 미끄러져가는 상태가 된다. 이러한 경우에는 마찰력이 저하될 뿐만 아니라, 주행 중의 방향 안정성도 잃어 위험하다. 미끄럼방지시스템(anti- skid system)은 이러한 상태를 전기적으로 감지하고, 조종사가 페달을 밟고 있어도 자동적으로 유압관을 개폐해서 바퀴의 미끄러짐을 막는 시스템이다. 이 시스템을 사용하면 최대의 마찰력을 유지할 수 있고, 대형 제트여객기의 경우에서도 30 % 가까이 착륙활주거리를 단축할 수 있다.

브레이크에서 주의할 것은 착륙할 때엔 브레이크의 온도가 비정상적으로 올라갈 수 있다는 것이다. 브레이크의 냉각을 위하여 브레이크 냉각용 전동팬을 바퀴에 내장하고 있는 여객기도 있다. 이륙한 여객기가 이륙 직후 바퀴를 끌어넣었을 때에도 브레이크가 뜨겁게 된 상태여서 그 열로 타이어가 펑크나고, 그 충격으로 바퀴 수납실 내의 유압배관이 파손되면서 작동유가 인화하여 항공기

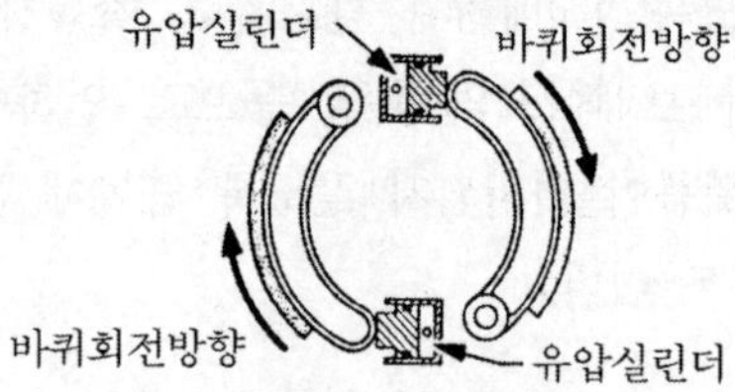

(a) 리딩슈 브레이크

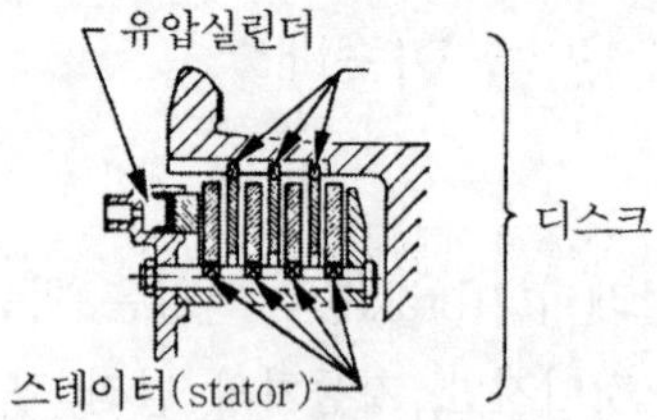

(b) 다판식 디스크 브레이크

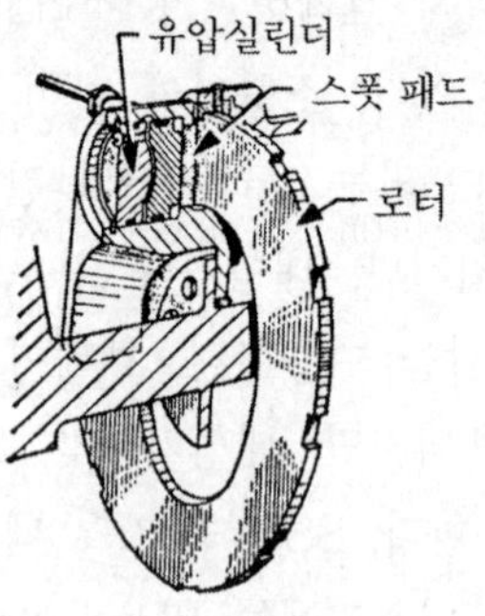

(c) 스폿식 디스크 브레이크

그림 7.23 브레이크의 형식

가 추락한 사고도 있었다. 최근의 여객기는 바퀴 수납실에 과열경보장치를 장치하고, 위험한 경우에는 바퀴를 내려서 냉각하도록 규정되어 있지만, 일반 항공기에서도 브레이크의 과열을 주의해야 한다.

7.8 지상하중

항공기는 공중에서 날개에 작용하는 양력으로 지지되지만, 지상에서는 바퀴에 의해서 지지된다. 항공기가 지상에 있을 때 항공기에 걸리는 하중을 지상하중(ground load)이라고 한다. 대표적인 지상하중은 착륙으로 인한 충격이지만, 지상 정지 중에 뒤에서 돌풍을 받으면 조종면이 파손될 수도 있다. 부주의로 날개나 동체 위를 걸어서 기체를 구부리거나, 드문 일이지만 눈이 쌓여 기체가 주저앉는 경우도 있다.

7.8.1 강하율과 지면반력 하중배수

항공기가 착륙할 때에는 반드시 수직방향의 속도, 즉 지면에 부딪치는 방향의 속도를 갖는데, 이 속도를 강하율이라 한다. 강하율은 익면 하중에 따라 다르지만, 모든 기체에서 최저 7 ft/s 이상, 통상 10 ft/s를 설계값으로 하고 있다. 착륙은 어려운 조작이므로 연습기에는 15 ft/s를 설계값으로 하는 경우도 있다. 또 항공모함에 착륙하는 함재기에는 더욱 큰 강하율로 설계하도록 되어 있다.

착륙하중은 착륙장치의 완충기구에 따라 달라지는데, 바퀴에 가해진 제한 지면반력 하중배수(limit ground reaction load factor)와 기체 착륙장치부의 구조물에 가해지는 관성하중배수는 서로 다르다. 또한, 회전관성에 의해서 발생한 하중배수가 의외로 크다는 것을 기억해야 한다.

지면반력 하중배수 n_r은 기체의 무게 W 와 강하율 V의 제곱에 비례하고, 완충장치의 변형에 반비례한다. 타이어와 올레오식 완충장치를 갖는 착륙장치의 변형량 D와 지면반력 R과의 계수는 일반적으로 그림 7.24와 같다.

여기에서 주의해야하는 것은 기체가 착륙할 때에 아직 날개에 양력이 남아 있다는 것이다. 날개에 양력 LW가 작용하고 있는 기체가 강하율 V로 접지하면 다음의 관계가 성립한다.

$$\frac{1}{2}\frac{W}{g}V^2 + (W - L \cdot W)d_{\max} = \eta \cdot R_{\max} \cdot d_{\max} \tag{7.1}$$

(η : 완충효율 0.7~0.8)

$$\text{지면반력 하중배수} \; n_r = \frac{R_{\max}}{W} = \frac{1}{\eta}\left\{V\frac{^2}{2gd_{\max}} + (1-L)\right\} \tag{7.2}$$

$$\text{관성하중배수} \; n = n_r + L \tag{7.3}$$

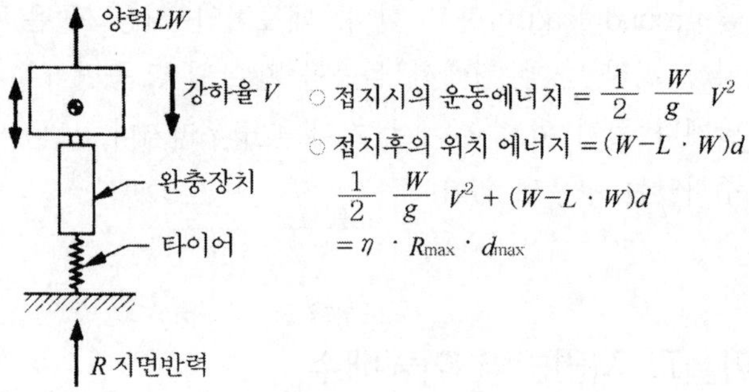

그림 7.24 착륙장치의 기능도

그러나, 이 수식에 의해 계산된 결과는, n_r은 최소한 2.0 이상, n은 최소한 2.67 이상이 되어야 한다.

7.8.2 수평 3점착륙

수평 3점착륙이라는 것은 전륜식의 기체가 착륙과 동시에 브레이크를 충분히 작동시켜서 최단거리로 정지하기 위하여, 세 개의 착륙장치를 동시에 접지시키는 착륙 방법이다(그림 7.26). 앞바퀴의 강도는 이 경우의 하중으로 정한다. 앞바퀴를 먼저 접지시키면, 앞바퀴에 큰 하중이 가해지지만, 이런 경우까지는 고려하지 않는다.

수평 3점착륙에서는 앞바퀴의 반력 R_N 과 주바퀴의 반력 R_M, 그리고 기체의 하중 nW와 양력 LW가 균형을 이루게 된다.

$$\eta = \frac{A}{R \times d}$$

$$R_N + 2R_M + (L-n)W = 0 \tag{7.4}$$

그러나 바퀴의 마찰반력과 바퀴의 상하반력만으로는 무게중심 주위의 모멘트가 균형을 이루지 못하는 경우가 있는데, 잔여 모멘트를 회전관성력으로 소거하면 된다. 일반적으로는 잔여 모멘트를 무시할 수 있는 범위로 받아들인다. 따라서 앞바퀴와 주바퀴의 반력은 다음과 같이 된다.

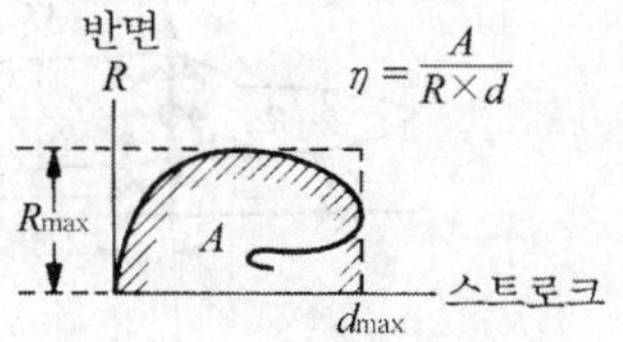

그림 7.25 착륙장치의 낙하시험성적

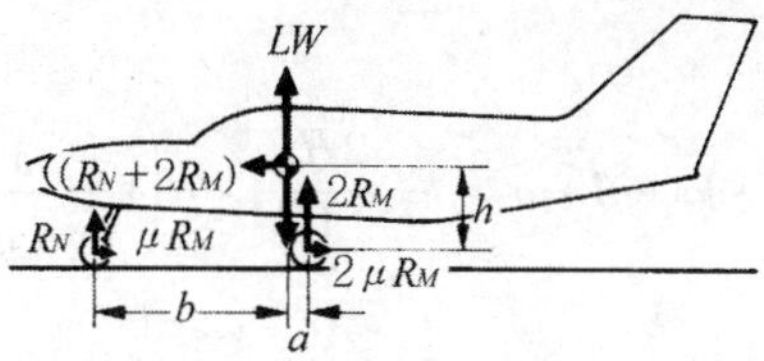

그림 7.26 수평 3점 착륙인 경우의 하중

$$\text{앞바퀴 반력 } (R_N)_{\max} = n_r\, W \frac{a+\mu h}{a+b} \tag{7.5}$$

$$\text{주바퀴 반력 } (R_M)_{\max} = n_r\, \frac{W}{2} \cdot \frac{b-\mu h}{a+b} \tag{7.6}$$

7.8.3 수평 2점착륙

전륜식, 후륜식에 관계없이 수평에 가까운 자세로 주착륙장치를 접지시키는 경우로, 가장 일반적인 착륙이다. 이때는 주바퀴의 반력 방향과 무게중심 방향이 일치하지 않기 때문에, 무게중심 주위에 회전가속도 β가 발생한다(그림 7.27). 이 가속도는 기체의 회전관성으로 소거되는 것이 좋지만, 바퀴의 반력은 중력에 대한 반력 $(L-n)W$ 외에 회전관성에 의한 반력도 받게 된다. 이 때문에 하중계산이나 시험에는, 기체의 중량 W나 관성능률$\left(\frac{W}{g}\, k_y^2,\ k_y\text{는 회전반경}\right)$에서의 W를, 회전관성을 무시할 수 있도록 중심의 위치와 주바퀴의 반력점이 일치한 경우의 등가중량 W'로 치환하여 사용한다.

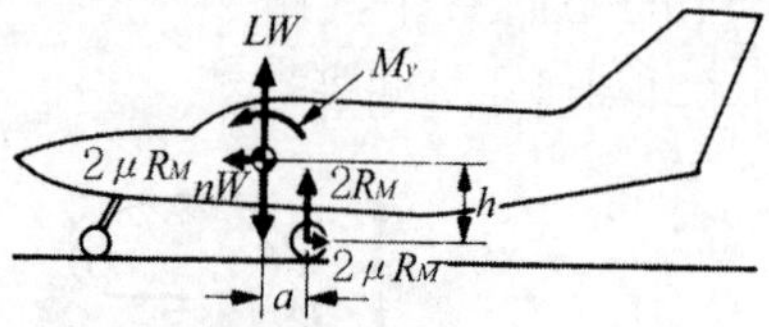

그림 7.27 수평 2점착륙인 경우

주바퀴의 상하 선가속도는 다음과 같다.

$$-n_r \cdot g + \beta \cdot a = -\frac{2R_M}{W} \cdot g\left(1 + \frac{a^2}{ky^2} + \frac{\mu ah}{k^2y}\right) \tag{7.7}$$

이것을 등가중량 W'로 치환하면 식 (7.8)과 같이 된다.

$$\frac{2R_M}{W} \cdot g\left(1 + \frac{a^2}{k_y^2} + \frac{\mu ah}{k_y^2}\right) = \frac{2R_M}{W'} \cdot g \tag{7.8}$$

따라서 등가하중 W'은 다음과 같다.

$$W' = \frac{1W}{\left(1 + \frac{a^2}{k_y^2} + \frac{\mu ah}{k_y^2}\right)} \tag{7.9}$$

7.8.4 스핀업과 스프링백 하중

착륙장치에 가해진 하중은 상하방향의 강하율과 전진력에 대한 마찰력을 이용하여 구한 조합하중만을 고려한 것으로서 이 하중만으로는 불충분하고, 착륙장치 전후방향의 탄성변형에 의한 진동상태를 고려해야 한다.

착륙하려해도 바퀴가 접지하면, 바퀴는 급히 회전을 시작하지만 타이어 자신의 회전관성으로 인해 타이어의 원주속도가 항공기의 속도와 같게 될 때까지는 약간의 시간이 필요하다. 이 동안 타이어와 지면사이에는 미끄러짐이 발생하여 후방반력이 발생한다. 이 하중을 스핀업(spin-up) 하중이라 한다. 이때 타이어의 미끄러지는 마찰계수는 0.8로 가정한다.

스프링백(spring-back) 하중이라는 것은 스핀업에 의해서 뒤쪽으로 변형하고 있던 착륙장치 버팀대가 후방반력의 감소에 의해서 전방으로 되돌아 왔을 때의 하중이다.

제 8 장 조종장치

8.1 조종장치의 정의와 형식

조종장치란 비행기의 자세를 조종사의 조작 의지대로 변화시키는 제어시스템으로서 인간을 포함한 루프(loop) 제어계이다. 즉, 조종장치는

(1) 조종간(륜) 등에 의한 조종사의 조작을 조종면에 전달하는 장치
(2) 조종면에 생긴 공기력의 변화와 조종사의 손(手)의 반응
(3) 기체의 자세 변화와 체감

에 의한 루프로 구성된다. 이러한 조종장치는 단순한 조타장치가 아니며, 조종면을 움직이는 것은 수단일 뿐, 목적은 아니다. 전자공학이 발달하여 플라이-바이-와이어(fly-by-wire)등의 방식이 등장하면서, 자이로(gyro)나 계기가 인간을 대신해서 자세를 감지하여 컴퓨터에 입력하고, 조종사의 조작을 보조해서 조종하도록 한다. 조종과 조종면의 관계, 즉 목적과 수단을 명확히 인식해 두지 않으면 조종장치에 대한 이해가 불가능하게 된다.

조종장치(조종면, 인간을 포함한 제어계)의 성능에 대한 판정은 조종사의 체감에 좌우된다. 그러나, 사람에 따라 체감 정도가 다르므로, 이를 위해 특정한 기준이 만들어져 있다. MIL-F-8785는 그 대표적인 규격이다.

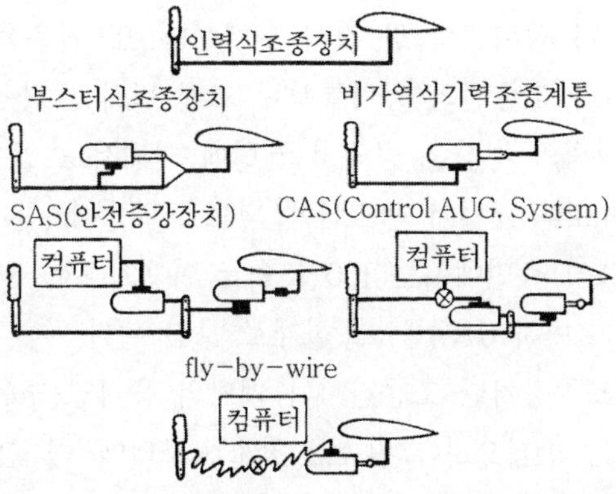

그림 8.1 각종 조종장치의 원리도(SAS와 CAS는 기력조종장치의 변형)

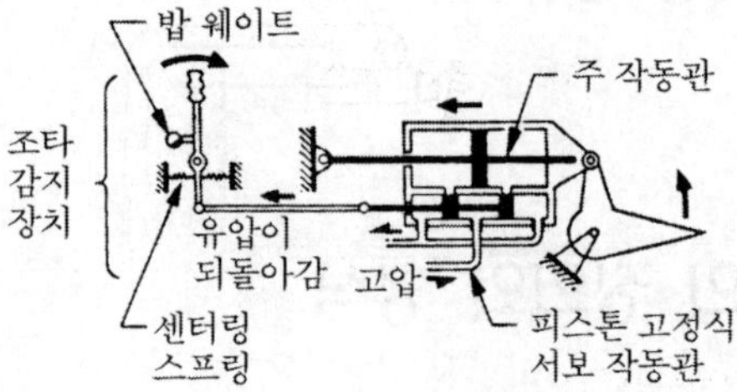

그림 8.2 비가역식 기력조종 장치

조종장치는 크게 다음의 네 가지로 구별된다(그림 8.1 참조).

(1) 인력조종장치
(2) 기력조종장치
(3) 부스터(booster) 조종장치
(4) 플라이-바이-와이어

인력조종장치란 조종사가 조작하는 조종간, 페달(foot pedal)과 조종면을 케이블(cable)과 풀리 혹은 조종봉(rod)과 레버(lever)를 이용한 연결기구로 묶어서, 조종사가 가한 힘과 조종간의 움직임을 기계적으로 조종면에 전하는 방식이다. 가격이 저렴하고 가공이 용이하면서 정비가 단순하고, 가볍고, 동력원이 따로 필요하지 않으며, 신뢰성이 높은 등 장점이 많으므로 앞으로도 중·소형기에 널리 이용될 것이다.

이 방식은 비행기의 비행속도가 빨라지거나 크기가 대형화되면, 조종면의 힌지 모멘트가 크게 되어서 필요한 힘이나 일의 양에 비해서 조종사가 낼 수 있는 힘이나 일이 부족한 점이 문제이다. 또 천음속기나 초음속기와 같이, 속도영역에 따라 조종면의 공력특성이 크게 변하는 경우에도 이 방식을 적용할 수 없다. 조타력의 경감은 공력적 균형에 의해서도 얻을 수 있지만, 대형기에서는 상당히 미묘한 균형이 필요하게 되므로 사용에 한계가 있다. 구체적으로 예를 든다면, 크기 측면에서는 100인 승급 여객기(23t), 비행속도 측면에서는 천음속 제트훈련기(마하 0.85)를 그 한계로 보면 된다.

기력조종장치란 조종간이나 페달의 움직임을 유압장치 등을 통해서 조종면에 전달하는 방식으로(그림 8.2 참조), 조타에 큰 힘이 필요한 대형기나 초음속기에 사용되고 있다. 이 방식에서는 조종간의 움직임은 유압장치를 통해서 전

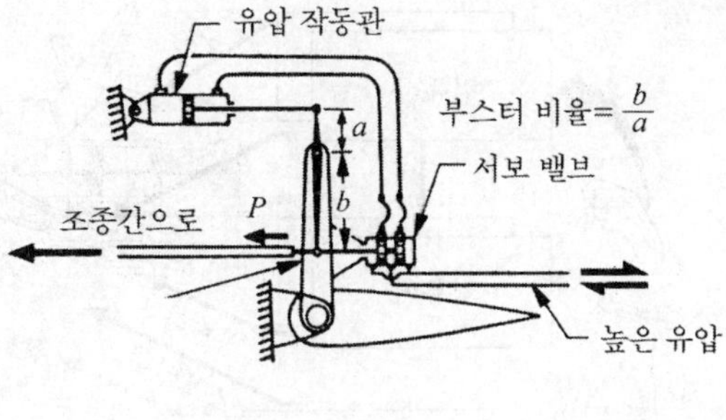

그림 8.3 유압부스터 방식 조종장치

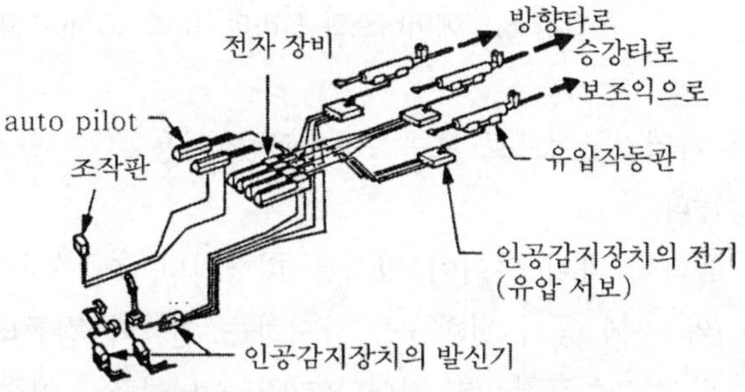

그림 8.4 플라이-바이-와이어

해지지만 조종사의 조타력이 직접 전달되는 것이 아니고, 인공감지장치를 병용하게 된다. 이 시스템은 조종간을 움직이면 조종면이 따라 움직이지만, 조종면에는 힘을 가한다고 조종간이 움직이지는 않는 공기역학적 비가역기구로서 공력특성이 급변하는 천음속 영역을 포함한 속도영역으로 비행하는 기체에 필수적으로 사용되며, 한국전쟁 때 등장한 제트전투기 F-86, saber 이후, 제트전투기의 기본적인 조종장치로 되어 있고 제트 여객기에도 이 방식이 일반적으로 사용되고 있다. 보잉 707은 출현 당시 인력조종방식을 채용했으나 후에는 유압제어방식으로 변경되었다. 따라서, 보잉 707 수준의 성능이나 크기를 가진 항공기에서는 기력조종장치를 사용하는 것으로 보아도 된다.

기력조종방식의 일종으로 부스터(보조동력) 방식이 있다. 이 방식은 조종사의 조타력이 유압장치를 통하여 증폭된 후 조종면을 작동한다(그림 8.3 참조). 조타량은 조종간의 움직임에 비례한다. 이 방식은 인력방식과 기력방식의 장점을 도입한 것 같지만, 실제로 설계해 보면 양자의 결점만 도입된 것이라고 할 수도 있다. 초기의 제트전투기 록히드 P-80(T-33)이나 MIG-15 등에 사용되었지

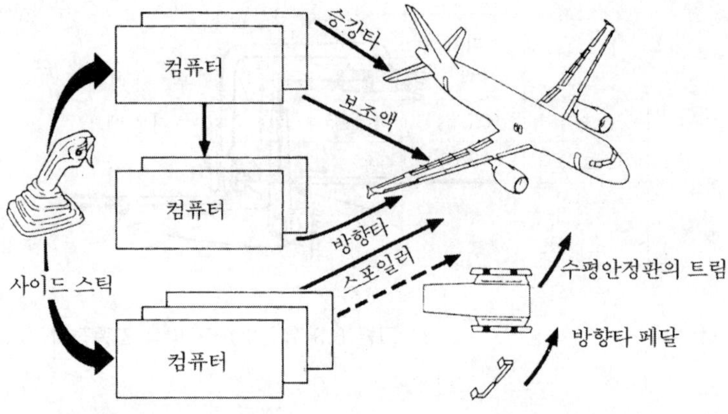

그림 8.5 에어버스의 플라이-바이-와이어 시스템과 컴퓨터

만 가역기구이므로 초음속용으로는 이용할 수 없으며, 최근에는 거의 사용되지 않는다.

플라이-바이-와이어 방식은 비행기의 조종 시스템에, 기체에 가해진 가속도(g)와 자세 등의 변화율을 감지하는 센서와 컴퓨터를 넣어서 조종사의 감지 능력을 보조하도록 한 것이다(그림 8.4 참조). 인력이나 기력조종방식에는 급히 자세를 바꾸려고 할 때에는 일단 조종면을 많이 움직인 다음 다시 반대로 조작하여 중립으로 돌린다. 그러나, 플라이-바이-와이어 시스템을 이용하면 이러한 조작은 필요하지 않게 된다. 결국 조종사가 조종면을 적절히 조작하지 못해도 컴퓨터가 계산해서 필요한 만큼 작동시킨다.

또한, 항공기 자체가 공력적으로 불안정하여도 컴퓨터에 의해서 조종면을 자동적으로 조절함으로써 외관상으로 안정하게 하는 것도 가능하다. 컴퓨터를 이용해서 기체 자세의 한계나 자세의 변화율에 제한을 가해서 비행기가 위험한 상황에 빠지지 않도록 하는 것이 가능한 것도 플라이-바이-와이어의 특징이다. 플라이-바이-와이어에는 조종간이나 페달은 조종사의 조종신호(조타신호는 아니다.)를 컴퓨터에 입력하기 위한 도구가 된다. 이 경우, 종래의 조타력과 조타량이라는 두 종류의 신호는 반드시 필요하다고 할 수 없게 된다. F-16 전투기의 원형기는 플라이-바이-와이어를 사용하였는 데, 조종간(side stick)이나 페달을 거의 움직이지 않고 힘의 크기만을 감지해서 조종하고 있다.

플라이-바이-와이어는 원래 달착륙선이나 수직이착륙기와 같이 공기력에 의한 안정을 얻을 수 없는 기체에 사용되어 발전해 온 것이지만, 최근에는 초음속 전투기의 운동성 향상이나 대형여객기의 경제성 향상의 수단으로서 각광을

	피치 (pitch)	롤(roll)	
		내 측	외 측
최대조타력	10 daN	4 daN	3 daN
최소조종력	0.4 daN	0.6 daN	0.6 daN
움직임	±16°	20°	20°
최초경사	20° 전방	12° 내측	

팔 받침대의 조정량 : +20°
사이드 스틱 경사의 조정량 : +15°, -12°
} 지시기 있음

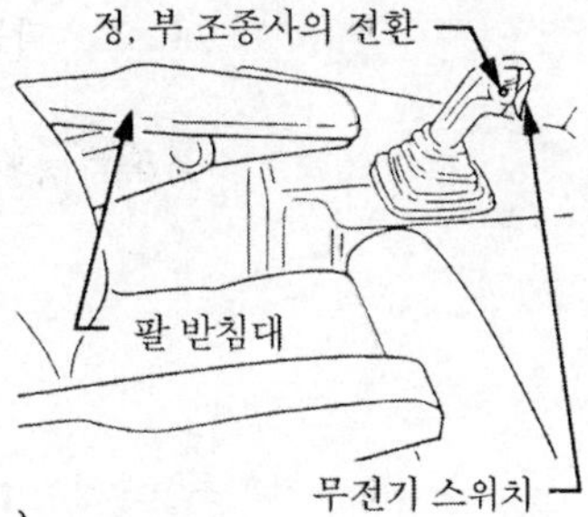

그림 8.6 A-320 사이드 스틱의 조타력과 조타량

받고 있다. 에어버스 A320은 플라이-바이-와이어를 실용화한 최초의 여객기로서, 조종사 옆에 위치한 조종간으로 조종한다. F-16은 조종간이 우측에, A320의 왼쪽 좌석 조종간은 왼쪽에, 오른쪽 좌석 조종간은 오른쪽에 있다. 기장과 부기장은 다른 손으로 조종하도록 되어 있지만, 별다른 번거로움은 없게 되어 있다. 그림 8-5는 A320의 컴퓨터의 역할을, 그림 8-6은 사이드 스틱의 조작력과 조작량을 도시한 것이다

항공기에는 보조날개(aileron), 승강타(elevator), 방향타(rudder) 등 기체의 3축 주위의 자세를 변화시키는 조종계통 외에 각 조종면의 트림(trim), 엔진, 쓰로틀(throttle)의 조작, 플랩(flap), 에어브레이크(air brake) 등의 조작계통이 있다. 이러한 시스템도 모두 포함해서 조종장치라 총칭하는 경우도 있지만, 그 경우에는 조종면 계통을 주조종장치라 부르고 그 외의 시스템을 부조종장치라 부른다(그림 8.7 참조).

주조종장치는 조종사의 감각을 포함한 폐쇄루프 제어회로임에 비해서, 부조종장치는 일반적으로 개방루프 제어회로 또는 “ON-OFF” 회로로 되어 있다. 주조종장치의 목적은 항공기를 조종하는 것이며, 부조종장치는 탭(tap)이나 플랩을 움직이는 것이다. 따라서, 부조종장치는 주조종장치와 다르며, 트림타각, 플립의 위치, 엔진 회전수 등의 표시장치가 별도로 설치되어야 한다.

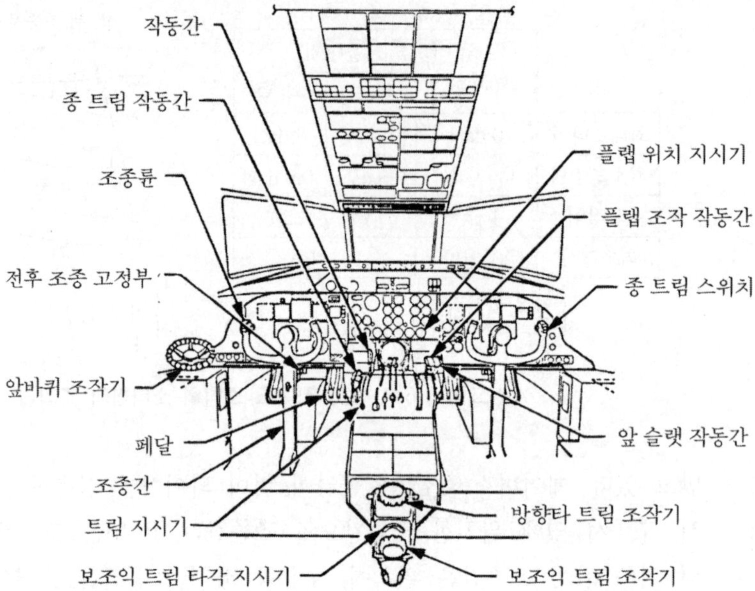

그림 8.7 제트 여객기의 조종석 배치

8.2 조종석의 배치

항공기의 조종은 오른손으로 조종간을 쥐고 왼손으로 스로틀 레버(throttle lever)를 움직이고, 양발로 페달을 조작해서 움직인다. 조종간을 오른쪽으로 기울이면 기체는 오른쪽으로 경사지게 되고, 왼쪽으로 기울이면 기체는 왼쪽으로 경사지게 된다. 조종간을 밀면 기수는 내려가고 또 앞으로 당기면 올라간다. 오른쪽 페달을 밟으면 기수가 오른쪽으로 향하고, 왼쪽 페달을 밟으면 기수는 왼쪽으로 향한다. 쓰로틀 레버는 자동차의 엑셀에 해당하는 것으로 앞으로 밀면 엔진의 회전수가 증가하여 기체의 속도가 증가하고, 당기면 엔진의 회전수가 감소하여 감속하게 된다. 이러한 방식은 비행기 역사의 초기에 확립되었으며 오늘날까지 사용되고 있다. 이는 인간이 적응하기 쉽기 때문이고, 앞으로도 계속 사용될 것이다.

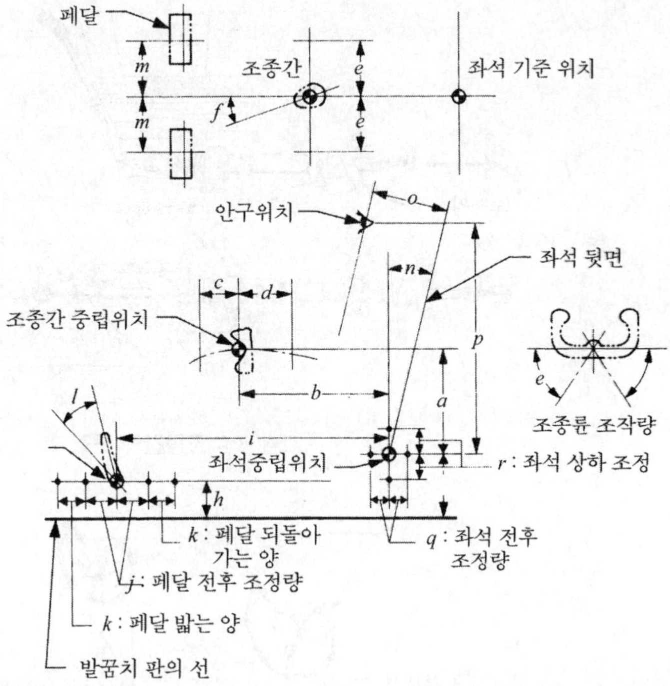

	조종간 형식(mm)	조종륜 형식(mm)
손잡이 높이	343	457
전후 위치	508	482
전후 움직임 양(전후)	최대 127	최대 127
전후 움직임 양(전후)	최대 179	최대 229
좌우 움직임 양(좌우)	최대 179	90도
손잡이 비틀림	19도	-
발꿈치 판	216	267
페달 높이	127	127
페달 위치	921	921
페달 조정량	전 102, 후 127	전 102, 후 127
페달 움직임 량	82.5	82.5
브레이크 페달	최대 30도	최대 30도
페달 간격	190.5~267	190.5~267
좌석 열	13도	13도
눈의 전후 위치	254	254
눈의 높이	787	787
좌석의 전후 조절	-	최소 38
좌석의 상하 조절	최소 64	최소 64

그림 8.8 조종석 배치의 기준치수(미국공군 규격)

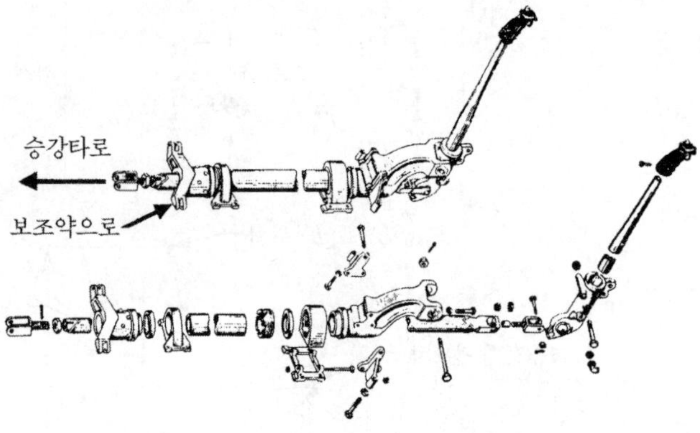

그림 8.9 조종간의 구조

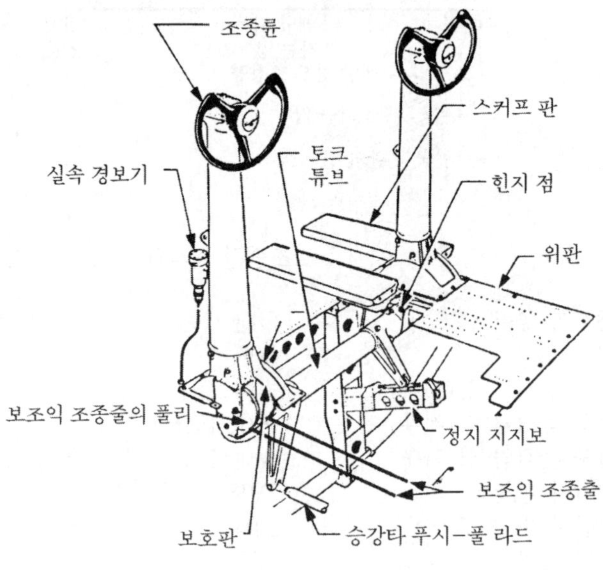

그림 8.10 중형 항공기의 조종륜 조립도

오랜 경험을 통해, 조종간이나 페달의 배치에 대해서는 하나의 기준이 마련되었다. 그림 8.8은 그 일례이다. 이것은 어디까지나 기준이므로 반드시 지켜져야 되는 것은 아니다. 우수한 성능을 갖는 항공기나 활공기에서는 동체를 가늘게 하기 위해 조종사가 위를 보며 드러눕는 자세를 취하고 있는 경우도 있다. F-16 전투기에는 조종사의 관성 능력의 향상을 위해 30°의 안락의자 형태가 사용되고 있고, 조종간은 조종실의 중앙에서 오른쪽의 사이드 콘솔로 이동되고 있다.

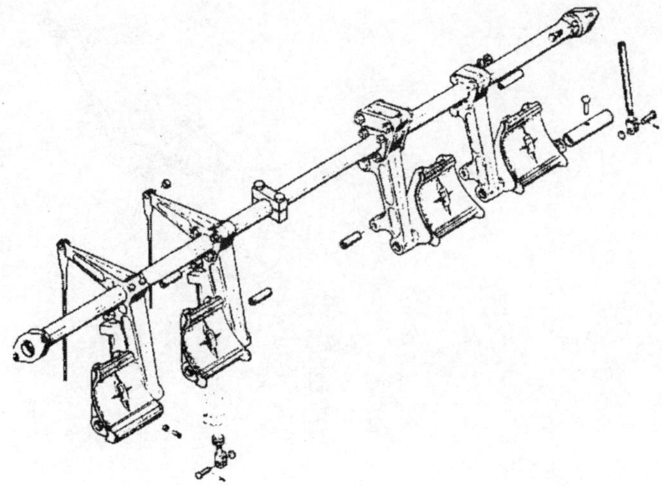

그림 8.11 8인승 항공기(Twinbee)의 페달 (한국항공우주연구원)

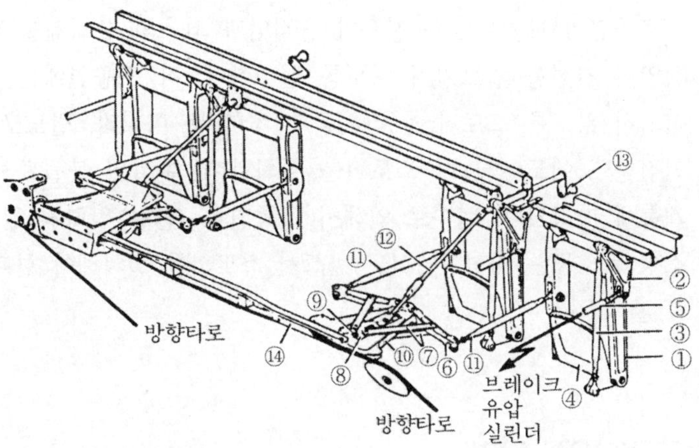

① 페달
② 브레이크 벨 링크
③ 브레이크 라드
④ 브레이크 페달
⑤ 브레이크 라드
⑥ 암
⑦ 암
⑧ 너트
⑨ 스크류
⑩ 코드란트
⑪ 방향타 라드
⑫ 전후 조종구
⑬ 전후 조종손잡이
⑭ 부조종사석 운동 라드

그림 8.12(a) 중형항공기의 러더 페달

조종간의 형태에 대해서는 MIL-SPEC에도 규정이 있지만 소량생산이라면 시제품을 사용하는 편이 좋다. 조종간은 물론이고, 그 외의 스위치나 레버 류는 조종사가 모두 장갑을 끼고 조작하는 것을 전제로 하여 결정한다. 또한, 페달은 폭 15 cm로서 방한화가 걸리지 않도록 배려할 필요가 있다. 그림 8.9와 8.10은 대표적인 조종간이며 그림 8.11과 8.12는 페달의 구조를 보여주고 있다.

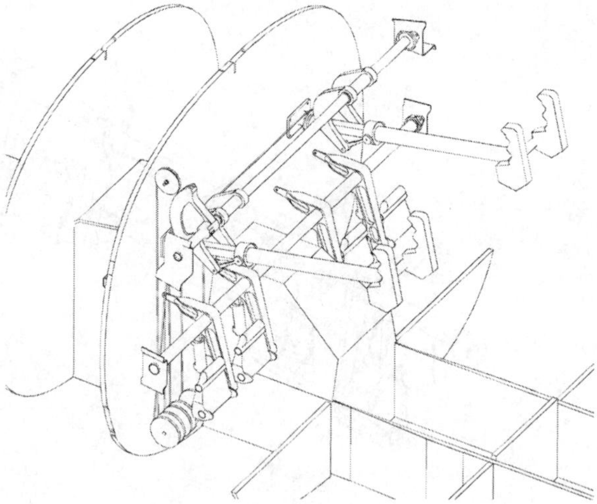

그림 8.12(b) 8인승 항공기(Twinbee)의 조종륜 및 러더 페달(한국항공우주연구원)

조종간의 메커니즘은 전후의 움직임과 좌우의 움직임을 완전히 분리하고, 움직임이 간섭을 일으키지 않도록 설계한다. 각 조종면에는 최대 조종면각을 넘어서지 않도록 스토퍼(stopper)를 설치할 뿐 아니라, 별도로 조종간이나 페달에 인접한 곳에도 반드시 스토퍼를 설치한다. 이것은 불필요하게 큰 하중을 조종계통에 가하거나, 실수로 인해서 조종면을 과대조작하지 않도록 하기 위함이며 소형기는 물론 대형기에서도 반드시 스토퍼를 설치해야 한다.

8.3 조종장치의 사례

조종면의 설계와 함께 케이블이나 조종봉을 이용한 링크기구의 설계는 조종장치의 형식과 관계없이 조종장치설계의 기본이 된다. 이들 링크는, 움직임이 비교적 늦고 작동의 빈도는 단속적이며 하중도 작다. 따라서, 기계설계의 측면에서는 특별한 문제가 되어 보이지 않지만 조종사의 예민한 감각을 고려한다면 다음의 조건이 반드시 지켜져야 하기 때문에 의외로 어렵다.

(1) 유격을 없앨 것
(2) 마찰을 적게 할 것

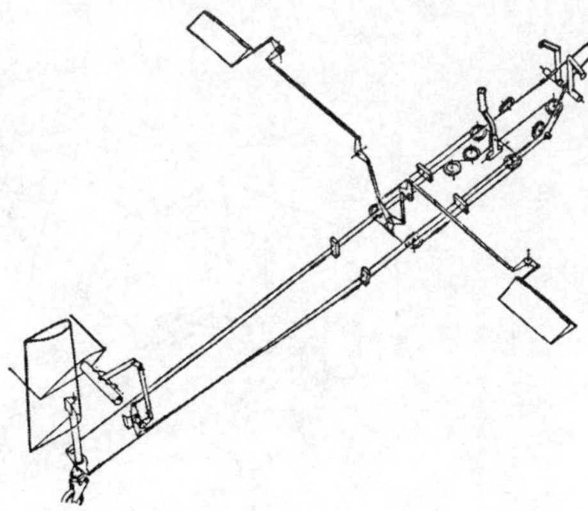

그림 8.13 인력식 조종장치의 사례 1

그림 8-13은 고성능 글라이더 "스링스비"의 조종장치이다. 기체가 작기 때문에 극히 단순하게 되어 있지만, 여기에서도 인력조종장치를 적용할 때에 고려하여야 할 대다수의 문제를 보여주고 있다. 이 기체에서 우선 눈에 띄는 것은 방향타와 승강타의 계통에는 케이블을 이용하고 보조날개에는 조종봉과 벨 크랭크의 조합을 사용하고 있다는 것이다.

조종장치의 설계에 있어서, 케이블을 이용할 것인지, 조종봉을 이용할 것인지를 판단하는 것이 가장 어렵다. 그림 8-14(a)는 조종봉을 이용한 인력조종장치의 실례이다. 두 경우의 장단점은 표 8-1과 같이 된다. 그러나, 각 경우의 장단점을 알았다고 해서 설계가 끝난 것은 아니다.

그림 8.14(b)는 조종봉, 케이블, 토크 튜브를 모두 이용한 선미익 항공기의 조종장치를 보여준다. 날개 앞에 위치한 선미익에 장착되어 있는 승강타는 조종륜과 조종봉으로 연결되어 있고, 방향타는 케이블, 보조날개는 토크 튜브를 이용하여 작동하도록 설계되어 있다.

표 8.1에서 보듯이, 케이블 방식은 가벼운 반면 공간을 많이 차지한다. 케이블은 원칙적으로 왕복이 필요하고 비행 중의 흔들림을 고려하여 한 개의 케이블이 조종봉 이상의 공간을 필요로 하기 때문이다. 또한, 케이블에는 탈선을 피하기 위해 초기 장력을 부여해 두는데, 하중이 가해지게 되면 늘어나거나 구조가 변형되어 지지점 간격이 변화된다. 이 경우에도 케이블이 이완되어 탈선하지 않도록 하기 위해서는 의외로 큰 장력이 필요하게 된다. 그러나, 장력을 크게 하면 벨-크랭크에 큰 반력이 생기고, 마찰력과 탈선율이 높아지며, 조종성이

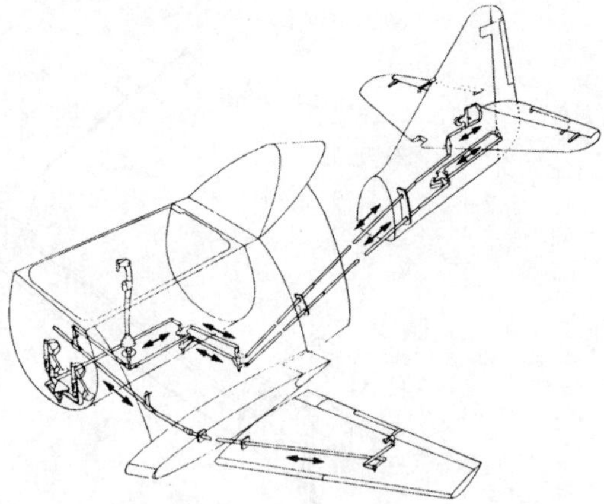

그림 8.14(a) 조종봉을 이용한 인력식 조종장치의 사례 2

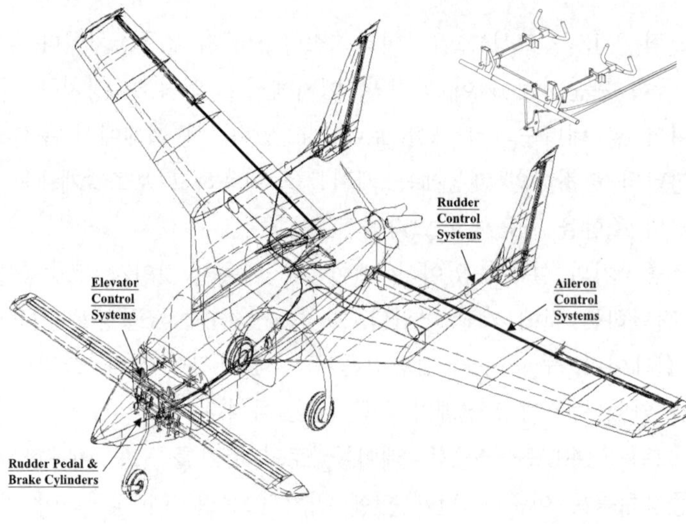

그림 8.14(b) 조종봉, 케이블, 토크 튜브를 이용한 선미익 항공기의 인력식 조종장치의 사례 3 (한국항공우주연구원)

저하된다. 반면에 조종봉 방식은 초기 장력을 줄 필요는 없지만 베어링의 유동 등이 누적되어 조종성이 저하되고, 조종봉의 중량과 관성이 조종성을 저해하는 경우가 있다.

스링스비가 보조날개에 조종봉 방식을 채택한 것은 운반을 하거나 격납고에 넣을 때에 주날개를 떼어 내는 경우가 많고, 이때마다 반복하여야 하는 조립 및 조정이 간단할 뿐 아니라, 마찰력을 줄이고 조타성을 개선하는 장점이 있기 때문이다.

표 8.1 케이블 방식과 조종봉 방식의 장·단점

	장점	단점
케이블 방 식	1. 가볍다. 2. 유격이 없다. 3. 가격이 저렴하다.	1. 마찰이 많다. 2. 마모된다. 3. 공간이 많이 필요하다. (7.5cm이상의 간격이 필요) 4. 초기 장력이 필요하다. 5. 강성이 적어 변형이 많다.
조종봉 방 식	1. 마찰이 적다. 2. 강성이 높아 늘어나지 않는다.	1. 무겁다. 2. 유격이 있다. 3. 관성력이 크다. 4. 가격이 비싸다.

세 개의 조종면 가운데, 보조날개는 특히 가볍게 움직이는 것이 요구되지만 보조날개에는 "돌장(突張) 하중"이 작용하므로 설계가 복잡하다. 인력식의 방향타나 승강타에서는, 트림탭(trim tab)을 조작해서 조종사의 손에 가해진 반력을 제거하면 조종계통 전체의 하중을 합하면 0이 된다. 하지만 보조날개만은 트림을 취해서 보타력(保舵力)을 0으로 해도 조종계통에는 여전히 큰 하중이 남는다. 이것을 돌장하중이라 부르는 것이다. 돌장하중의 발생 원인은 다음과 같다. 주날개가 양력을 발생하고 있기 때문에, 좌우의 보조날개에는 항상 뒷전을 올리려는 양력이 작용하고 있다. 좌우에 같은 힘이 작용하므로, 좌우를 구조 부재로 연결하면 균형이 맞고, 뒷전이 올라가는 것을 막을 수 있으며, 하중은 겉에 나타나지 않는다. 여기서 좌우의 불평형량 만큼의 힘은 보타력이 된다. 이 부분은 트림으로 상쇄시키지만, 좌우 같은 양으로 서로 누르는(혹은 당기는) 돌장하중만은 남는다. 이 하중에 의해 마찰이 생기는 것은 피할 수 없고 강성이 낮으면 부재가 변형을 하게 되고 조종면의 위치가 바뀌고 만다.

돌장하중은 양력이 증가하면 크게 되고, 상승 조작을 하면 g에 비례해서 증가한다. 또한, 속도가 증가해도 뒷전의 풍압이 증가하므로 하중은 증가한다. 익형(airfoil)을 조절하면 돌장하중을 작게 할 수 있지만 하중을 영으로 하는 것은 불가능하므로 반드시 발생한다. 이 힘을 그대로 조종계통을 따라 조종간까지 전달해 와서 서로 상쇄시키는 설계는 불가능하다. 이 경우에는 중량이나 마찰이 크게 되고 변형도 크게 되기 때문이며, 돌장하중을 받고 있는 케이블이 파단하면 조종이 불가능하게 된다.

원칙적으로 돌장하중은 날개의 중앙에서 서로 상쇄시키도록 하고, 케이블이 끊어져도 한쪽 날개만은 조종할 수 있도록 한다. 어떻게 하든 이 하중은 조타 하중에 비해서 의외로 크기 때문에 케이블을 사용할 때는 다른 조종면보다 굵은 케이블을 사용하고 초기 장력을 크게 해야 한다. 그래도 마찰력이 증가하고 케이블이 늘어나서 보조날개가 뜨는 것은 피할 수 없다. 이러한 결점은 조종봉과 아이들 암(idle arm)을 사용하는 것으로 어느 정도 해결할 수 있으며, 스링스비에서는 좌우의 돌장하중을 중앙의 Y자형 피팅에서 상쇄하고 있다. 그리고 보조날개의 조종계통에서 다시 한번 유의할 필요가 있는 것은 날개의 굽힘이다. 날개가 휘어지면 조종봉이나 케이블의 필요한 길이가 변화하고, 이 변화로 인하여 조종면이 움직이게 된다. 따라서, 케이블 연결부나 아이들 레버의 연결부는 변형이 적은 곳에 설치하거나, 혹은 변형이 생기지 않도록 배치한다.

8.4 케이블, 풀리, 체인과 스프로켓

케이블은 가장 일반적인 조종장치의 구성품이므로, 케이블의 사용에 있어서 장단점을 충분히 이해해 둘 필요가 있다. 직경이 3 mm(1/8 inch)보다 작은 케이블은 사용해서는 안되며, 케이블을 사용할 때에는 반드시 왕복(짝)으로 사용해야 한다. 지상용 기계류에서는 케이블의 한 끝에 스프링을 사용하여 신호로 전달하는 메카니즘을 종종 사용하지만, 기본적으로 항공기에는 사용하면 안된다. 비행 중에 급격한 조작을 하면, g로 인해 케이블 중량의 7, 8배에 이르는 하중이 가해져서 스프링이 늘어나고 잘못된 신호를 일으키므로(그림 8-15 좌측 참조), 반드시 왕복으로 하여야 한다(그림 8-15 우측 참조). 케이블을 사용할 때에, 케이블이 구부러지는 것을 방지하고, 다른 구조물과의 접촉을 막기 위해 페어-리드(fair lead)로 케이블을 보호해야한다(그림 8-16 참조).

페어-리드가 설치되어 있는 곳에서는 케이블의 방향을 바꾸는 것을 피해야 하지만, 불가피할 경우에는 다음의 기준을 따른다.

1) 케이블의 초기 장력이 50(lb) 이하인 경우에는 2도 이하
2) 케이블의 초기 장력이 50~150(lb)인 경우에는 1도 이하
3) 케이블의 초기 장력이 150(lb) 이상인 경우에는 방향 변경 불가능

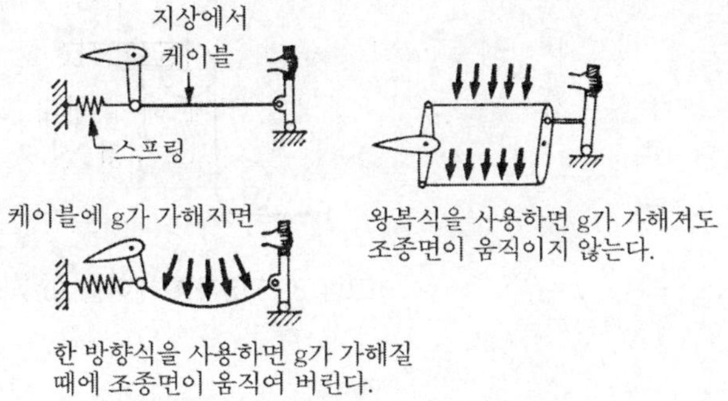

그림 8.15 케이블의 적용(왕복식)

페어리드는 줄의 구부러짐을 방지하는 것으로 방향 변경에는 사용하지 않는다.

그림 8.16 페어-리드

케이블의 방향을 변경할 때에는 풀리(pulley)를 사용하며, 미국방성 규격인 MS20220에 따라 사용하면 된다. 풀리의 직경은 가급적 큰 것을 사용한다. 직경이 작은 풀리를 사용하여 케이블의 방향을 변경하면, 마찰이 증가하고, 풀리의 수명도 단축된다.

풀리의 직경은 아래의 기준에 따르되, 방향을 많이 변경할 때에는 직경이 큰 풀리를 사용한다.

1) 케이블의 방향각이 15도 이하인 경우에는, 풀리의 직경은 케이블 직경의 12배 이상
2) 케이블의 방향각이 15도 이상인 경우에는, 풀리의 직경은 케이블 직경의 16배 이상

특히 주의해야 하는 것은 케이블을 S자형으로 구부리게 되는 경우이다. 풀리의 간격이 조작 스트로크보다 짧으면, 케이블은 굽힘하중을 반복해서 받게 되므로 수명이 단축된다(그림 8.17 참조).

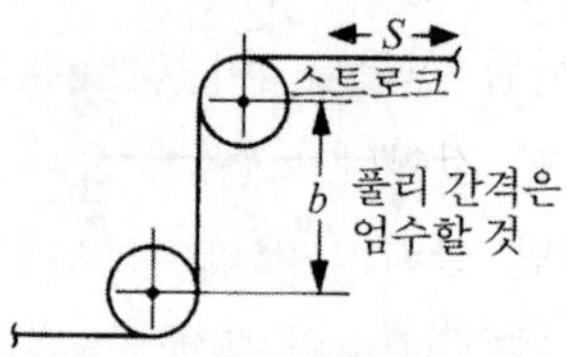

그림 8.17 S자형 케이블 (b > s)

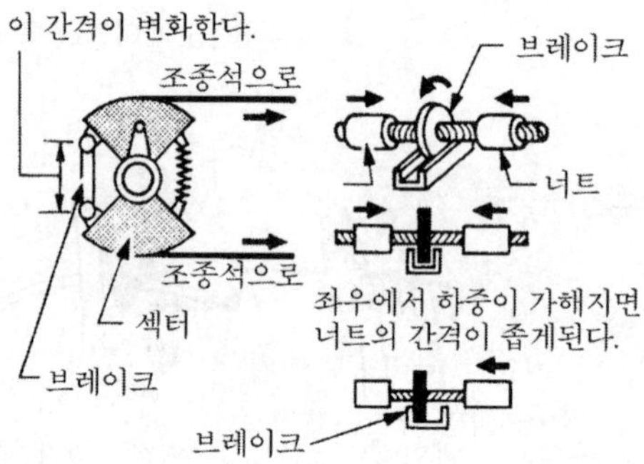

그림 8.18 인장력 조절장치의 원리

조종륜의 윗부분, 트림탭 엑츄에이터와 같이, 공간이 제한적인 부위에는 케이블을 대신 스프로켓(sprocket)과 체인(chain)을 사용되기도 한다. 그러나, 스프로켓과 체인을 조합하여 사용하는 경우에는 유격과 백러쉬가 있으므로 가급적 사용하지 않는 것이 좋다.

8.5 인장력 조절장치

케이블에는 초기 장력을 부여할 필요가 있다는 점을 앞에서 언급하였는데, 여압실을 통과하는 케이블과 같이, 기체구조와 케이블의 온도 환경이 서로 다를 경우와, 날개와 같이 변형이 큰 구조 내부를 통과하는 케이블은 상황에 따라서는 초기 장력이 크게 변하므로, 초기 장력을 예비로 더 크게 하여야 한다. 이 문제를 해결하기 위하여 고안된 것이 인장력 조절장치이다.

인장력 조절장치는 1개의 봉 양쪽에 피치가 조밀하지 않은 나사를 넣고, 양쪽에 너트를 끼워 만든다. 이 너트에 하중을 가하면 나사가 회전하는 원리와 클러치를 응용한 것이다. 그림 8-18에서 볼 수 있듯이, 한 방향으로 작용하는 하중에 대해서만 클러치 브레이크가 작용하고, 양끝의 너트에 균일한 하중이 가해지는 경우에는 너트의 간격이 늘어나거나 줄어들도록 만들어져 있으므로, 케이블의 인장력이 어느 정도를 초과하면 섹터가 이동하여 인장력을 조절한다. 따라서, 초기 장력을 낮게 설정하여도 고장이 발생하지 않는다.

8.6 조종봉과 벨 크랭크

조종봉은 일반적으로 원형관(봉)과 피팅으로 만든다. 조종봉은 인장력 또는 압축력을 받아 작동하는 것으로, 관의 굵기와 두께는 원형관의 좌굴하중을 고려하여 설계한다. 조종봉의 끝은 길이의 조절을 가능하게 한다. 이 경우, 양끝의 나사를 역 피치 턴-버클 형상으로 하는 것을 미공군에서는 금지하고 있다. 너트가 진동에 의해 돌아가서 느슨해지면, 조종봉이 회전해서 길이가 변화하고, 결국에는 분리될 수 있기 때문이다. 적어도 한쪽 끝은 리벳 등으로 고정하여, 하나의 잠김너트(lock-nut)가 느슨해져도 조종봉이 분리되지 않도록 설계하여야 한다(그림 8.19(a) 참조).

조종봉을 구조물에서 지지하고, 굴곡부의 분력을 부담하는 것이 아이들-레버의 역할이다. 아이들-레버는 위쪽에서 조종봉을 매달도록, 혹은 수평 면내를 움직이도록 설치한다(그림8.19(c) 참조). 아래쪽에 지지대를 설치하여 조종봉을 위쪽으로 지지하도록 하는 것은 불안정하게 되어 좋지 않으며 공간의 제약으로 아래쪽에 지지대를 설치하여야 하는 경우 센터링-스프링을 장착하여야 한다.

조종봉 방식과 케이블 방식은 각각 장점과 단점이 있다. 그림 8.14(a)와 같이 전 계통을 조종봉 방식으로 한 기체도 있지만, 두 가지 방법의 장점을 적절히 조합하여 사용하는 것이 바람직하다. 케이블을 직접 조종면에 연결하면 조종면을 떼어 낼 때에는 케이블의 탈선을 확인하고, 케이블의 인장력을 다시 조정해야 하므로 바람직하지 않다. 따라서, 가능하면 도중에 섹터를 장착하고, 조종면과 섹터는 조종봉으로 연결시키는 것이 바람직하다. 이렇게 하면, 인장력 조정 및 점검은 전혀 필요하지 않게 되고, 또한 중량 손실도 적다.

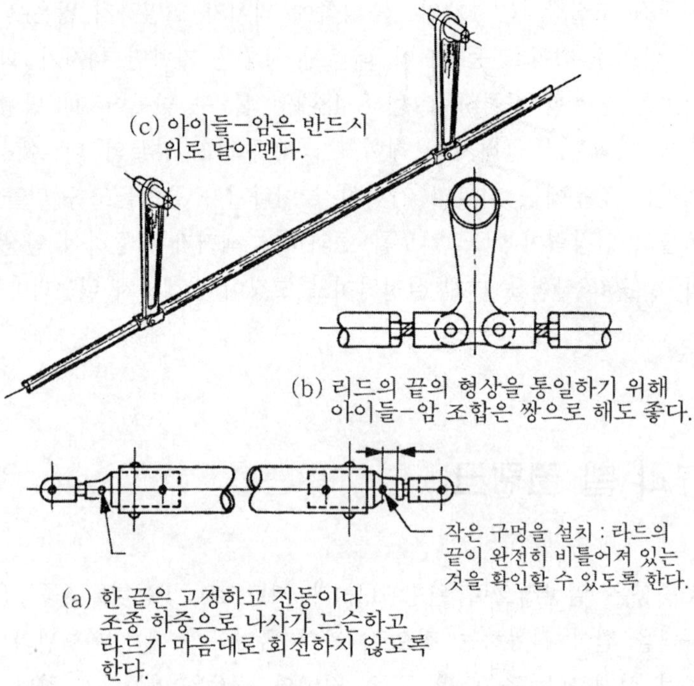

그림 8.19 조종봉의 사용법

아이들-암이나 풀리를 기체 구조물에 장착할 때는, 미국 FAA의 방침에 따라 리벳이나 작은 나사를 사용하지 않고 반드시 육각볼트를 사용한다.

8.7 토크 튜브

하중을 전달하는 한 방법으로 토크 튜브를 이용할 수 있다. 토크 튜브는 공간의 제약이 적고, 부품 수를 절감할 수 있는 이점이 있다. 조종계통의 토크 튜브는 회전각이 작으므로 다음 두 가지의 구조를 구성할 수 있다(그림 8.20 참조).

(1) 토크 튜브 중심과 힌지(회전) 중심을 일치시킨다.

(2) 토크 튜브 중심과 힌지(회전) 중심을 편심시킨다.

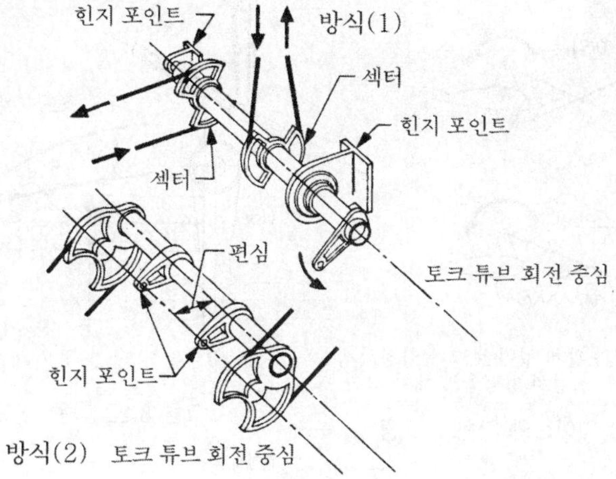

그림 8.20 토크 튜브와 힌지

(1)의 방식은 공간적으로는 효과적이지만, 토크 튜브를 지지하는 베어링의 직경이 토크 튜브보다 큰 것을 사용하여야 하고, 분해 및 조립이 어렵다. (2)의 방식에서는 토크 튜브가 이동하게 되므로 공간적 여유가 요구되지만, 베어링의 직경이 작아지고, 설치 및 분리도 용이하므로 회전량이 작은 경우에 주로 채택된다.

8.8 밥 웨이트와 다운 스프링

통상 조종사가 조종간으로부터 느끼는 감각을 좌우하는 것은 특정 기동을 위한 조종간이 움직이는 변위와 이에 필요한 힘이다. 이 관계가 비행기의 속도와 고도에 관계없이 일정하게 유지되면 좋지만, 승강타와 같은 조종면의 효과와 힘은 속도의 제곱에 비례한다. 따라서, 속도가 빠르게 되면, 조종면의 움직임으로 인해 기체에 큰 g가 가해지게 되고, 효과가 너무 예민하게 된다. 만약 고속에서 손의 반응이 적절하도록 설계하게 되면 저속에서는 조종사가 느끼는 반응

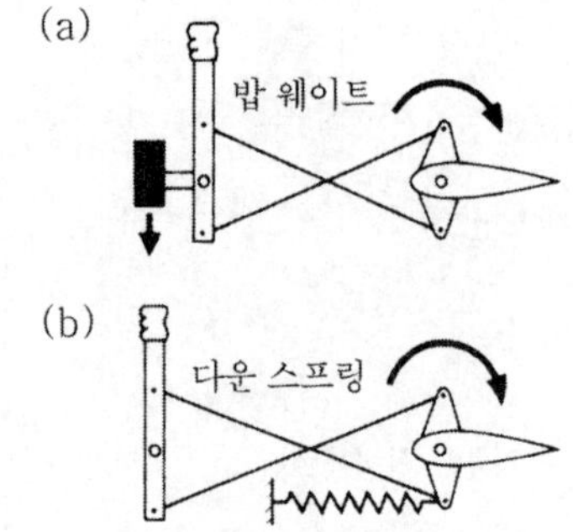

다운 스프링은 타각과 관계 없이 토크가 일정하게 가해지도록 탄성계수나 설치 방법을 택해야 한다.

그림 8.21 밥 웨이트와 다운 스프링

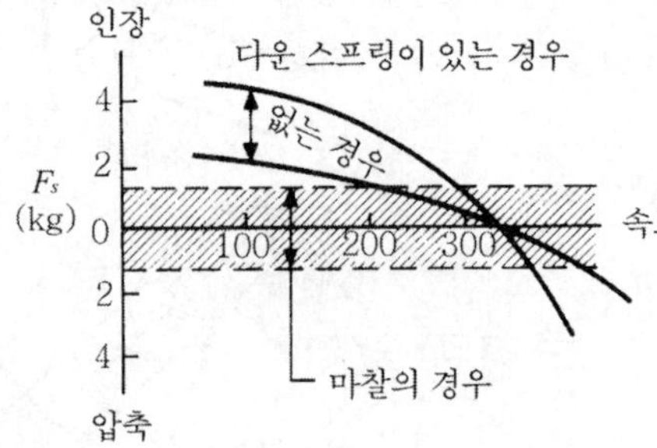

그림 8.22 다운 스프링의 효과

이 너무 작게 된다. 그래서, 승강타의 조종계통의 강성을 낮게 하거나, 조종계통에 스프링을 넣어, 고속이 되면 케이블이나 스프링이 늘어나서 손의 움직임에 대해서 승강타의 움직임을 적게 하는 방법 등이 사용된다.

승강타의 무게와 g의 관계가 속도에 의해서 변화하는 것을 막는 것이 밥 웨이트이다(그림 8.21 참조). 조종간을 당겨 승강타를 내린 경우 기체에 가해진 원심력으로 인하여 밥 웨이트(bob-weight)에 g가 작용하게 된다. 따라서 손에 반력이 크게 작용하여 g가 커질수록 조종간을 당기기가 점점 어렵게 되므로, 과잉 조작을 방지할 수 있다.

이 외에 지상에서 정지시 승강타를 내리 누르는(올라가도록 작용해도 좋음) 다운 스프링(down-spring)이 사용되기도 한다(그림 8.22 참조). 정지시 조종간을 중립위치까지 당기기 위해 10 kg 내외의 힘을 필요로 하는 항공기도 있다. 그러나 비행 중에는 트림을 사용하면 손을 떼어도 승강타가 내려가지 않는다. 종적으로 정안정하면 수평비행을 유지하면서 속도를 증가시키기 위해서는 조종간을 누르는 힘이 필요하고, 속도를 감소시키기 위해서는 조종간을 당기는 힘이 필요하게 되는데, 다운 스프링의 목적은 이 종적 정안정성을 증가시키기 위함이다(그림 8.22 참조). 종적 정안정성을 지닌 항공기도 조종계통의 마찰 등으로 종적 정안정성이 부실해지는 경우에는 다운 스프링이 사용된다. 스프링의 탄성계수와 설치 방법에 의하여 승강타 각도가 변하여도 힌지모멘트가 변화하지 않고 항상 일정한 토크가 작용하도록 설계할 수 있다. 밥 웨이트도 이와 같은 효과가 있지만, 다운 스프링은 g의 영향을 받지 않는 것이 큰 차이이다.

다운 스프링에서와 같이 스프링을 사용할 때는, 압축 탄력을 사용하는 것이 원칙이다. 파단(높은 응력으로 사용하므로 위험의 확률은 높다.)해도 기능을 유지할 수 있기 때문이다. 인장 탄력을 사용하는 경우에는 구조가 간단하지만 여러 가지 위험성이 크므로 이중, 삼중으로 설치하여 사용한다.

8.9 부조종장치

8.9.1 트림 계통

조종사의 피로를 줄이기 위하여, 설정한 속도·고도에서 조종간이나 페달(pedal)에 힘을 가하지 않아도, 즉 손 또는 발을 떼도 비행이 가능하도록 하는 것이 트림 계통의 설치 목적이다. 인력 조타(부스터를 포함) 방식에는 일반으로 트림 탭(tab)을 사용한다. 조종사가 트림휠을 회전시키면 케이블을 통하여 트림 탭 근처에 장착된 스크류 자키 축이 회전하면서 탭의 변위를 변화시킨다. 트림 휠은 승강타용은 전후회전, 보조날개용은 좌우회전, 방향타용은 수평회전이 되도록 설치한다. 조작륜의 움직임과 탭의 움직임과의 관계는 그림 8.23(a)와 같다. 그림 8.24(b)는 한국항공우주연구원에서 개발한 쌍발 항공기의 승강타 트림 계통을 도시하고 있다.

비가역식의 기력조종장치에서는 트림탭을 이용할 수 없으므로, 센터링 스프링의 힘을 바꾸거나, 수평안정판의 붙임각을 전동 스크류 자키로 변경해서 트림을 조절하기도 한다. 제트 전투기나 여객기에서는 이 방식을 주로 전동식 트림 구동장치를 사용하며 조종간(륜)의 손잡이 부위에 위치한 스위치를 작용하여 트림을 변화시킨다.

여객기나 이와 유사한 항공기에서는 트림 자키와 탭은 1개의 보이나 피팅 자체가 파손되어도, 탭 플러터가 발생하지 않도록 결합하여야 한다. 이 때문에 탭에 매스밸런스를 설치하거나, 스크류 자키를 이중으로 설치하는 등의 방안이 필요하다.

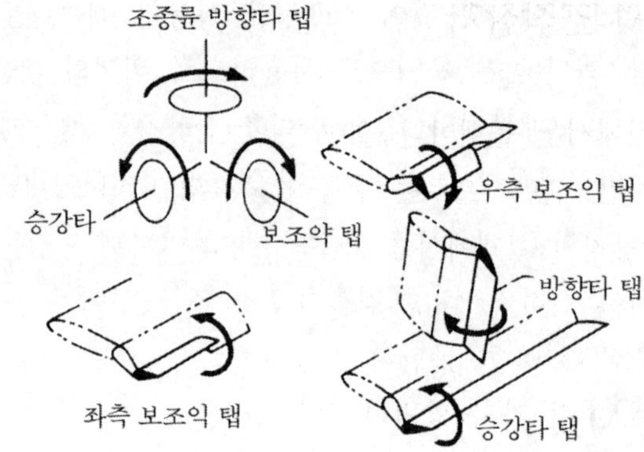

조 종 륜	비 행 방 향	
시계 방향 회전	기수 내림	오른쪽 날개 내림
반 시계 방향 회전	기수 올림	왼쪽 날개 내림

그림 8.23(a) 핸들의 움직임과 트림탭의 움직임

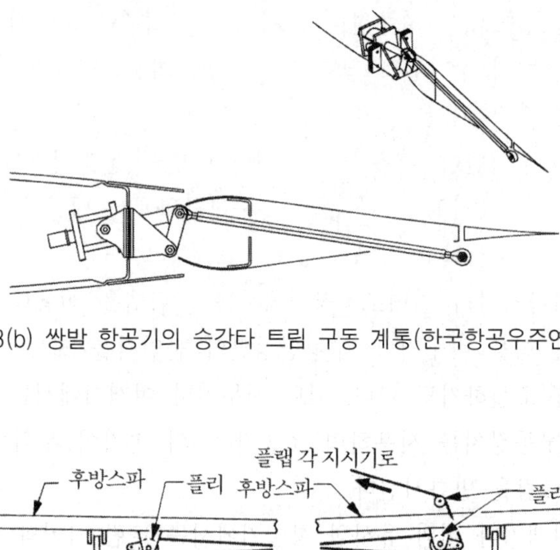

그림 8.23(b) 쌍발 항공기의 승강타 트림 구동 계통(한국항공우주연구소)

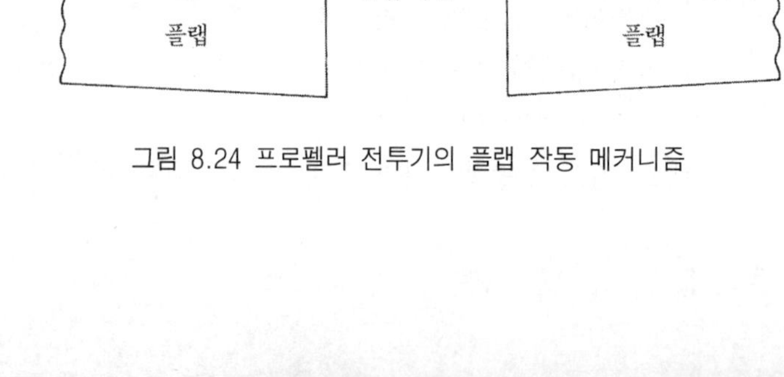

그림 8.24 프로펠러 전투기의 플랩 작동 메커니즘

8.9.2 고양력장치 조작장치

소형기에서는 플랩이나 슬랫 등의 고양력장치를 인력과 기계적인 힘으로 작동시키지만, 일반적으로는 전동이나 유압 모터에 의해서 작동시킨다. 고양력장치 조작장치의 설계에서는 좌우의 한 쪽만이 작동하는 경우가 발생하지 않도록 유의하여야 한다. 비대칭 검출기구 등을 설치해서 플랩 가동기구의 일부에 파괴가 있을 때에 한 쪽만이 작동하는 것을 자동적으로 정지시키도록 하는 등, 예전부터 여러 가지 방법이 실행되었지만, 최근에는 피팅 본체 등의 파손까지 고려해서 2중 안전장치를 갖도록 요구되고 있다. 예를 들면, 강력한 플랩을 한 쪽 날개에 하나로 구성하고 한 조의 작동간으로 움직이도록 하는 방식은 좋지 않다. 그림 8.24는 전형적인 프로펠러 전투기의 플랩 구조로서 좌우의 작동간의 움직임을 조절하는 밸런스 기구가 2중 안전장치 기능도 갖고 있어서, 현재에도 자주 사용되는 시스템이다.

8.9.3 돌풍 방지장치

항공기의 조종면이 지상계류 중에 바람에 날려서 파손되는 경우를 방지하는 것이 돌풍 방지장치(gust lock)이다. 소형기에는 조종간이나 페달을 고정하여 묶어도 되지만, 중·대형기에는 조종면을 직접 또는 가능한 가까운 부위를 고정장치로 고정한다. 이 고정장치는 조종석에서 케이블로 조작한다. 기력조종의 기체에서는 유압 실린더가 댐퍼 역할을 하므로 돌풍 방지장치가 반드시 필요하지는 않다. 돌풍 방지장치에서 중요한 사항은 다음과 같다.

(1) 돌풍 방지장치를 작동(lock)한 상태로는 비행이 불가능하도록 할 것
(2) 계통의 일부가 파손되어도 비행 중에 작동하지 않을 것
(3) 비행 중에 잘못 작동하지 않을 것

과거에 100인승급 항공기가 후방으로부터 바람을 받고 있는 상태에서 돌풍 방지장치가 빠져, 결국에는 바람에 날려서 스토퍼에 조종면이 심하게 부딪히거나 스토퍼를 파손한 경우가 있었다. 이 경우는 잠김 상태여서 풍압이 조종사에게 전달되지 않았기 때문에 매우 위험한 순간이었다. 스토퍼는 정적 하중시험도 끝내고, 강도도 충분했지만 동적으로는 부족하였던 것이다. 스토퍼에 완충기

능을 설치해서 해결했지만, 돌풍 방지장치와 함께 고려해야만 한다. 또 다른 항공기에서는 조종탭(control tab)의 메커니즘이 이와 같은 하중으로 인하여 사고의 간접적인 원인이 되었던 예도 있다. 이와 같이, 돌풍 방지장치를 비행 중에는 불필요한 시스템이라 하여 무시해서는 안 된다.

8.10 조종계통의 주의사항

8.10.1 풀-프루프(pull-proof)

조종장치에는 케이블을 이용하는 경우가 많은데, 이 케이블이 문제를 일으킬 수 있다. 분해·정비·조립을 위해서 턴 버클을 이용해서 케이블을 분리하지만, 케이블을 반드시 2개로 사용하기 때문에 올리는 케이블과 내리는 케이블을 구분하지 못하는 실수를 범할 수 있기 때문이다. 이와 같이 케이블을 잘못 조립하는 경우에는, 오른편으로 조종간을 작동할 때 기체가 왼쪽으로 기울어 버릴 수도 있다. 정비 종료 후 반드시 확인하고, 비행 전에 조종사도 재차 확인하지만 이렇게 거꾸로 조립된 상태로 비행하면 대형 사고가 나기 쉽다. B-29의 시작 2호기도 이런 문제를 일으킨 경우가 있었다.

이런 실수를 방지하기 위하여 케이블을 색칠하여 식별하는 방법을 생각하기 쉽지만, 이러한 방법을 사용해서는 안된다. 칠이 벗겨지고 정비를 서두를 때에는 실수할 수 있기 때문이다. 나사의 방향이나 직경을 바꿔서 반드시 두 케이블을 구별할 수 있도록 해야 한다.

8.10.2 마그네슘 합금

조종장치에는 섹터나 벨 크랭크 조립 부위에 복잡한 형태의 피팅이 많다. 이 때문에, 양산 단계에서 생산업자는 주물을 사용하고자 한다. 이 경우, 설계자는 중량경감의 관점에서 마그네슘 합금주물의 사용을 택할 우려가 있다. 그러나, 주물, 특히 마그네슘 합금은 충격에 약하므로 취급에 신중을 기해야 한다. 주물의 품질관리, 충격하중의 유무, 사용환경을 생각하고 충분한 자신이 없으면 채택해서는 안된다.

주물 이외의 판금 부품으로 마그네슘 부품을 사용하는 경우에는 부식성을 고려하여 채택을 면밀히 검토하여야 한다.

또한, 벨 크랭크나 풀리의 고정 피팅의 설치에 작은 나사를 사용해서는 안된다. FAA에서는 반드시 6 mm이상의 볼트를 이용하는 것을 권하고 있다. 이것도 안전성을 확실하게 추구하기 위한 조치이다.

8.10.3 파손안전

조종계통의 고장은 중대사고로 연결되므로, 절대로 고장나지 않도록 신뢰성 높은 시스템으로 설계, 제작하고 확실히 정비하여야 한다. 그러나, 만일의 고장과 군용기 경우에는 전투에 의한 파손을 고려해서 시스템이 파손안전성을 갖도록 설계하여야 한다.

조종장치로 가장 중요한 것은 승강타와 수평안정판(stabilator) 계통이다. 주조종장치를 이중으로 하거나, 이중이 아닌 경우에는 트림탭을 사용해서 고장이 발생해도 비행을 계속할 수 있도록 한다. 조종간이 2개 있는 대형기에도 이중계통이 아닌 경우가 있는 데, 좋은 설계라고는 할 수 없다. 전투기에는 단좌기라도 케이블을 사용한 부분은 반드시 이중으로 해야만 한다.

스링스비 글라이더의 경우는 보조날개에 조종봉을 사용하고 있으므로 이 원칙을 지키고 있다. 어쩔 수 없이 좌・우의 보조날개를 케이블로 연동시키는 경우에는, 중립상태에서 인장하중을 받고 있는 케이블을 조종간까지 연결하여야 한다고 규정하고 있다. 그렇지 않으면 케이블이 하나만 끊어져도 양쪽 보조날개가 올라가고 횡방향 조종이 불가능해지기 때문이다. 최근의 경비행기에는 이 최후의 조건을 지키지 않는 경우가 많다. 민간 항공기의 경우, 이 규정을 지킬 필요가 없어서가 아니라 정기점검에 의해서 안전이 충분히 지켜진다고 생각하기 때문인 것 같다. 그러나, 민간 항공기라고 해도 이 규정을 준수하는 것이 바람직하다. 항공기의 안전이 정비 과정에서 정비사의 경험에 전적으로 의존되어 있는 듯한 체계를 갖는 항공기에 대해서도 형식증명이 나오고 있는 것을 잊어서는 안된다.

제 9 장 복합재료 구조

9.1 복합재료의 발전

복합재료(composite materials)란 성분이나 형태가 다른 두 종류 이상의 소재가 조합되어 유효한 기능을 갖는 재료를 말한다. 항공기의 구조는 일반적으로 알루미늄 합금으로 만들어져 있지만, 최근의 기체에는 탄소섬유 등에 의한 복합재료도 사용되고 있다. 이는 그림 9.1과 같이 복합재료가 일반 금속재료에 비해서 비강도(specific strength, 강도/밀도)와 비강성(specific stiffness, 강성/밀도)이 우수하여 기체의 중량을 줄일 수 있기 때문이다.

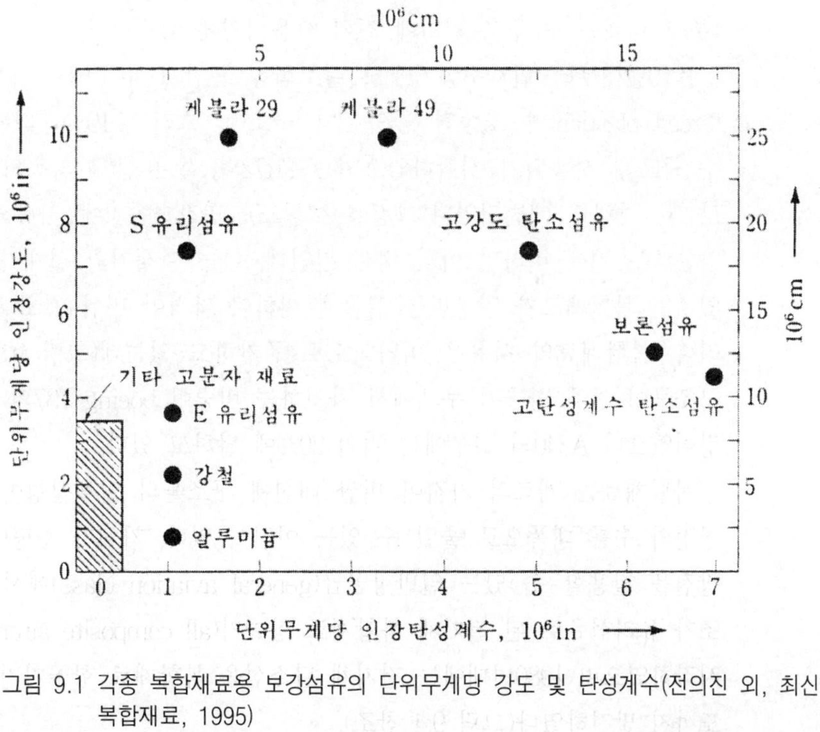

그림 9.1 각종 복합재료용 보강섬유의 단위무게당 강도 및 탄성계수(전의진 외, 최신 복합재료, 1995)

복합재료가 항공기에 적용되기 시작한 것은 제2차 세계대전 중인 1940년대부터이다. 처음에는 유리섬유 복합재료(GFRP: glass fiber reinforced plastics)를 알루미늄 합금의 대체재료, 또는 레이돔 재료로 사용하였다. 유리섬유 복합재료는 당시 레이돔 외에 조종면이나 페어링 등의 2차 구조물에는 널리 사용되었지만, 날개 또는 동체와 같이 높은 강성과 강도가 요구되는 주 구조물에는 거의 사용되지 않았다. 이것은 유리섬유 복합재료가 동일한 중량의 알루미늄 합금재료와 비교하면 강도는 우수하나 강성이 떨어지므로, 하중이 걸리게 되면 변형이 크게 발생하게 되고, 또한 대형기나 고속기의 주 구조물에서는 플러터와 같은 공탄성(aeroelasticity) 측면에서 불리하기 때문이다.

1960년대에는 보론섬유(Boron fiber), 탄소섬유(Graphite or Carbon fiber) 등을 이용한 첨단복합재료(advanced composites)가 개발되는데 이들은 비강도 뿐만 아니라 비강성의 경우에도 알루미늄 합금이나 티타늄 합금보다 우수하여 기체를 경량화할 수 있으므로 기체재료로서 주목받기 시작하였다. 이들 복합재료는 군용기에는 1970년대부터 꼬리날개나 날개과 같은 주 구조에 실용화되기 시작하였고, 1980년대에는 주 구조 전반에 걸쳐 사용되기에 이르렀다.

1970년대부터 민간수송기에도 탄소섬유 복합재료(CFRP: carbon fiber reinforced plastics)가 조종면 등의 2차 구조에, 그리고 1980년대에는 꼬리날개의 주 구조에 사용되기 시작하였으며 ATR72와 같이 날개 외측의 반이 복합재료로 된 기체도 개발되었다(그림 9.2 참조). 민간수송기에 사용되는 복합재료의 양은 군용기에 비하면 아직 적은 편인데, 이는 여객기의 설계가 보수적인 점도 있지만 복합재료가 알루미늄 합금에 비하여 가격이 비싼 것도 큰 이유이다. 그러나, 복합재료의 사용은 비약적으로 증가하고 있는데(그림 9.3 참조), 복합재 구조물이 전체 항공기 무게에서 차지하는 비중이 boeing 737의 경우 약 5% 가량이었으나 A340의 경우에는 거의 20%에 달하고 있다.

복합재료는 재료의 가격이 비싼 대신에 구조물의 일체성형이 가능하고 조립공정의 수를 대폭으로 줄일 수 있는 이점이 있다. 기체가 소형이고 복합재료의 장점을 활용할 수 있는 일반항공급(general aviation class)에서는 모든 기체구조가 유리섬유로 된 전기체 복합재료 항공기(all composite aircraft)가 제작되기 시작하였으며 1980년대에는 전기체 탄소섬유 복합재료 항공기기가 양산되는 정도까지 발전하였다(그림 9.4 참조).

그림 9.2 70석급 ATR72

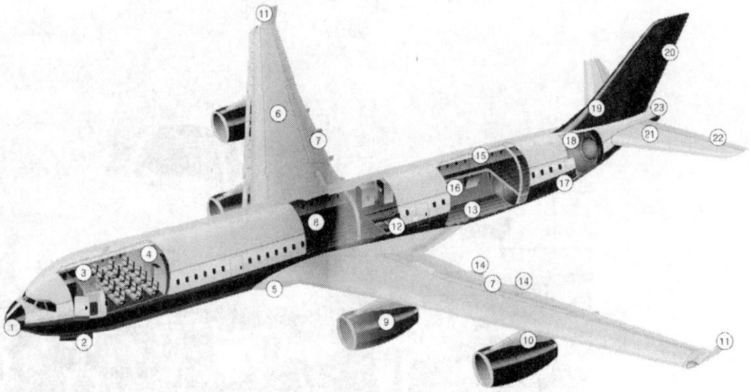

그림 9.3 여객기의 복합재료 사용의 예

(1 Radom, 2 Landing Gear Doors and Leg Fairings, 3 Galley, Wardrobes, Toilets, 4 Partitions, 5 Wing to Body Fairing, 6 Wing Assembly, 7 Flying Control Surfaces (Ailerons, Spoilers, Vanes, Flaps), 8 Passenger Flooring, 9 Engine Nacelles and Thrust Reversers, 10 Pylon Fairings, 11 Winglets, 12 Keel Beam, 13 Cargo Flooring, 14 Flaptrack Fairing, 15 Overhead Storage Bins, 16 Ceiling and Side Wall Panels, 17 Airstairs, 18 Pressure Bulkhead, 19 Vertical Stabilizer, 20 Rudder, 21 Horizontal Stabilizer, 22 Elevator, 23 Tail Cone)

(a) Velocity

(b) 한국항공우주연구원이 개발한 쌍발복합재항공기(Twinbee)

그림 9.4 전기체 복합재료 항공기의 예

이와 같이 복합재료 구조의 설계 및 제작 기술은 빠른 속도로 발전하고 있다. 그러나 복합재료 구조는 금속구조와 다르고 아직 표준적인 방식이 정형화 되어 있지 않은 부분도 많다[1]. 다음 절에서는 탄소섬유 복합재료 구조와 알루미늄 합금 구조의 차이 및 특성에 대해서 개략적으로 설명하기로 한다.

9.2 구성재료와 적용사례

9.2.1 기지재료

복합재료는 많은 수의 섬유와, 각각의 섬유를 고정시켜서 구조적인 모양을 이루도록 잡아주는 기지재료(matrix)로 구성되어있다. 기지재료가 금속인 금속복합재료(metal matrix composites: MMC)도 있지만, 기체구조용 복합재료의 기지재료로는 합성수지가 사용되며 그 중에서도 에폭시(Epoxy) 수지를 현재 주로 사용하고 있다. 에폭시 수지에는 250 °F(약 120 ℃)에서 경화되는 종류와 350 °F(약 180 ℃)에서 경화되는 종류가 있는데, 주 구조물에는 후자가 주로 사용된다.

초음속기와 같이 내열성을 필요로 하는 경우에는 폴리이미드(Polyimide) 수지도 사용된다. 이 수지는 경화온도가 300 ℃로 높은데, 비스말레이드(Bismaleide)계를 사용하면 180 ℃ 정도에서 경화할 수 있다. 지상 구조용의 복합재료에 자주 사용되는 폴리에스터(Polyester) 수지는 제작이 용이한 장점이 있지만 강도가 낮으므로 항공기 구조에는 거의 사용되지 않는다.

이상의 수지들은 열경화성 수지(thermoset resin)로, 가열하면 화학반응을 일으켜 경화·접착되게 된다. 이와는 달리 기지재료로 PEEK(polyether etherketone) 등의 열가소성 수지(thermoplastic resin)를 사용하는 복합재료가 점차 증가하고 있다. 열가소성 수지는 가열하면 부드럽게 변하여 성형 및 접합이 가능하고 냉각시키면 다시 굳게 되므로, 열경화성 수지와는 달리 몇 번이라도 반복하여 성형할 수 있으므로 생산이나 수리에 편리하다. 물론 너무 낮은

---

1) 민간항공기의 경우 미국에서는 복합재료의 표준으로서 다음과 같은 문서가 발행되고 있다.
- MIL-HDBK-17, plastics for aerospace vehicle part 1, composite materials for aircraft and aerospace applications.
- FAA advisory circular AC 20-107, composite aircraft structures.

이 문서들에 나오고 있는 것은 원칙이고, 구체적인 것은 각 제작사가 각각의 규격(specification)이나 표준(standard)를 만들고 이것을 정부가 승인하고 있는 부분이 많다.

온도에서 부드럽게 되어서는 곤란하므로 충분히 높은 온도(약 370~400 ℃)로 가공・성형하도록 되어 있다. 또한 에폭시 수지가 충격에 약한 것과는 달리, 열가소성 수지는 내충격성도 우수한 것이 특징이다.

브레이크나 극초음속기의 구조와 같이 높은 온도범위에서 운용되는 구조에는 섬유와 기지재료가 모두 탄소로 된 탄소/탄소 복합재료(carbon/carbon composites)가 사용되고 있다.

9.2.2 섬 유

첨단 복합재료에 사용되는 섬유(fiber)로는 텅스텐 섬유에 보론을 증착한 보론섬유가 사용되었지만 가격이 비싸고 섬유가 굵어서 굽히기가 어려우므로 최근에는 주로 탄소섬유가 사용되고 있다. 탄소섬유는 초기에는 레이온을 프리커서(precurser)로 한 것이 사용되었지만, 현재는 아크릴 섬유에 고열을 가하여 만든 PAN(polyacrylonitrile)계가 주로 사용되며, 가공시의 온도에 의해 강도를 향상시킨 것, 강도보다도 강성을 높게 한 것 등 여러 가지 종류가 있다. 항공기 구조용 탄소섬유 복합재료는 내충격성이 문제이므로 파단까지의 변형율을 가능한 높게 한 것이 주로 사용된다. 또한 가격이 저렴한 석유 피치계 탄소섬유를 항공기에 적용하는 방법도 활발히 연구되고 있다.

아라미드섬유(aramide fiber)는 강력한 유기섬유로 듀퐁(DuPont)사의 상품명인 케블라(Kevlar)로 더 많이 불린다. 이 섬유는 가볍고 유연하고 내충격성이 특히 우수한 것이 특징이지만, 복합재료로 만들어지면 압축강도가 낮아지므로 주 구조에는 그다지 많이 사용되지 않고 있다. 또한 이 섬유는 열팽창계수의 차이에 의해 매트릭스가 손상되기 쉽고 흡수성이 있으므로 사용할 때에 주의하여야 한다.

1990년대에 이르러 민간여객기의 객실 내장용 복합재료의 내화성 기준이 강화되어 유기섬유나 에폭시 수지의 사용은 점차 제한되고 현재 유리섬유/페놀수지 복합재료가 주로 사용된다. 이 외에도 실리콘 카바이드(Silicon Carbide) 섬유, 알루미나(Alumina) 섬유 및 세라믹(Ceramic) 섬유 등이 최신 복합재료에 보강섬유로 사용되고 있다. 이러한 섬유들은 고가이나 비강성이 매우 우수하여 첨단 고분자 복합재료와 금속 복합재료에 많이 사용된다.

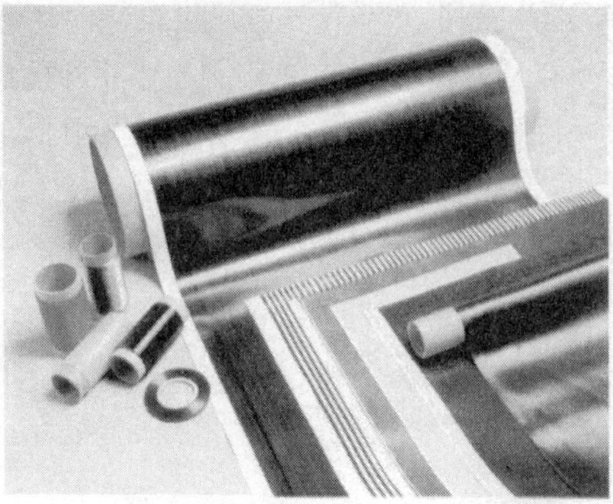

그림 9.5 탄소/에폭시 프리프레그

9.2.3 프리프레그의 적층

기체 제작사는 일반적으로 소재 제작업체로부터 프리프레그(Prepreg)를 구입하여 사용하는데, 이것은 섬유에 반경화 상태의 수지를 함침시켜 테이프 또는 매트 형태로 만든 것을 말한다(그림 9.5 참조). 프리프레그에는 일반적으로 섬유를 일방향(unidirection)으로 늘어놓은 폭 75mm 정도의 테이프(tape lamina)와, 폭 1.2m 정도의 직포(woven fabric)가 있다. 직포가 성형하기가 쉽지만 섬유가 파형으로 구부러져 있으므로 섬유가 곧게 배열된 일방향 테이프에 비하여 낮은 강도를 갖는다. 프리프레그는 −20 ℃로 냉동 보관하여야 하고 또한 보관기한 내에 사용하여야 한다.

기체 제작사는 프리프레그를 적당한 크기로 잘라 금형위에 필요한 두께로 적층한 후, 오토클레이브(그림 9.6 참조)에 넣어서 미리 정해진 온도와 압력을 가하여 성형·경화시켜서 구조물을 만들게 된다. 프리프레그 1장(ply)으로 가능한 두께는 약 0.005 in (0.13 mm) 이고 경우에 따라서는 0.01 in (0.25 mm) 정도이므로 주날개나 대형기의 꼬리날개 외피와 같은 두꺼운 구조물에는 수십장이 적층(laminate) 된다.

복합재료 구조를 제작하는 과정에서는 프리프레그의 절단과 적층의 단계에서 수작업이 많고 공정수가 많으며 프리프레그의 상온작업 시간이 제한되어 있어서, 구조물의 크기가 큰 경우에는 제작이 어렵게 되므로 작업의 자동화가 추진되고 있다. 경화된 복합재료 적층 구조물을 체적비로 보면 섬유가 60% 내외이고 나머지는 기지재료가 차지하게 된다.

그림 9.6 오토클레이브(우측 원통 부분)

9.2.4 적용사례

복합재료 항공기 구조에는 금속 세미모노코크 구조와 비슷하게 외피와 보강재를 조합하여 구성하는 경우(그림 9.7 참조)가 있고, 하니컴(honeycomb)과 같은 심재(core) 위에 복합재료 외피를 적층하여 샌드위치 구조로 하는 경우도 있다(그림 9.8 참조).

그림 9.7은 A320기의 바깥쪽 복합재 플랩의 단면을 도시한 것으로 플랩의 뒷전 부분만을 제외하고 탄소섬유 복합재료로 되어 있다. 상하의 외피 판넬, 전방 및 후방스파, 립을 각각 복합재료로 성형·경화하고 서로 체결재로 조립한다. 외피 판넬은 바깥쪽으로 적층하고 안쪽에서는 U자 형으로 겹쳐 적층하여 보강재가 부착된 판넬로 구성한다. 안쪽과 바깥쪽 적층은 합쳐진 면을 경계로 대칭이 되도록 구성되어 있고, 전체 패널의 두께는 1.5~2.5 mm, 국부적인 보강부는 5.25 mm 이다. 전방 및 후방스파는 각각 웹만 있으며 평판 적층이다. 뒷전을 금속으로 한 것은 번개(lightning strike)에 대비한 것이다.

그림 9.8은 샌드위치 복합재료 구조로 된 A310기의 방향타를 도시한 것이다. 그림에 나타난 바와 같이 외피 판넬과 스파는 각각 하니컴 심재에 복합재료 외피를 적층해서 일체로 성형·경화한 후, 외피 판넬들은 전방스파와 좌·우에서 체결재로 연결되고, 뒷전에서는 합쳐서 볼트로 조립된다. 힌지와 엑츄에이터(actuator) 피팅은 외피 판넬과 스파의 보강된 부분에 볼트로 연결된다. 방향타의 경우에는 립이 양단에만 있으므로 힌지 및 엑츄에이터 피팅에 작용하는 하중은 직접 스파와 외피 판넬에 전달된다.

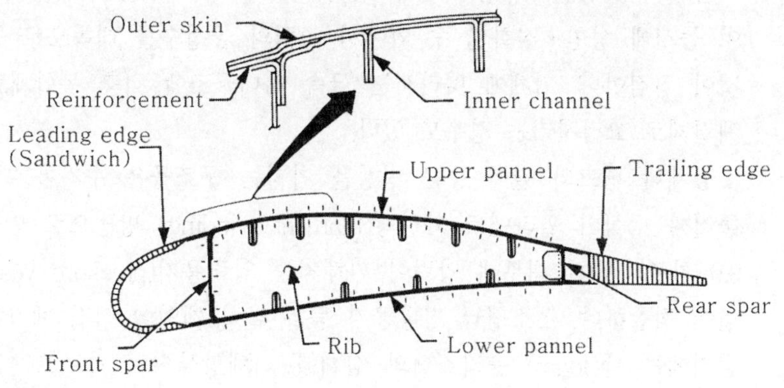

그림 9.7 A320기의 복합재 플랩의 구조

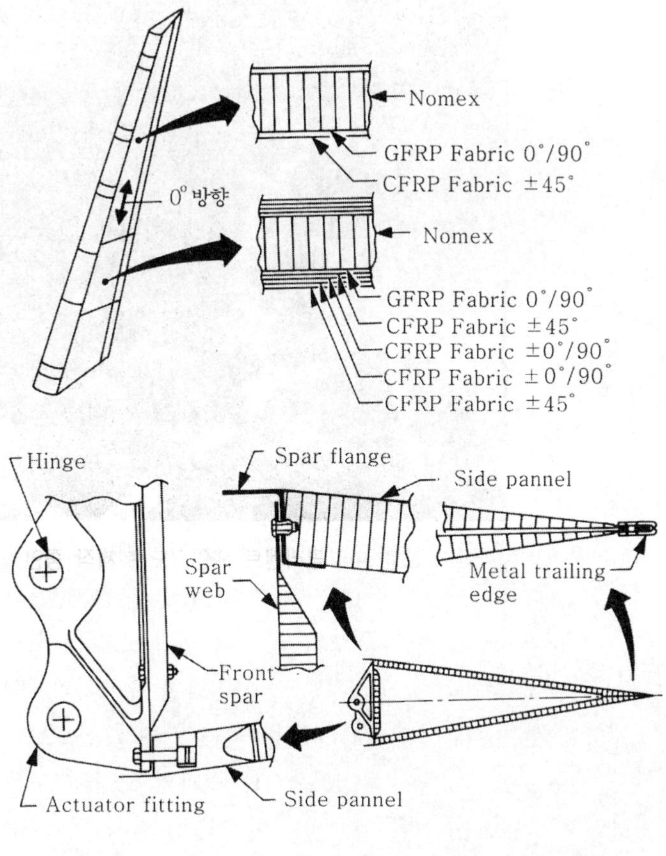

그림 9.8 샌드위치 복합재료 구조로 된 A310기의 방향타

앞에서 설명한 두 방식 모두 금속구조와 비교할 때 구조물을 일체로 적층하여 동시에 성형·경화할 수 있어서 조립의 공정수를 대폭으로 줄일 수 있다는 것이 장점이다. 기체에 따라서는 금속 뼈대구조에 적층 복합재료 외피 패널을 체결재로 고정시키는 경우도 있다.

동체나 탱크와 같이 둥근 형상을 가지는 구조물은 수지를 함침시킨 섬유를 둘러싸는 식의 필라멘트 와인딩(filament winding) 방법으로 만들게 된다(그림 9.9 참조). 특히 내부에 압력이 가해지는 압력용기(pressure vessel)에는 이 방법이 적합하다. 초소형급 경항공기 등과 같이 개인이 직접 제작하는 간단한 항공기에는 폼(foam) 플라스틱의 심재를 기체형상으로 자르고 여기에 복합재료 외피를 적층한 구조를 사용하는 것도 있다. 그러나 이 구조로 감항성인증을 획득하려면 폼 수지의 재질, 피로강도, 내구성 등에 대해서 인증기관과 협의하여야 한다.

그림 9.9 필라멘트 와인딩으로 제작 중인 압력용기

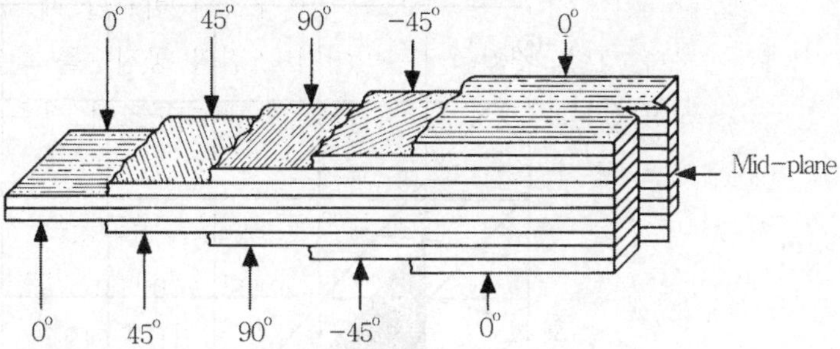

그림 9.10 복합재료 적층의 예

9.3 적층 복합재료의 특성

9.3.1 적층의 구성과 이방성

이상에서 본 바와 같이 복합재료 구조는 주고 적층 과정을 통하여 제작된다. 각 층은 섬유방향으로는 매우 강하지만 섬유의 직각방향으로는 기지재료의 강도만 있으므로 섬유방향의 1/10 이하의 강도를 가진다. 따라서, 섬유 방향에 의해서 강도나 강성이 달라지게 되므로 복합재료 구조를 만들 때에는 섬유가 주로 하중방향에 많이 배열되도록 적층한다. 이와 같은 복합재료의 이방성은 모든 방향으로 일정한 물성치를 가지는 금속과는 큰 차이점으로 특색이며 설계시 주의하여야 한다.

복합재료 구조물의 적층시 하중이 특정한 방향으로만 정해져 있다면 모든 섬유를 그 방향으로 배열해서 적층한 일방향(unidirectional) 복합재료로 만들면 되지만, 대부분의 기체구조에 작용하는 하중은 그렇게 한정되어 있지 않다. 일반적으로 복합재료는 그림 9.10에 나타나 있는 바와 같이 섬유의 방향을 바꾸어서 적층하게 된다. 주로 하중방향(날개의 경우 날개 길이방향)을 0°로 하고, 거기에 45° 방향 및 90° 방향으로 섬유의 방향을 바꾸어 적층한다.

적층 구조물의 강도와 강성은 각 방향이 차지하는 비율에 따라서 결정된다. 그림 9.11은 (0°, 90°, ±45°)로 적층된 복합재의 카펫선도(Carpet plot)를 나타내고 있다. 실제 구조물에는 보통 최소 10%의 0°, 10%의 90°, 그리고

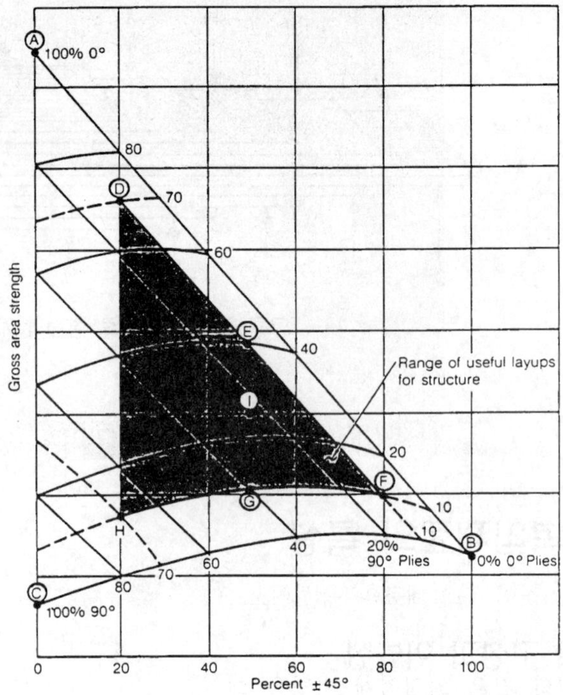

그림 9.11 (0 °, 90 °, ±45 °)로 적층된 복합재의 카펫선도 (Ⓘ로 표시된 적층판은 각 적층각 방향으로 동일한 수의 층으로 구성되므로 모든 방향으로 동일한 특성을 가지는 등방성 판이 된다. 모든 섬유가 일방향으로 배열된 Ⓐ, Ⓑ, 그리고 Ⓒ 적층은 실제 구조에서는 사용되지 않으나 다르게 조합된 적층판의 특성을 구하기 위하여 사용된다. Ⓓ~Ⓗ는 하나의 적층판에 대해 두 방향으로 시험하여 구할 수 있다.)

20%의 ±45° 층을 사용하는데, 여기서 빗금친 부분이 실제 구조물에 사용되는 적층각의 조합이다. (0°, 90°, ±45°)의 방향으로 적층수가 동일하다면 모든 방향으로 동일한 특성을 가지는 등방성 판이 된다(그림에서 Ⓘ로 표시). 각 방향으로의 적층수는 특정한 방향으로 요구되는 성질을 얻기 위해 조절되는데, 예를 들면 F/A-18에는 날개 외피는 0°가 46%, ±45°가 50%, 그리고 90°가 4%로 되어 있다고 한다. 꼬리날개 외피에는 날개에 비하여 굽힘보다도 비틀림 강성이 중요하므로 ±45°를 80% 정도로 증가시키고 있다.

복합재료 구조는 일반적으로 0°, ±45°, 90° 층을 대칭으로 적층하여 사용하지만, 설계에 따라서는 27°와 같이 임의의 각도로 비대칭 적층을 하는 경우도 있다. 이렇게 섬유방향을 잘 조합시켜서 바람직한 성질을 갖는 구조를 만들 수

그림 9.12 X-29 전진익 항공기

있는 것이 복합재료의 특성이고, 이러한 특성을 이용하여 최적설계(최소중량설계)를 할 수 있다.

이와 같은 최적설계 기법을 테일러링(tailoring)이라고 하는데, 이 기법을 사용하면 기체구조에 하중이 걸렸을 때 특정한 굽힘이나 휨 변형을 발생시키도록 설계 할 수 있다. 가장 대표적인 사례는 NASA와 그루만(Grumann)이 개발한 전진익 항공기 X-29이다(그림 9.12).

복합재료를 이용하여 구조물을 적층할 때에는 다음 사항을 주의하여야 한다.

(1) 적층은 반드시 대칭이 되도록 한다. 대칭 적층이 아니면 성형 후에 비틀리거나 휠뿐만 아니라, 면내하중이 걸렸을 때에도 적층판이 휘거나 비틀리기도 하여 불필요한 응력이 발생하여 강도가 저하된다.
(2) 적층수를 증가시키거나 감소시키는 경우에도 가능한 한 상·하 같은 수로 하는 것이 좋다.
(3) 여러 층에 걸쳐서 특정 각으로만 적층하는 것은 가급적 피하고, 인접한 층은 적층각이 서로 다르게 적층한다.
(4) 손상허용성을 향상시키기 위하여, 특별한 이유가 없는 한 표면은 ±45°층으로 한다.

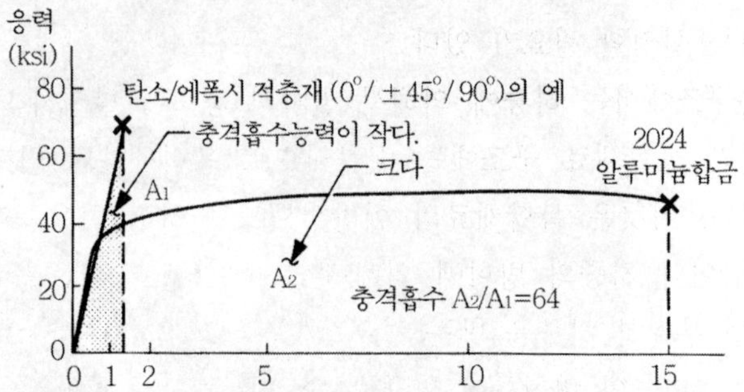

그림 9.13 알루미늄 합금과 탄소/에폭시의 응력-변형률 곡선

9.3.2 허용응력과 허용변형률

탄소섬유 복합재료는 금속과 달리 정적하중에는 강한 대신에 충격에 약하다. 알루미늄이 파괴되기까지 소성변형을 해서 10~15% 정도 늘어나는 것에 비하여, 탄소섬유 복합재료는 소성변형을 거의 하지 않으며 탄성변형 상태에서 파괴되기까지 1~2% 정도밖에 늘어나지 않기 때문이다(그림 9.13 참조). 또한 복합재료는 정적하중을 받는 경우에도 소성변형을 하지 않기 때문에 체결재 구멍 등이 있으면 그 부분의 강도가 저하된다.

일반적으로 재료에 구멍을 뚫으면 그 주위에는 하중이 전달될 때 응력집중이 발생하여 응력수준이 증가하게 된다(그림 2.36 참조). 그러나 금속재료의 경우에는 하중이 파괴 가까이 까지 증가되었을 때 구멍 주위가 먼저 소성변형을 일으켜 응력집중이 완화되는 경향이 있으므로 응력수준이 구멍이 없는 일반 부위와 비슷하게 된다. 따라서 금속의 경우 응력집중은 피로강도에는 영향을 주게 되나 극한하중에 대한 강도에는 그다지 영향을 미치지 않아서 극한강도의 저하가 거의 없다. 반면에 탄소섬유 복합재료에는 금속과 같이 응력완화 현상이 없어서 파괴되기까지 구멍 주위는 응력집중에 의하여 응력이 증가된 상태로 남아있게 되므로, 극한강도가 약 1/2 정도로 감소하게 된다.

탄소 복합재료는 금속에 비하여 온도 및 습도가 강도에 미치는 영향이 크다. 이것은 기지재료인 에폭시 수지가 고온다습한 환경에서 중량의 1% 정도의 수분을 흡수하여 약화되고 섬유를 견고하게 지지하지 못하게 되기 때문인데, 특히 압축강도가 저하하게 된다. 또한 복합재료 구조는 금속에 비하여 강도의 분산이 큰 경향이 있다. 따라서 복합재료 구조를 설계할 때에는 위에서 설명한 체결재 구멍, 고온다습한 환경, 강도의 분산 등에 의한 여유를 고려하여 강도의 허용치를 설정할 필요가 있다.

금속구조에서는 하중에 의해서 얼마의 응력이 발생하는가에 따라 강도를 결정하지만 복합재료 구조에는 일반적으로 응력보다는 변형률로 나타내는 것이 보통이다. 이것은 복합재료의 이방성으로 인하여 허용응력이나 탄성률이 적층의 조합이나 하중의 방향에 의해서 크게 다르므로, 구멍이나 충격손상을 가지고 있는 부재가 하중을 받는 경우 기지재료의 깨짐이나 섬유의 파단이 생길 때까지 얼마만큼의 변형률이 발생하는가를 보는 것이 강도 척도로서 사용하기 쉽기 때문이다.

일반적인 복합재료 기체구조에서는 인장・압축(좌굴하지 않는 경우)의 극한하중(제한하중×1.5)에 대한 허용변형률을 4,000~5,000μ 정도로 설계하는 것이 보통이다. (μ는 마이크로로로서 백만분의 1이며 결국 부재길이의 0.4~0.5%의 변형을 의미한다.) 이것은 응력과 변형률이 다음과 같은 관계식을 가지므로

$$E = \frac{f}{\epsilon} = \frac{P/A}{\lambda / l}$$

E : 탄성계수	P : 하중	f : 응력
A : 단면적	ϵ : 변형률	λ : 변형된 길이
l : 부재의 길이		

적층구조의 탄성계수를 10×10^6psi(69GPa)로 가정하면 허용응력을 $40 \sim 50 \times 10^3$ psi(276~345MPa)로 한 것에 해당한다. 그러나 구조물에 낮은 하중을 전달하는 체결재 구멍이 있으면 이것으로 충분하지만 높은 하중을 전달하는 체결재 구멍이 있는 연결부위 등에는 허용치를 좀더 낮게 하여 설계하고 있다.

9.3.3 파괴와 충격손상

금속에서는 인장에 의한 피로파괴가 문제가 되지만 복합재료는 피로 특성이 매우 우수하다. 또한 허용변형률을 설정할 때 이미 응력집중을 고려하였으므로 인장에 의한 피로가 문제를 일으키는 경우는 거의 없다. 그러나 복합재료는 피로수명(피로파괴에 이르는 평균시간)의 편차가 금속보다 심하다(그림 2.37 참

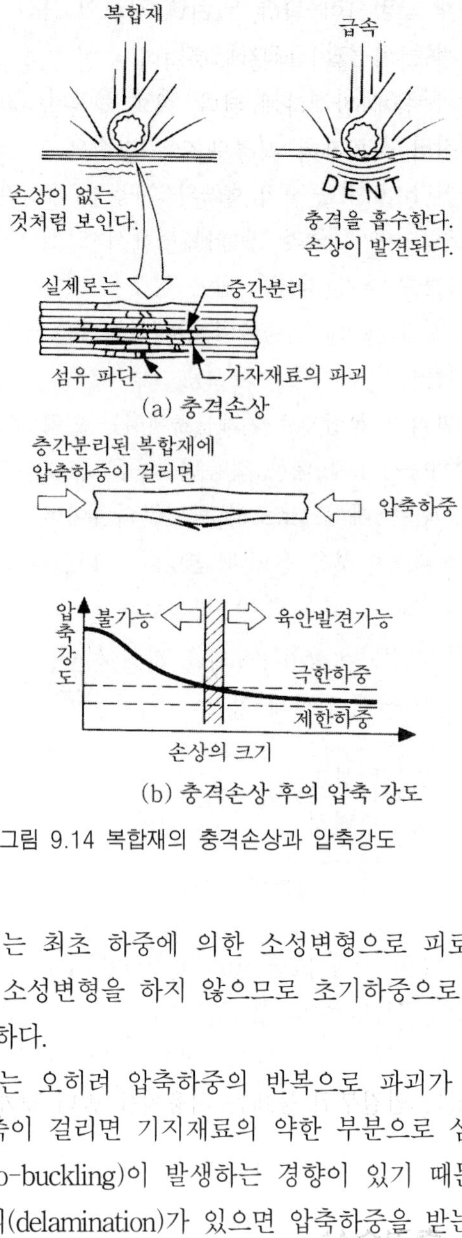

그림 9.14 복합재의 충격손상과 압축강도

조). 또한 금속구조에서는 최초 하중에 의한 소성변형으로 피로수명을 연장할 수 있지만, 복합재료는 소성변형을 하지 않으므로 초기하중으로 피로파괴 수명을 늘리는 것은 불가능하다.

복합재료는 인장보다는 오히려 압축하중의 반복으로 파괴가 발생하기 쉽다. 이것은 복합재료에 압축이 걸리면 기지재료의 약한 부분으로 섬유가 구부러지게 되는 미세좌굴(micro-buckling)이 발생하는 경향이 있기 때문이다. 또한 적층구조 내부에 층간분리(delamination)가 있으면 압축하중을 받는 경우 이 부분이 열리게 되어 손상이 빠르게 진행하게 된다.

탄소섬유 복합재료에서 문제점중의 하나는 FOD(foreign object damage)로, 우박 또는 작은 돌 및 운항중의 외부 물체와의 충돌, 그리고 정비 도중에 공구를 떨어뜨렸을 경우 등에 의하여 충격을 받아 발생하는 손상이다(그림 9.14 참조). 금속이라면 움푹 들어간 모양의 소성변형이 발생하여 충격을 흡수하기 때문에 파단되지 않는 경우가 많다. 움푹 들어간 손상은 발견하기가 쉽고 따라서 그곳을 수리하면 된다. 그러나 복합재료는 그림 9.13에 나타난 바와 같이 소성변형을 하지 않기 때문에 충격이 오면 적층구조 내부에 층간분리나 기지재료의 깨짐이 쉽게 발생하게 된다. 이와 같은 손상은 외부에서는 보이지 않으므로 발견하기가 어려우며 적층구조의 압축강도가 저하한다. 종래의 탄소/에폭시 복합재료는 이러한 보이지 않는 손상으로 압축강도가 60%나 저하되어서 문제였다. 최근에는 재질, 특히 기지재료의 내충격성을 높이고 압축강도의 저하를 막는 연구가 계속되고 있다.

한편, 복합재료 항공기 구조는 육안으로 발견할 수 없는 손상이 발생해서 압축강도가 저하되어도 극한하중에 견디도록 설계한다(FAA AC20-107A). 앞의 9.3.2에서 설명한 4,000~5,000μ의 허용변형률은 이 육안으로 발견되지 않는 손상이 있는 경우에도 허용되는 값이다. 또한 손상을 지닌 채로 기체의 운용수명까지 사용하여도 잔류강도가 부족하지 않는 손상허용설계를 하는 것이 일반적이다. 발견 가능한 손상에 대해서는 운용 중 발생할 가능성이 있는 충격손상의 크기를 예측하여, 손상을 발견해서 수리할 때까지의 기간동안 잔류강도가 부족하지 않도록 손상허용설계를 하여야 한다. 금속의 경우에는 최초의 작은 균열이 점차 크게 성장해 가지만, 복합재료는 초기에 큰 손상이 발생하여도 그 이후 운용 중 손상은 크게 성장하지 않는다. 또한 엔진 파편과 같이 돌발적인 손상에 대해서는 착륙할 때까지 안전하게 견디도록 충분한 손상허용성을 가지게 설계하여야 된다.

에어버스사에 의하면, 지상에서 직경 50 mm의 우박이 내릴 경우 이를 견디기 위해서는 복합재료 적층판의 두께가 최소 0.8 mm 이상이 되도록 권고하고 있다. 또한 너무 얇은 복합재료 적층판을 기체외부에 사용하면 FOD에 의한 손상이 발생하기 쉽고 정비비용이 증가한다고 한다. 탄소/에폭시 복합재료는 충격에 약하므로 주날개나 꼬리날개의 앞전에는 사용하지 않는 것이 바람직하다. 날개 전체가 복합재료로 되어있는 경우에도 충격손상 뿐만 아니라 번개(lightning strike)에 대한 대책으로 앞전은 보통 알루미늄 합금으로 한다.

9.4 접합과 번개에 대한 대비

9.4.1 접합방식

복합재료 구조의 접합방식(joint)에는 접착식과 기계적 체결방식이 있다. 접착식은 접착면에 평행한 방향의 전단하중에는 매우 강하지만, 접착면에 수직으로 작용하는 인장하중에 의해 접착면 끝단에 필응력(peel stress)이 발생하여 쉽게 떨어지거나 벗겨지는(peel) 약점이 있으므로 이러한 하중이 가하여지지 않도록 주의하여야 한다.

접착식 접합은 접합부의 형상에 따라 그림 9.15와 같이 분류된다. 단일랩(single-lap) 접합은 간단하기는 하나, 판의 두께에 의하여 하중의 편심이 발생하게 되므로 접합부에 굽힘변형이 발생하고 접착면 양단이 떨어지거나 적층판의 층간분리가 발생하기 쉬워 얇은 적층판의 접착이외에는 잘 사용되지 않는다. 이중 스트랩(double-strap) 접합은 편심은 없지만 이음부가 두껍게 되면 역시 필응력이 발생하므로 양단으로 가면서 두께를 점차 경사지게 한 경사접합이 더 효과적이다. 두꺼운 적층판에는 스텝 접합이나 스카프 접합을 사용하는데, 스카프 접합이 구조적으로는 가장 우수하나 제작면에서는 스텝 접합이 유리하다.

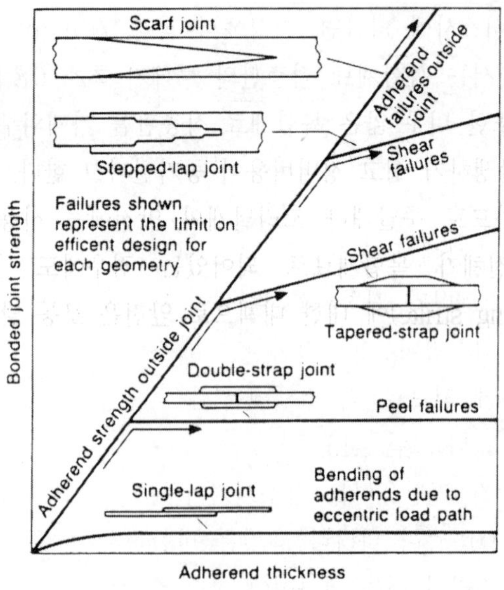

그림 9.15 접합부의 두께에 따른 접합강도 비교

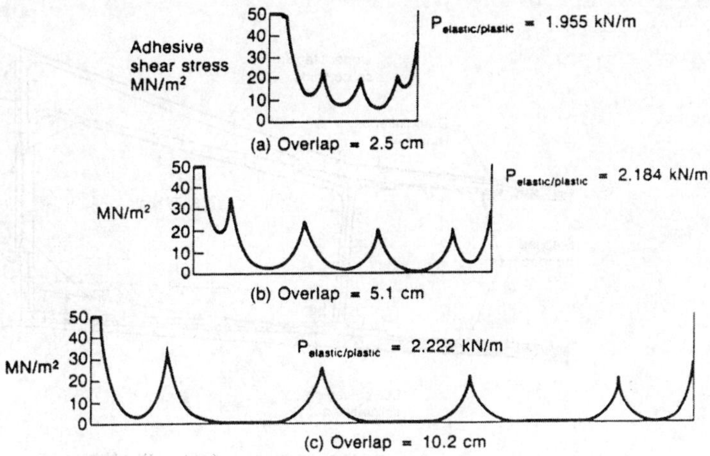

그림 9.16 스텝 접착에서 스텝 길이에 대한 전단응력 선도

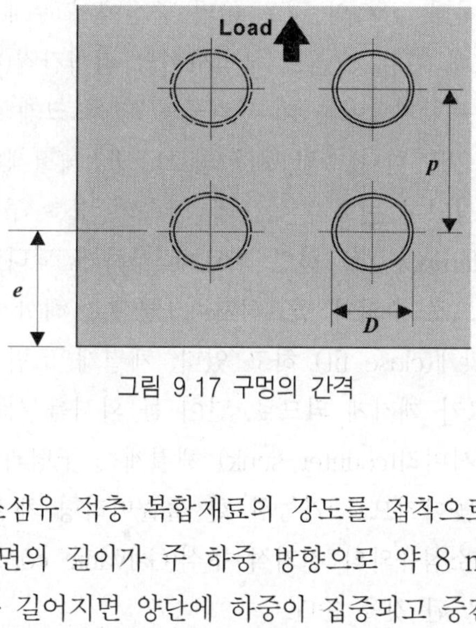

그림 9.17 구멍의 간격

스텝 접합에서 탄소섬유 적층 복합재료의 강도를 접착으로 전달하기 위해서는 각 스텝마다 접착면의 길이가 주 하중 방향으로 약 8 mm 정도 필요하다. 그러나 접착면이 너무 길어지면 양단에 하중이 집중되고 중간부분은 하중이 걸리지 않게 되므로, 각 스텝에서 주 하중 방향으로의 길이가 25 mm 이상은 유효하지 않다(그림 9.16 참조). 처음과 맨 마지막 스텝은 스텝의 끝단에서 발생하는 층간 전단응력을 감소시키기 위하여 ±45° 층을 사용하는 것이 좋다. 접착면에 90° 층이 나타나는 것은 바람직하지 않은데, 특히 티타늄 합금으로 된 피팅과 접착할 때는 피하여야 한다.

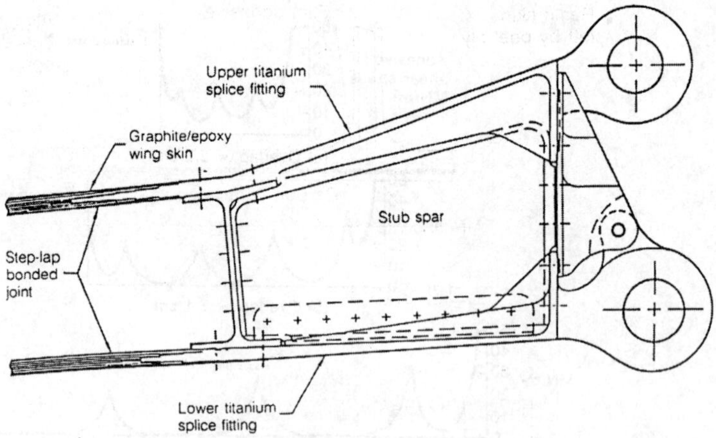

그림 9.18 F/A-18의 날개 장착 피팅

한편 체결재를 사용하여 기계적으로 접합할 때에는 구멍과 자유단과의 거리가 중요하다. 금속의 경우 구멍 중심에서 부재 끝단까지의 간격(e)은 구멍지름(D)의 2배 이상, 그리고 구멍사이의 피치간격(p)은 4배 이상으로 하는 것이 상식이나, 복합재료에는 이 간격들을 더욱 크게 하여 e/D를 3배 이상, p/D를 6배 이상으로 한다(그림 9.17 참조). 또, 체결재와 구멍의 유격에 따라 접합부의 강도에 상당한 변화가 있는데, 금속의 경우 구멍의 크기를 체결재보다 약간 작게(interference fit) 하면 피로에 강하게 되나, 복합재료에는 적층판이 손상될 수 있으므로 주의가 필요하다. 그렇다고 해서 틈이 있으면 안되기 때문에 보통은 꼭 맞게(close fit) 하고 있다. 체결재 조립시 적층판에 대하여 너무 조이면 기지재료가 깨지게 되므로, 면이 큰 와셔를 사용하면 강도를 증가시킬 수 있다. 또한 접시머리(counter-sunk) 체결재는 구멍과의 축부분의 접촉면이 적고 면압응력이 높아지므로 가능한 한 돌출머리형 체결재를 사용하고 있다. 이들 체결재는 탄소섬유와의 전기적 부식(Galvanic corrosion)을 막기 위하여 보통은 티타늄으로 된 것을 쓴다.

적층 복합재료는 섬유방향은 강하지만 다른 방향으로는 약하다. 특히 두께방향으로는 플라스틱만의 강도밖에 없으므로 층간의 전단이나 필응력에는 매우 약하다. 즉, 적층 복합재료는 면내 하중을 위한 구조이며 3차원의 하중을 받는 구조에는 적당하지 않다. 전기체가 복합재료로 된 경우에도 동체와 연결되는 날개 루트 부분의 피팅과 같이 3차원 하중을 받는 입체적인 구조물은 보통 금속으로 만들고 이를 복합재료에 결합한다. 이 피팅들은 탄소와의 전기적 부식

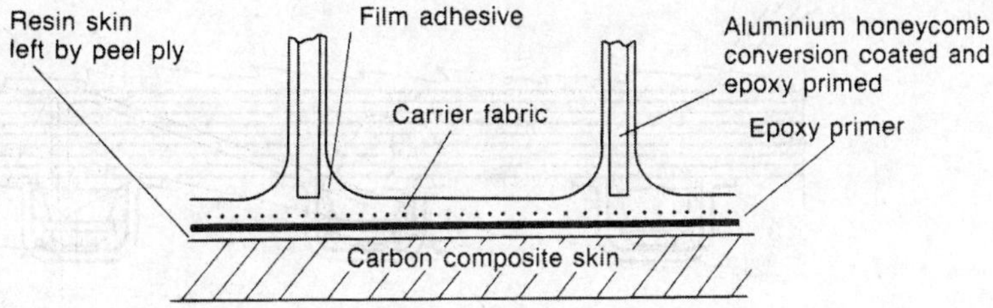

그림 9.19 롤스 로이스 PLC 카울도어의 단면도

을 막기 위해, 또한 접착시 열변형에 의한 잔류응력의 발생을 막기 위해서 대부분 티타늄 합금제로 한다. 대표적인 예로, 그림 9.18은 F/A-18의 날개를 동체에 장착하기 위한 피팅을 보여주고 있다. 여기서 탄소/에폭시 적층 복합재료로 된 상·하면 외피패널과 피팅은 스텝 조인트로 접착되어 있는데, 전기적 부식을 막기 위하여 티타늄 합금으로 되어 있다.

탄소섬유 복합재료와 알루미늄 합금과 같은 금속재료가 연결된 부분에서 발생하는 전기적 부식은 두 재료가 직접 접촉하는 것을 차단함으로써 막을 수 있다. 그 대표적인 방법의 하나는 얇은 유리섬유 복합재료 시트를 사이에 끼워 넣는 방법으로, F/A-18의 경우 날개의 알루미늄 합금으로 된 내부구조와 탄소/에폭시 복합재료 외피 판넬을 체결재로 조립하는데 이 방법을 사용하였다. 또한 두 부재의 접촉부를 모두 에폭시 프라이머(Primer)로 코팅하고 사이에 접착제 필름을 삽입하는 방법도 사용되고 있다(그림 9.19 참조).

탄소/에폭시 복합재료의 섬유방향으로의 열팽창계수(10^{-6}/°K)는 0 ~ −1 정도로, 거의 열변형을 하지 않는다. 이에 비하여 알루미늄 합금은 23, 티타늄 합금은 9이다. 그러나, 에폭시 수지의 열변형은 크므로 복합재료도 섬유와 직각방향으로는 열팽창계수가 30 정도로 금속보다 높다.

9.4.2 번개에 대한 대비

금속 항공기의 경우, 알루미늄 합금은 전기가 잘 흐르는 도체이므로 구조물간의 전기적 연결을 해 두면 번개가 쳐도 맞은 부위만 약간 파손되는 것으로 끝나는 것이 보통이다. 그러나 탄소 복합재료는 전기를 전도하기는 하나 전도

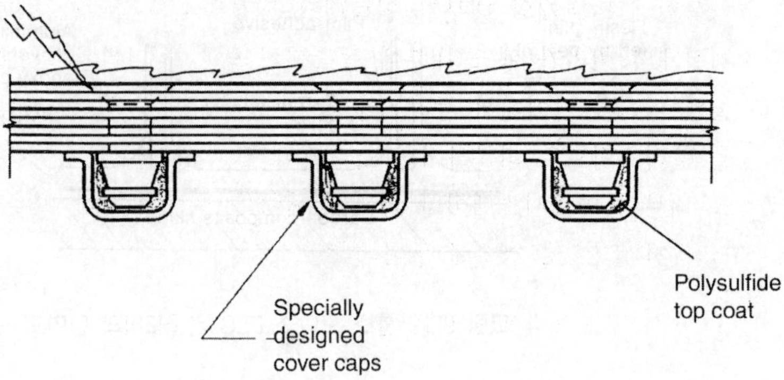

그림 9.20 탄소 복합재료 연료탱크 내부의 불꽃방지 방법의 예

성이 알루미늄의 1/1000 정도이고 열전도성의 경우도 알루미늄에 비하여 좋지 않으므로 번개에 맞으면 발열하여 파손되기 쉽다. 또한 복합재료 구조의 경우 번개에 맞은 전류의 상당량을 기체 내부의 전선이나 유압라인 및 연료관 등 탑재시스템에 흘려 보내게 되고, 번개 전류에 의한 전자기장이 항공전자시스템을 치명적으로 교란할 수도 있으므로 이에 대한 대비가 반드시 필요하다.

번개에 의한 피해를 줄이고 기체 표면의 정전기 발생에 의한 전기적 잡음이나 장애를 막기 위해서는 복합재료 구조의 전도성을 향상시켜야 한다. 이를 위하여 다음과 같은 방법을 사용한다.

(1) 기체의 외면에 알루미늄 그물(mesh)을 붙인다.
(2) 번개에 맞기 쉬운 부분에 두께 0.1~0.15 mm 정도의 알루미늄 액을 분사한다.
(3) 금속선으로 된 격자를 적층한다.
(4) 금속섬유 또는 금속을 증착한 섬유를 삽입한다.
(5) 전도성 도료를 칠한다.

위의 방법으로 대비된 복합재료 구조는 기체의 다른 부분과 전기적으로 접속되어 있어야 한다. 예를 들어, 복합재료 날개는 스파 위치를 따라서 복합재료 표면에 알루미늄 띠를 붙이고 이를 날개 루트의 금속 피팅에 연결하게 되며, 또 번개에 맞기 쉬운 날개 끝단과 앞·뒷전은 알루미늄으로 감싸고 이들을 날개와 연결되는 동체의 금속구조 부분에 접속하는 등의 조치가 취해지고 있다.

복합재료 날개의 내부가 연료탱크인 경우에 복합재료 구조를 관통하는 금속 체결재의 머리가 탱크 내부에 돌출되어 있으면 번개에 맞았을 때 체결재의 돌출된 머리들 사이에서 플라즈마 불꽃이 발생할 수 있으므로 체결재의 머리부분을 플라스틱으로 피복하거나 코팅하여 절연하도록 한다(그림 9.20 참조). 또 탱크 내부의 연료시스템이나 배관 등에서도 불꽃이 쉽게 발생할 수 있으므로 반드시 전기적으로 접속해 두어야 한다.

찾아보기